GNSS 近地空间环境学

姚宜斌 张 豹 孔 建等 著

科学出版社

北 京

内 容 简 介

以北斗和 GPS 为代表的全球导航卫星系统（GNSS）技术的发展成熟，其应用领域也从经典的导航、定位、定时拓展到了近地空间环境监测，并在一定程度上变革了原有的大气和地表物理参量监测方法，为地球科学的融合发展赋予了新的动能。笔者在前人研究成果的基础上，结合自身的研究经验，对 GNSS 技术在近地空间环境监测中的应用进行深度思考和总结，围绕"GNSS 近地空间环境学"这一概念，以原理阐述和实例分析相结合的方式系统性地介绍 GNSS 技术在大气误差建模、对流层水汽监测、电离层电子含量监测及地表物理参量监测等领域的理论、方法和应用。本书在撰写过程中，既注重知识源头的追溯，又注重理论方法的创新，过程阐述详细清晰而不失简约，以期读者准确理解 GNSS 近地空间环境学的基本概念、原理和方法。

本书主要面向测绘和地球科学，特别是 GNSS 和大气领域的相关学生和科研人员，可为该领域读者提供精准详细的专业理论知识和技术参考，也可为非专业领域读者提供 GNSS 近地空间环境监测相关的科普信息。

审图号：GS 京（2024）1100 号

图书在版编目（CIP）数据

GNSS 近地空间环境学/姚宜斌等著.—北京：科学出版社，2024.6
ISBN 978-7-03-078518-3

Ⅰ.① G…　Ⅱ.① 姚…　Ⅲ.① 卫星导航-全球定位系统-应用-空间大地测量-研究　Ⅳ.①P228

中国国家版本馆 CIP 数据核字（2024）第 097407 号

责任编辑：徐雁秋　刘　畅/责任校对：高　嵘
责任印制：赵　博/封面设计：苏　波

科 学 出 版 社 出版

北京东黄城根北街 16 号
邮政编码：100717
http://www.sciencep.com

北京中科印刷有限公司印刷
科学出版社发行　各地新华书店经销
*

开本：787×1092　1/16
2024 年 6 月第 一 版　印张：17
2025 年 1 月第二次印刷　字数：400 000

定价：249.00 元
（如有印装质量问题，我社负责调换）

编 委 会

主　　编：姚宜斌

副 主 编：张　豹　孔　建

编　　委：

全球导航卫星系统（GNSS）是重要的空间信息基础设施，可在全球范围内提供高精度的定位、导航、定时（PNT）服务，在提升对地观测质量、维持时空基准精度、转变测绘作业方式、创新导航模式等方面发挥了巨大作用，催生并推动了卫星导航这一新兴产业的快速发展。目前，GNSS 技术在地学研究及现代生活中都扮演着极为重要的角色，其应用方式不断创新，应用范畴不断拓展，与之相关的新技术、新理论不断涌现，与其他学科的交叉融合也孕育了新的学科领域。

在这样的背景下，GNSS 近地空间环境学应运而生。它是在 GNSS 数据处理理论、GNSS 气象学和 GNSS 反射测量学的基础上，对 GNSS 技术在大气和地表物理参量监测方面的最新研究进展进行广泛总结和深度提炼，在继承前人优秀成果的基础上，发展新的理论、方法、模型和算法，使 GNSS 监测物理参量的范围更广、精度更高、时效更好。GNSS 近地空间环境学本质上是卫星大地测量学的一个分支，它是从卫星大地测量学的一个重要技术分支全球导航卫星系统延伸出来的新理论和新应用，并与大气科学、空间物理、地球物理和水文学等领域深度交叉融合，具有十分显著的多学科交叉特色。GNSS 近地空间环境学在现阶段的主要任务是为相关学科所涉及的重要物理参量提供监测技术和观测信息，实现从地表到近地空间的多种物理参量的监测与分析。考虑 GNSS 近地空间环境监测学的快速发展及对其进行系统性归纳总结的必要性，笔者撰写了《GNSS 近地空间环境学》，本书首次阐释 GNSS 近地空间环境学的概念与内涵，系统性地介绍 GNSS 近地空间环境学的研究对象、研究内容、研究方法及相关理论。

本书在撰写过程中既注重知识源头的追溯，又注重理论方法的创新，采用原理推导与案例分析相结合的论述方式，旨在为相关领域的科研人员、研究生或本科生提供系统完整的 GNSS 近地空间环境学相关理论方法和科研实践经验。本书从三个方面系统地介绍 GNSS 近地空间环境学的内容：一是对流层建模与水汽监测，二是电离层建模与电子含量监测，三是 GNSS 反射测量及其应用。第 2～6 章为对流层建模与水汽监测部分，主要介绍 GNSS 对流层延迟的估计方法、对流层延迟建模策略、GNSS 水汽监测原理、加权平均温度建模方法、三维水汽反演技术、多源水汽数据融合方法及 GNSS 水汽产品的数据同化技术。第 7～9 章为电离层建模与电子含量监测部分，主要介绍 GNSS 电离层监测原理、电离层建模方法、电离层三维层析技术及 GNSS 电离层监测技术在特殊空间天气研究中的应用。第 10～12 章为 GNSS 反射测量及其应用部分，主要介绍地基和星载 GNSS 反射测量技术的原理及 GNSS 反射测量技术在反演海面及陆表物理参量中的应用。GNSS 近地空间环境学作为一个新兴的交叉学科，涉及内容之丰富远超本书所涵盖的三个方面，并且随着新理论和新技术的涌现，其内涵也会更加丰富，研究边界也将进一步拓展。

本书的撰写和出版得到国家自然科学基金战略研究类项目"基于创新和需求驱动的中国大地测量学发展战略研究"（42142037）资助。本书撰写中，姚宜斌、张豹、孔建提出写作计划和章节设计，并进行了多轮统稿和修改工作。姚宜斌确定了全部章节的写作提纲并进行全书修改润色工作；张豹、赵庆志、熊朝晖、姚宜斌撰写了第 1 章和第 3～6 章；彭文杰、胡明贤、姚宜斌撰写了第 2 章；孔建、陈鹏、汤俊、翟长治、姚宜斌撰写了第 7～9章；胡羽丰、冉启顺、姚宜斌撰写了第 10～12 章。感谢国家自然科学基金委员会和武汉大学的资助与支持！感谢武汉大学测绘学院 GNSS 近地空间环境学课题组的所有团队成员对推动 GNSS 近地空间环境学发展及促成本书成稿做出的努力与贡献！

由于笔者的学识有限、经验不足，本书难免存在不足、疏漏或狭隘之处，敬请读者批评指正，以便再版时补充和修正。

作 者

2024 年 1 月

目　　录

第1章 绪 论

1.1 概 述

从地表到 1 000 km 高空范围内的地球环境是地球生物赖以存续的基本空间，它不仅为人类生存提供了良好的自然条件，而且为文明发展提供了充足的物质基础。从地表到 1 000 km 高空的地球环境可以划分为几个层次：地表、对流层、平流层、中间层和热层，每个层次都有其独特的物理性质，对人类活动和科学研究都具有重要的意义。首先，地表上的陆地和海洋生态系统提供了诸如食物链、水循环、气候调节等重要的生态服务，作为生物多样性和生态系统的栖息地，对维持地球上的生命至关重要。其次，底层大气（对流层和平流层）对气候和天气起着至关重要的调节作用，大气的组成和性质对气候变化、天气预测及空气质量等方面有重要的影响，并为航空器和航天器提供了必要的飞行区域。此外，高层大气（如热层中的电离层和磁层）作为地球环境与宇宙环境的过渡，不仅保护着地球生物免受宇宙射线、高能粒子的伤害，而且对无线电通信、卫星导航和空间探索都有着重要意义。

在地表至高空 1 000 km 的近地空间环境里，对流层和电离层是两个最为特殊的大气圈层。对流层作为地球空间环境中最重要的组成部分之一，蕴含着整个地球大气层中约 99% 的水汽和 75% 的大气质量，是与人类活动联系最为密切的大气圈层。对流层中的水汽虽然只占大气总质量的 0%～4%（Rocken et al.，1997），却是一种非常重要的大气组分，其在变化过程中吸收和释放大量热能，直接影响地面和空气温度，促进对流天气系统的形成和演变，在不同时空尺度的气象过程中起着主导作用，其时空分布和变化对云和降雨的形成至关重要（Philipona et al.，2005；盛裴轩 等，2003；Bevis et al.，1992）。天气和气候现象主要发生在对流层，而且与大气中的水汽变化密切相关。在全球旱涝灾害频发、气候变化异常的大背景下，区域性强对流等灾害性天气和大尺度气候异常事件正严重威胁着人们的生命财产安全。据国家统计局统计，仅 2010～2014 年我国旱灾受灾面积超过 6 000 万 hm²，洪涝、山体滑坡、泥石流和台风受灾面积超过 5 000 万 hm²，超过 1 300 万 hm² 农作物因此绝收，受灾人口超过 17 亿人次，直接经济损失超过 2 万亿元。特别是 2021 年 7 月 20 日前后，河南省遭遇历史罕见特大暴雨，短短几天的降水量达到以往一年的降水量，造成了严重的人员伤亡和财产损失，引起了国家有关部门的高度重视。通过监测水汽含量和分布，可以有效预测降水情况、气旋路径及暴雨、台风等极端天气事件的可能性，提前做好防范措施，减少灾害损失。然而，受季节、地形和气象因素影响，水汽空间分布不均匀、时空变化快，获取高精度高分辨率的水汽信息存在较大难度，亟待发展水汽监测新技术和新方法。

电离层是地球大气另一个重要圈层，与中性大气层不同，电离层是受太阳高能辐射和宇宙线激励而部分电离或完全电离的高层大气区域，覆盖了距地面 60～1 000 km 的高度范围，部分电离的区域通常称为电离层，完全电离的区域称为磁层，磁层可视作电离层的一部分。电离层中存在相当多的自由电子和离子，能够使无线电波发生折射、反射和散射，进而改变无线电波的传播速度和方向，也能够引起无线电波极化面的旋转并受到不同程度的吸收。电离层的主要特性由电子密度、电子温度、碰撞频率、离子密度、离子温度和离子成分等基本参数表征。电子密度是指单位体积内的自由电子数，通常用于描述电离层中电子的分布情况和浓度。电离层中的自由电子是由太阳辐射和地球大气中的分子碰撞等因素造成的。电离层电子密度随着高度的变化而变化，一般呈现出复杂的垂直分布特征。在白天的阳光照射下，太阳辐射会使电离层中的分子发生电离，产生大量的自由电子，从而使电离层电子密度增加。而在夜间，由于太阳辐射的减弱，电离层中的电子重新组合成分子，自由电子数量减少，电离层电子密度下降。此外，地球磁场、地理位置、季节和太阳活动等因素也会对电离层电子密度产生影响。

电离层电子密度的变化对无线电通信、导航系统和卫星通信等技术具有重要影响。不同的电离层电子密度分布特征可以引起无线电波的反射、折射和散射，从而影响通信信号的传播和接收质量。因此，准确地了解电离层电子密度的分布情况对无线电通信系统和卫星导航系统的设计与性能优化至关重要。

综上所述，地表到 1 000 km 高空范围内的地球环境，特别是地表、对流层和电离层环境，对生态系统保护、气候变化预测、航空航天、通信以及科学研究和探索等方面都具有重要的意义。深入研究和了解这些环境，有助于人们更好地理解地球系统，并采取有效措施来保护和可持续利用地球资源。因此，本书将从地表到大约 1 000 km 高空的包含地表、中性大气层和电离层在内的环境称为近地空间环境，论述全球导航卫星系统（global navigation satellite system，GNSS）技术在近地空间环境探测方面取得的最新进展，重点介绍 GNSS 技术在探测对流层水汽、电离层电子含量和地表物理参量方面的创新之处。

1.2　地球大气层

地球大气层是指由于地球引力作用而环绕在地球附近从地表延伸到大约 10 000 km 高度处的空气层，地球大气层的总质量约为 6 000 Mt。尽管对地球大气层上边界的定义尚存争议，但普遍共识是地球大气层的大部分质量都集中在 15 km 以下的高度。大气中的常定气体组成中包括 78.08%的氮、20.95%的氧、0.93%的氩、0.04%的二氧化碳及少量的其他气体。大气中含量变化最剧烈的成分有水汽、臭氧和各种气溶胶。其中，水汽变化尤为剧烈，对大气热平衡及天气现象有着重要影响，水汽在海平面处的平均体积分数约为 1%，在整个大气的平均体积分数约为 0.4%。地球大气层的组成成分、温度和气压随高度变化明显，根据这些特征，地球大气层在垂向上通常分为：对流层、平流层、中间层、热层和散逸层（又称外层或逃逸层），如图 1.1 所示。根据大气的电离特性，地球大气层又可以分为中性大气层（包括对流层、平流层和大部分中间层）和电离层（包括热层、少量散逸层和中间层）。

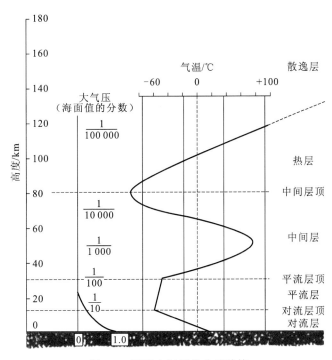

图 1.1 地球大气层的分层结构

1. 对流层

对流层，位于地球大气的最底层，从地表延伸到海拔约 10 km 范围，包含了 75%～80% 的大气质量。对流层顶的高度随纬度和季节变化，在两极最低，在赤道最高，在冬季最低，在夏季最高。对流层顶在赤道地区最高可达 20 km，在极区最低可至 7 km。对流层也是地球大气层中含水量最高的大气层，包含了几乎所有的水汽和气溶胶。大多数类型的云以及近乎全部的天气现象都发生在对流层。在对流层里，接近地面处温度最高，随着高度上升温度下降，气温的垂直递减率约为 −6.5 ℃/km。对流层之所以出现这种温度垂向递减现象，主要是因为地球大气对太阳短波辐射的吸收作用较弱，而对地球长波辐射的吸收作用较强。太阳辐射穿过大气加热地表，地表升温后辐射长波加热大气，因而越靠近地表的大气吸收地表辐射越多，温度也就越高。由于地表受到森林、湖泊、草原、海滩、山岭等不同地形和覆盖物的影响，受日光照射而引起的气温变化有所差异，这会造成暖空气膨胀上升、冷空气收缩下降，从而产生垂直和水平方向的风，即空气发生对流现象。对流运动使高层和低层空气得以交换，促进热量和水分传输，继而产生水的三相变化，也正因为如此，才能够形成云、雨、雹、雪、风等复杂的天气现象。

根据对流层中大气的运动状态、温度的垂直变化特点和天气现象的演变规律，对流层可进一步分为三层（黄磊，2008）：下层、中层、上层。下层又称扰动层或摩擦层，其范围一般是自地面到 2 km 高度，范围会因季节和昼夜发生变化。该层气流受地面摩擦作用影响较大，湍流交换作用强盛。通常，随着高度的上升，风速增大，风向偏转。该层的水汽、尘粒含量较高，低云、雾、浮尘等出现频繁。中层位于摩擦层顶到约 6 km 高度，中层由于摩擦作用减弱，乱流运动减少，平流运动增强，大气运动规律相对简单，气流状况基本上可代表整个对流层的空气运动状态，云和降水大都产生在这一层。上层位于中层顶部到对流层顶之间，这一层受地面影响更小，气温常年都在 0 ℃以下，水汽含量较低，各种云都由冰晶和过冷水滴组成。在中纬度和热带地区，上层常出现风速≥30 m/s 的强风带，即所谓的急流。此外，在对流层和平流层之间，有一个厚度为数百米到 1～2 km 的过渡层，称为对流层顶。它的主要特征是：气温的垂直递减率有突然变化，其变化的情形为温度随高度上升而缓慢降低或不变。对流层顶对垂直气流有很大的阻挡作用，上升的水汽、尘粒多聚集于此，能见度往往较差（吕达仁 等，2008）。

2. 平流层

平流层，位于对流层顶部以上至约 50 km 高度，上接中间层底部，下接对流层顶部。平流层由温度分层的大气组成，低层的温度较低，高层的温度较高。这种垂向温度变化是由于平流层高度较高受地面辐射影响较小，温度主要受臭氧吸收太阳紫外辐射影响，高层的臭氧吸收更多的紫外辐射，温度也就更高，平流层温度的垂向变化也因此与对流层相反。平流层中高层大气温度高、密度低，低层大气温度低、密度高，这种结构有利于大气的垂直稳定性，因此平流层的大气垂向运动十分微弱，以平流运动为主。此外，平流层中的水汽稀薄，很少出现天气现象，因而现代民用航空飞机也多选择在平流层中飞行。平流层中距离地表 15～35 km 高度处有一个特殊的大气层，称为臭氧层。臭氧层的厚度随季节和地理位置变化，这主要与大气环流和太阳辐射强度有关。臭氧可以吸收太阳的紫外辐射，起到对地球大气增温的作用，也可保护地球生物免受紫外辐射的伤害。

虽然对流层空间的大气变化对平流层空间的直接影响看上去不是很明显，但在对流层空间的乱流引起的大气波动向上传播时，会对平流层产生间接影响。因此，从大气波动力学的角度来看，平流层与对流层是密切相关的，发生在对流层空间并向上传播到平流层的大气波动，通常有罗斯贝波、大气潮汐波及大气重力波等，在低纬度地区，还有赤道波。各种波动之间及这些波动与风场之间的相互作用，都会给平流层的大气波动力学带来一定影响。

3. 中间层

中间层，位于平流层之上，距离地表 50～85 km，它是大气圈的第三个层次，紧邻热层的下方。该层内臭氧含量低，不能吸收太阳的紫外辐射，同时，能被氮、氧等直接吸收的太阳短波辐射大部分已经被上层大气所吸收，这也导致中间层的温度随着海拔的上升而逐渐下降，是大气层中的最冷区域之一。由于中间层的温度垂直递减率很大，所以对流运动强盛，中间层也被称为高空对流层，但由于空气稀薄，中间层的对流运动强度不能与对流层相比。另外，中间层也是大气圈中空气密度急剧下降的区域，由于较低的气压和稀薄的空气，这个区域对飞行器和人类探测任务来说十分困难。中间层也是极光现象发生的区域，这是因为在中间层中，高能粒子与稀薄的大气分子相互作用，产生华丽的发光现象。

4. 热层

热层，位于中间层之上及散逸层之下，其顶部离地面 500～1 000 km，热层没有明显的外边界，通常认为温度的垂直梯度消失时的高度即为热层顶。热层中，波长小于 0.175 μm 的太阳紫外辐射都被该层中的大气物质（主要是原子氧）所吸收，气温随高度的上升而迅速升高,其增温程度与太阳活动有关,当太阳活动加强时,温度随高度升高得很快,这时500 km处的气温可升至2 000 K;当太阳活动减弱时,温度随高度升高变慢,500 km处的温度也只有 500 K。热层的空气极为稀薄,该层质量仅占大气总质量的 0.5%,在 120 km 高度以上的空间,空气密度已小到声波难以传播的程度。在 270 km 高度上,空气密度约为地面空气密度的百亿分之一,在 300 km 高度上,空气密度只有地面密度的千亿分之一。

热层的大气分子吸收太阳的短波辐射及磁场后,其电子能量升高,其中一部分大气分子发生电离,这些电离过的离子与电子形成了电离层。

5. 电离层

电离层是包含了近乎整个热层、一部分中间层和逸散层的大气电离区域,高度在50~1 000 km。由于太阳紫外辐射、X射线、γ射线和高能粒子等的作用,地球大气中的气体分子被电离成自由电子和离子,其中高层大气被完全电离,中低层大气被部分电离。通常,将部分电离的自由电子、正离子和中性粒子混合存在的大气区域称为电离层,完全电离的大气区域称为磁层。当然,也有人把部分电离区域和完全电离区域统称为电离层,以此为标准,磁层为电离层的一部分。从整体来看,电离层中正负电荷的数量近乎相等,因此,电离层在宏观上呈电中性,可视为一个等离子体。由于电离层中存在大量的自由电子和离子,对无线电波具有折射、反射和散射效应,所以电离层能改变穿越其中的无线电波的速度、传播路径和极化方向,同时也会产生不同程度的吸收。利用电离层的反射特性可进行远距离无线电通信。

根据电离层电子密度的分布与变化特征,电离层又被分为 D 层(60~90 km)、E 层(90~140 km)、F 层(140 km以上)三层,其中 F 层又被分为 F1 层(140~200 km)和 F2 层(200~500 km),夜间 F1 和 F2 层融合为 F 层,如图 1.2 所示。电离层随季节变化会出现突发性 E 层(Es 层,高度约 100 km)。

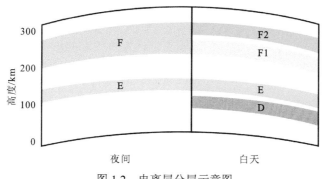

图 1.2　电离层分层示意图

6. 散逸层

散逸层,又称外层或逃逸层,是热层以上的大气层,也是地球大气的最外层。该层空气在太阳紫外线和宇宙射线的作用下,大部分分子发生电离,使质子和氦核的含量大大超过中性氢原子的含量。散逸层空气极为稀薄,其密度几乎与太空密度相同,故又常称为外大气层。由于散逸层空气受地心引力极小,气体及微粒可以脱离地球引力场进入太空。

1.3 地 球 表 面

地球表面是地球表层系统的重要组成部分，主要由岩石圈、水圈和生物圈组成，同时又与大气圈产生交互。宜居的地表环境繁衍了壮观的生命景象，也催生了璀璨的人类文明。地球表面由岩石圈支撑，大约70%的地球表面被水面覆盖，另外的30%主要由7个大陆组成，这些大陆分布在6个大板块上，包括亚欧板块、非洲板块、印度洋板块、南极洲板块、太平洋板块、美洲板块，板块上面由土壤、沙石、植被和冰雪等覆盖。位于土壤等地表覆盖物之下的是岩石地壳，地壳破裂成许多小板块，浮动于地幔之上，板块碰撞导致边缘隆升形成山峰。地壳在大陆地区的厚度为35～70 km，在海洋区域的厚度为5～10 km。地壳主要由铝硅酸盐组成，整个地壳仅占地球总质量的1%。地壳的温度随着深度增大而升高，地表处很冷，但在地壳与地幔分界处可以高达400℃。由于地壳板块浮动于融化的岩石之上，板块之间存在挤压、碰撞或远离，所以在板块边缘处时常会形成高山或海沟，也会形成地震和火山爆发等灾害性事件。

地球的地表形态可以分为陆地地形和海底地形两大类：陆地地形包括高原、平原、山地、丘陵、盆地5种；海底地形分为海盆、海底高原、海沟、大陆架等。地表形态处于不断变化之中，是内力和外力长期共同作用的结果，地表形态的塑造过程是岩石圈物质的循环过程，它们存在的基础是岩石圈三大类岩石——岩浆岩、变质岩和沉积岩的变质转化。

水圈是地表最为活跃的一个圈层。它与大气圈、生物圈和岩石圈的相互作用直接影响表层系统的演化。水圈也是外动力地质作用的主要介质，是塑造地球表面最重要的角色。水圈包括海洋、江河、湖泊、沼泽、冰川和地下水等，它是一个连续但很不规则的圈层。从离地球数万公里的高空看地球，大气圈中水汽形成的白云和覆盖地球大部分区域的蓝色海洋使地球成为一颗"蓝色的行星"。地球水圈总质量为1.66×10^{21} kg，约为地球总质量的1/3 600，其中海洋水储量约为陆地水储量（包括河流、湖泊和表层岩石孔隙与土壤中的水）的35倍（周俊，1999）。由于地球距太阳远近适中，具有适宜的温度，加之形状大小适宜（半径6 378 km），它表面吸引了适量的水和大气并保持一定的压力，这也造就了地表固态、液态、气态三种形态水物质共存并互相转化的特殊现象。地表水三相共存与转化产生了海洋、陆地、冰川、沙漠、湖泊、沼泽等大小等级不同的异质系统，从而造成了不同规模的水分和空气循环，实现了物质和能量的循环运动与转换。

生物圈，是指地球上凡是出现并感受到生命活动影响的地区，是地表有机体包括微生物及其自下而上环境的总称，是地球特有的圈层。它也是人类诞生和生存的空间。生物圈是地球上最大的生态系统。生物圈是自然灾害的主要发生空间，它衍生出环境生态灾害。生物生存要从环境中获取必需的能量和物质，生物的生命活动促进了能量流动和物质循环，这种环境变化反过来促进了整个生物界持续不断进化。人类的出现使地球表层发生了质的变化，也构成了区别于其他圈层的突出特征。人类活动改变大气圈，造成温室效应、热岛效应，甚至控制局部环流。人类活动改变水循环、创造人工地形，从根本上改变了生物界的面貌。在地球上几乎找不到一块没有人类影响的土地，人类的作用和影响在地球上已经连成一片，形成了名副其实的智慧圈、文化圈，地球表层渐渐成为人与环境有机联系的新系统（周俊，2004）。

地球表面的岩石圈、水圈、生物圈和大气圈相互作用，共同塑造和维持地球环境，也形成了适宜人类生存的自然地理空间。大气的风化作用、水圈的侵蚀效应、生物圈的生物风化作用以及人类活动影响，地球的地貌在不断地被改变，地貌的改变又反过来影响大气环流、水物质循环和生物分布。因此，4 个圈层之间的相互作用在不断改变地球面貌的同时，也在影响包括人类在内的诸多生物的生存环境，这 4 个圈层的变化与地球和人类命运息息相关。当前人类活动致使大量化石能量被短期快速释放、森林植被减少、冰川急剧消融，导致原有的地球能量平衡被打破、全球气候持续变暖、生物群落退化、极端天气现象频发等一系列问题。在这种情况下，将人类文明的最新成果应用于监测和理解从地球表面到高层大气的近地空间环境变化，揭示影响机理并提出应对策略，对人类社会和地球环境的可持续发展具有十分重要的意义。

1.4　近地空间环境监测

1.4.1　大气和地表观测手段

大气是近地空间环境监测的主要对象，常用的大气探测手段包括：地面自动气象站、无线电探空仪（radiosonde，RS）、水汽辐射计（water vapor radiometer，WVR）、气象雷达、卫星遥感、电离层探测仪、电离层散射雷达、法拉第旋转检测器、无线电掩星和全球导航卫星系统（GNSS）等。其中，地面自动气象站、无线电探空仪、水汽辐射计、气象雷达和卫星遥感技术主要用于探测对流层和平流层，电离层探测仪、电离层散射雷达、法拉第旋转检测器主要用于探测电离层，而无线电掩星和 GNSS 技术既可以用于探测电离层又可以用于探测对流层和平流层。

1. 地面自动气象站

地面自动气象站泛指按世界气象组织（World Meteorological Organization，WMO）规定的标准设在陆地和海上的实施地面气象观测的仪器装置，内有多种传感器，可实现包括空气温度、湿度、气压、风向、风速、雨量、光照、总辐射、土壤温度和湿度等多种要素的自动化监测，并将观测资料以统一格式通过网络传输给有关部门。地面自动气象站广泛应用于气象、水文、农业、工业、环保、旅游、科研等领域。

2. 无线电探空仪

无线电探空仪是由传感器、转换器和无线电发射机组成的测定大气温度、压强和湿度等气象要素的仪器。通常，无线电探空仪搭载在充满氦气或氢气的气象气球上，由地面送入大气层，在上升过程中测量大气参数，并将观测数据通过无线电传回地面接收站，无线电频率403 MHz 专门留给无线电探空仪使用。气球的型号从 150 g 到 3 000 g 不等，典型的无线电探空仪重250 g，800 g 的气球在 30 km 的高度会因外部大气压过低而爆裂，这也注定了无线电探空仪大多为一次性使用。现代无线电探空仪可搭载多种装置测定风速和风向，如远距离无线电导航系统、无线电定向仪、GNSS 接收机等。无线电探空仪主要测量的数据包括气压、温度、相对湿度、风速、风向、经纬度和高度等，部分无线电探空仪还可以测量大气臭氧浓度。无线电探空仪是为数不多可以探测低层大气垂直结构的技术，并且具有较高精度，因此，在天气预报、大气研究及数据验证等领域都有着重要应用。目前，全世界至少有数千个无线电探空仪发射站，每天定时发射一次或两次，时间大多在协调世界时 00:00 或 12:00，大多数数据以国际协议格式存储并开放共享。全球站点无线电探空资料数据集（integrated global radiosonde archive，IGRA）提供了全球超过 2 800 个无线电探空站的观测数据，数据最早可以回溯到 1905 年，可以在网址 https://www.ncei.noaa.gov/pub/data/igra/自由下载。

3. 水汽辐射计

水汽辐射计是地基微波辐射计的一种，它利用水汽频段微波辐射计测量大气微波辐射信号，进而反演辐射信号路径上的水汽含量和液态水含量。地基水汽辐射计通常采用 23.8 GHz 和 31.4 GHz 频率来直接测量大气辐射亮温。地基水汽辐射计的优点是可以得到斜路径水汽含量，这对了解水汽的三维空间分布十分重要，缺点是仪器价格昂贵，无法在雨天使用。由于数量较少，空间覆盖较差。

4. 气象雷达

气象雷达属于主动式微波大气遥感设备，是用于警戒和预报中、小尺度天气系统（如台风和暴雨云系）的主要设备之一。气象雷达的工作频率范围很宽，常用的工作频率为 200～10 000 MHz，具体工作频率与使用目的相关。常见的气象雷达类型有：测云雷达、测雨雷达、测风雷达、圆极化雷达（可测冰雹）、调频连续波雷达（主要用来测定边界层晴空大气的波动、风和湍流）、气象多普勒雷达（测量云和降水粒子相对于雷达的径向运动速度）以及甚高频和超高频多普勒雷达（探测 1～100 km 高度晴空大气中的水平风廓线、铅直气流廓线、大气湍流参数、大气稳定层结和大气波动等）。气象雷达已广泛应用于天气预报、农业、水文、林业、交通、能源、海洋、航空、航天、国防、建筑、旅游等领域，为气象预报和灾害防范等提供了重要的技术支撑。

5. 卫星大气遥感

卫星大气遥感是指利用卫星搭载的传感器来获取大气观测数据。大气遥感卫星根据轨道不同可分为两类，一种是极轨卫星，另一种是地球静止卫星。前者轨道高度较低，空间分辨率较高，但是对同一地区的重访周期较长；后者轨道高度较高，分辨率较低，但覆盖区域较大且固定，5 颗地球静止卫星就可形成覆盖全球的观测网。卫星大气遥感技术已被广泛地应用于观测云、大气温度、湿度、风、水汽、臭氧、二氧化碳、气溶胶、沙尘暴等。

美国航空航天局研制的中分辨率成像光谱仪（moderate-resolution imaging spectroradio-meter，MODIS）是比较著名的卫星大气遥感平台，该平台搭载在 Terra AM 和 Aqua PM 卫星上，发射到 705 km 高度的地球轨道，利用 36 个相互配准的光谱波段捕捉数据，覆盖从可见光到红外波段，每 1～2 天即可提供全球观测数据。观测对象包括云层覆盖、地球能量辐射变化、植被变化、水汽含量分布、海洋水色、浮游植物等。MODIS 提供了 1 km 和 5 km 两种分辨率的观测数据，昼夜采用不同算法，MODIS 数据可在 https://ladsweb.modaps.eosdis.nasa.gov/archive/allData/上免费下载。

此外，欧洲航天局发射的中分辨率成像光谱仪（medium-resolution imaging spectrometer，MERIS）也是著名的环境卫星观测平台之一，搭载在 Envisat-1 卫星上。该仪器并排设置 5 台摄像机，每台摄像机都配备有二维电荷耦合器件（charge coupled device，CCD）推扫式光谱仪。该仪器在 15 个光谱波段提供海洋地区 1 040 m×1 200 m 和陆地 260 m×300 m 的数据产品，每 3 天观测数据覆盖全球。MERIS 的主要任务是观测海洋的颜色变化，这些数据可用来估算叶绿素和水中悬浮沉淀物的浓度等。MERIS 观测值也可以用于反演水汽、植被、云等。此外，中国的风云、海洋和资源三大系列卫星，在监测大气状态方面也发挥着十分重要的作用。

6. 电离层探测仪

电离层探测仪（或称垂测仪）是一种工作在短波频段的雷达系统，它通过天线垂直向上发射频率随时间变化的无线电脉冲并接收这些脉冲的电离层反射信号，通过测量脉冲往返传播的时间，获得反射高度与频率的关系，进而反演出不同高度的电子密度。与无线电探空仪类似，电离层探测仪目前依然是最基本的电离层观测方法，在获取电离层垂直结构方面具有难以替代的作用。但是，电离层探测仪也有其局限性，比如难以探测电离层 D 层的电离程度、难以获得 E 层和 F 层之间谷区的信息、不能研究 F 层峰以上的区域等。此外，电离层探测仪的布设数量较少，水平分辨率较低。

7. 电离层散射雷达

电离层散射雷达分为相干散射雷达和非相干散射雷达。相干散射雷达通过测量散射信号的功率、入射角和电子密度非均匀移动产生的多普勒频移，计算电子密度、漂移速度、非均匀体大小等参数（金双根和王新志，2021）。非相干散射雷达利用电离层中等离子体热起伏的微弱散射信号遥测电离层的物理参数，这种热起伏引起的散射信号是非相干的，所以被称为非相干散射雷达，其中关键技术是对散射的回波信号进行处理。非相干散射雷达具有测量参数多、覆盖空间广、时空分辨率高等突出优点，是目前地基电离层探测的重要手段。它可直接探测电离层电子密度、电子/离子温度、等离子体径向漂移速度等多种参数，间接反演电离层电导率、电场、热层风、碰撞频率等参数。它可探测电离层全剖面，空间覆盖范围广（方位俯仰可调，距离 80~1 000 km），时空分辨率高（时间分辨约数十秒，空间分辨可达数百米，具体与雷达的发射功率、天线增益、脉冲宽度等系统参数有关）。非相干散射雷达由于具有发射功率强（一般为 MW 量级）、天线增益大（一般大于 40 dB）、接收灵敏度高、信号处理算法灵活等优点，在空间物体探测、空间等离子体研究等方面也有重要应用，已成为空间探测新技术和新方法的重要实验平台（丁宗华 等，2016）。由于电离层散射雷达的结构十分复杂、体积也很庞大、运维成本高，全球散射雷达站数量有限，难以实现全球范围内高分辨率的电离层变化监测。

8. 法拉第旋转检测器

法拉第旋转检测器可测量极化电磁波在电磁场作用下产生的极化面与入射波之间的旋转，这种旋转效应与电子密度成正比，因而可据此反算电离层电子密度和总电子含量等参数（金双根和王新志，2021）。

9. 全球导航卫星系统

随着全球导航卫星系统的发展成熟，GNSS 除在导航、定位、定时领域发挥巨大作用外，还出现了许多创新应用。自 20 世纪 90 年代 GNSS 气象学提出以来，GNSS 技术在近地空间环境监测方面展现出了独特的优势。利用 GNSS 对流层延迟可以实现大气水汽监测，利用多频 GNSS 信号在电离层中的色散延迟可以实现电离层电子含量监测，利用 GNSS 的地表反射信号又可以实现多种地表要素监测。对于电离层观测，依靠 GNSS 能较好地测定整个传播路径上电子密度的总和，这一概念被定义为总电子含量（total electron content，TEC），其中，斜路径总电子含量（slant TEC，STEC）为沿信号传播路径上电子密度的积分，VTEC（vertical TEC）定义为垂直路径总电子含量。

全球范围内已建立了数以万计的地基 GNSS 连续运行跟踪站，凭借其连续运行、低成本、高精度、高时空分辨率、不受天气影响等优点，GNSS 在近地空间环境监测中得到了快速发展和应用，实现了从地表到对流层到高层大气的多种几何和物理要素的监测，已成为传统监测技术的有力补充。

10. GNSS 无线电掩星

掩星是指空间中原本可以直视的两个星体，中间被其他星体或物质所遮掩，导致一个星体发射的电磁波信号不能直接到达另一个星体。但如果遮挡星体周围有大气包裹，被遮挡星体发射的电磁波通过大气折射可能到达另一个星体。以 GNSS 无线电掩星为例，GNSS 卫星发射的电磁波信号被地球所遮掩，信号经过电离层和中性大气层折射后到达搭载有 GNSS 接收机的低轨卫星，低轨卫星对 GNSS 信号进行连续追踪，追踪过程中无线电信号扫过地球大气层，这一过程称为 GNSS 无线电掩星。由于中性大气层及电离层的不均匀性，它们对 GNSS 掩星过程中无线电信号的延迟和弯折效应不同，通过观测信号的延迟量和弯折度，利用特定算法可以反演电离层电子密度、中性大气层的折射率、温度、湿度、压强和密度等参数。比较著名的掩星计划有美国亚利桑那大学和喷气推进实验室（Jet Propulsion Laboratory，JPL）联合制定的 GPS/MET 试验（GPS：global positioning system，全球定位系统）、德国地学中心（German Research Centre for Geosciences，GFZ）的 CHAMP 卫星、中国台湾和美国联合研制的气象、电离层和气候卫星联合观测系统（Constellation Observing System for Meteorology，Ionosphere，and Climate，COSMIC）、欧洲航天局和欧洲气象卫星组织的 Metop 系列卫星以及中国的第二代气象卫星风云 3C 和 3D 等。

11. 地表观测技术

地表覆盖类型繁多，包括裸土、植被、湿地、水体、人造不透水面、冰川和冻土等，每种地类又有诸多自身属性，因此，地表观测要素十分繁杂，这也注定了地表观测技术是多种多样的。本书所涉及的地表观测要素主要包括地表升降、土壤水含量、植被变化、冰/雪厚变化、水位变化及潮汐等，针对这些要素可以采取的观测技术除实地勘察外，还有很多卫星遥感方法，包括雷达/光学遥感、GNSS 技术及 GNSS 反射测量技术（GNSS reflectometry，GNSS-R）等。后文将着重介绍 GNSS 反射测量技术在地表要素监测中的应用，详细内容将在本书第 10～12 章进行专门论述。

1.4.2　GNSS 近地空间环境学的形成与发展

GNSS 气象学的出现使 GNSS 技术的应用领域从导航、定位、定时拓展到了大气探测，GNSS 技术已成为监测对流层水汽和电离层电子含量的重要技术手段，对传统的大气探测技术进行了有力的补充。随着 GNSS 反射测量技术（GNSS-R）的出现，GNSS 技术的应用领域得到了进一步拓展。目前，地基 GNSS-R 技术已成功用于监测地表升降、土壤水含量、植被变化、水体水位变化、潮汐和冻土等，星基 GNSS-R 技术则成功应用于监测海浪和测量海风等。目前，地基和星基 GNSS-R 呈现出蓬勃发展的态势。美国航空航天局于 2016 年发射的 CYGNSS 卫星，就是基于 GNSS-R 技术的星基实验平台，用于监测海风和提高飓风预报的准确性。2019 年，我国也发射了捕风一号 A/B 卫星，使我国首次具备了星基 GNSS-R 观测能力，该星支持海面风速参量的快速反演。2021 年，国内首颗商业星载 GNSS-R 海洋反射探测卫星吉林一号顺利发射，可以反演海面高度、有效波高、海冰厚度和海面风速等信息。

GNSS 气象学的发展成熟和 GNSS 反射测量技术的蓬勃发展，使 GNSS 监测技术的应用范围覆盖了从地表到中性大气层再到电离层的广大空间。GNSS 技术变革了原有的地表和大气监测方法，并且与大气科学、水文学和海洋学深度交叉融合，已成为大气科学、水文学和海洋学等学科发展的新动力。在这种背景下，笔者结合自身的研究成果和前人的知识积累提出 GNSS 近地空间环境学的概念，其内涵涉及 GNSS 对流层水汽监测、GNSS 电离层电子含量监测和 GNSS 反射测量相关的理论、方法、模型、应用和机理，研究对象包含从地表到高层大气的广大空间中的诸多要素。本书以原理阐述和研究案例相结合的方式呈现 GNSS 技术在近地空间环境监测中的应用情况，以期读者不仅理解 GNSS 近地空间环境监测的概念和原理，而且能够了解该领域的科学研究方法和最新研究进展。

第 2 章　GNSS 定位模型及大气延迟估计

GNSS 数据处理是利用 GNSS 进行近地空间环境监测的前提，无论是 GNSS 对流层水汽监测还是电离层电子含量监测都是基于 GNSS 定位模型中得到的大气延迟参数。因此，本章将简要回顾三种常用的 GNSS 定位模型（单点定位模型、精密单点定位模型和相对定位模型），重点介绍不同定位模型中大气延迟参数的估计方法和策略。

2.1　单点定位模型

标准单点定位（standard point positioning，SPP），常简称为单点定位，主要利用伪距来进行定位，无须借助其他基站即可获得米级定位精度，下面对其原理进行简要介绍。

假设接收机 r 跟踪卫星 s 得到的原始测码伪距观测值为 $P_{r,i}^s$（单位：m），那么 SPP 的观测方程可以表示为

$$P_{r,i}^s = \rho_r^s + cdt_r^s - cdt^s + T_r^s + \tilde{\alpha}_i^s I_{r,i}^s + K_{r,i}^s - K_i^s + \varepsilon_{P_{r,i}^s} \tag{2.1}$$

式中：下标 i 为伪距观测值所在信号的频率，以 GPS 为例，$i=1$ 或 2 或 5；$\rho_r^s = \|\mathbf{X}^s - \mathbf{X}_r\|$，表示卫星到接收机的几何距离，$\mathbf{X}^s$ 为卫星坐标向量 (x^s, y^s, z^s)，$\mathbf{X}_r$ 为接收机坐标向量 (x_r, y_r, z_r)，$\|\cdot\|$ 为向量求模符号；c 为光在真空中的速度；dt_r^s 和 dt^s 分别为接收机和卫星钟差；T_r^s 为卫星信号传播路径上的对流层延迟；$\tilde{\alpha}_i^s I_{r,i}^s$ 为卫星信号频率 f_i 对应的卫星信号传播路径上的电离层延迟，其中 $\tilde{\alpha}_i = \dfrac{\alpha_i}{\alpha_2 - \alpha_1}$，$\alpha_i = \dfrac{40.3}{f_i^2} \times 10^{16}$ m/TECU（TECU 为总电子数单位，表示电离层总电子含量每平方米的 10^{16} 单位）；$K_{r,i}^s$ 和 K_i^s 分别为频率 f_i 的伪距信号在卫星端和接收机端的硬件延迟偏差；$\varepsilon_{P_{r,i}^s}$ 为伪距观测值的噪声和受到的多路径影响。

式（2.1）中的卫星钟差、硬件延迟和电离层延迟可利用广播星历中的相关参数改正，对流层延迟可采用 Saastamoinen（1972）模型改正，残余误差则会被接收机钟差参数吸收。而天线相位中心、固体潮等误差常在 SPP 中予以忽略。因此，在多系统 SPP 模型中，需要估计的参数包括 3 个坐标参数和 n 个接收机钟差参数，其中 n 表示所观测到的卫星系统数量，因此至少需要观测 $3+n$ 颗卫星才能进行解算。

2.2　精密单点定位模型

相对于标准定位模型，精密单点定位（precise point positioning，PPP）模型则需要同时利用伪距和相位观测值进行定位（Leick et al.，2015；Zumberge et al.，1997）。假设载波

相位观测值为 $L_{r,i}^s$（单位：m），那么载波观测方程可以表示为

$$L_{r,i}^s = \lambda_i^s \Phi_r^s = \rho_r^s + c\mathrm{d}t_r^s - c\mathrm{d}t^s + T_r^s - \tilde{\alpha}_i^s I_r^s + \lambda_i^s N_{r,i}^s + k_{r,i}^s - k_i^s + \varepsilon_{L_{r,i}^s} \qquad (2.2)$$

式中：Φ_r^s 为载波相位观测值（单位：周），由整周计数和不足一周的部分组成；λ_i^s 为 L_i 载波的波长；$N_{r,i}^s$ 为 L_i 载波观测值的整周模糊度（单位：周）；$k_{r,i}^s$ 和 k_i^s 分别为 L_i 载波在卫星端和接收机端的相位硬件延迟偏差；$\varepsilon_{L_{r,i}^s}$ 为相位观测值的噪声和受到的多路径影响。式（2.1）的伪距观测方程和式（2.2）的载波观测方程共同构成了 PPP 的函数模型。

与 SPP 模型中卫星位置由广播星历确定不同，PPP 模型需利用精密星历来获取轨道和钟差，同时卫星和接收机天线相位中心偏差和变化、天线相位缠绕、固体潮、海潮、极移、地球自转、相对论效应等均需要精确改正。一阶电离层延迟可通过多频观测值组合予以消除或作为参数估计，对流层延迟则通常作为参数与坐标、接收机钟差及模糊度参数一起进行估计，因此，多系统 PPP 模型的解算至少需要观测 4+n 颗卫星。

随着 PPP 技术的发展，多种 PPP 模型被提出，比较著名的模型有：消电离层组合 PPP（ionosphere-free PPP，IF-PPP）模型、非差非组合 PPP（un-differenced un-combined PPP，UU-PPP）模型、电离层约束 PPP（ionosphere constrained PPP，IC-PPP）模型和卡尔加里大学（University of Calgary，UofC）模型。不同 PPP 模型的主要差异在于电离层延迟的处理方式，下面对这 4 种 PPP 模型进行简要的介绍。

2.2.1　IF-PPP 模型

双频 IF-PPP 模型可表示为

$$P_{r,IF}^s = \alpha_{IF} P_{r,1}^s + \beta_{IF} P_{r,2}^s = \rho_r^s + c\mathrm{d}t_r^s - c\mathrm{d}t^s + T_r^s + K_{r,IF}^s - K_{IF}^s + \varepsilon_{P_{r,IF}^s} \qquad (2.3)$$

$$L_{r,IF}^s = \alpha_{IF} L_{r,1}^s + \beta_{IF} L_{r,2}^s = \rho_r^s + c\mathrm{d}t_r^s - c\mathrm{d}t^s + T_r^s + \lambda_N^s B_{r,IF}^s + \varepsilon_{L_{r,IF}^s} \qquad (2.4)$$

其中

$$\alpha_{IF} = \frac{f_1^2}{f_1^2 - f_2^2}, \quad \beta_{IF} = \frac{-f_2^2}{f_1^2 - f_2^2} \qquad (2.5)$$

$$K_{r,IF}^s = \frac{f_1^2 K_{r,1}^s - f_2^2 K_{r,2}^s}{f_1^2 - f_2^2}, \quad K_{IF}^s = \frac{f_1^2 K_1^s - f_2^2 K_2^s}{f_1^2 - f_2^2} \qquad (2.6)$$

$$B_{r,IF}^s = (k_{r,IF}^s - k_{IF}^s) / \lambda_N^s + (N_{r,1}^s + (\lambda_W^s / \lambda_2^s) N_{r,W}^s) \qquad (2.7)$$

$$k_{r,IF}^s = \frac{f_1^2 k_{r,1}^s - f_2^2 k_{r,2}^s}{f_1^2 - f_2^2}, \quad k_{IF}^s = \frac{f_1^2 k_1^s - f_2^2 k_2^s}{f_1^2 - f_2^2} \qquad (2.8)$$

$$\lambda_W^s = c / (f_1 - f_2), \quad \lambda_N^s = c / (f_1 + f_2) \qquad (2.9)$$

式中：$P_{r,IF}^s$ 和 $L_{r,IF}^s$ 分别为消电离层组合伪距和相位观测值；λ_W^s 和 λ_N^s 分别为宽巷和窄巷波长。

当前，国际 GNSS 服务（International GNSS Service，IGS）采用消电离层组合方式估算卫星钟差产品，考虑 $\mathrm{d}t^s$ 和 K_{IF}^s 之间的相关性，将卫星钟差重定义为 $\delta t^s = \mathrm{d}t^s + K_{IF}^s / c$（Dach et al.，2009）。为了与卫星端钟差保持一致，接收机端钟差也重定义为 $\delta t_r^s = \mathrm{d}t_r^s + K_{r,IF}^s / c$。基于此，式（2.3）和式（2.4）可以改写为

$$P_{r,IF}^s = \rho_r^s + c\delta t_r^s - c\delta t^s + T_r^s + \varepsilon_{P_{r,IF}^s} \qquad (2.10)$$

$$L_{r,IF}^s = \rho_r^s + c\delta t_r^s - c\delta t^s + T_r^s + \lambda_N^s \bar{B}_{r,IF}^s + \varepsilon_{L_{r,IF}^s} \qquad (2.11)$$

其中

$$K_{21} = K_2 - K_1 \qquad (2.12)$$

$$B_i^s = N_i^s + (k_{r,i}^s - k_i^s - (K_{r,i}^s - K_i^s) + 2\tilde{\alpha}_i^s(K_{r,21}^s - K_{21}^s)) / \lambda_i^s \qquad (2.13)$$

$$\bar{B}_{r,IF}^s = B_{r,IF}^s - K_{r,IF}^s / \lambda_N^s + K_{IF}^s / \lambda_N^s \qquad (2.14)$$

式中：K_{21} 即为伪距观测值 P_1 和 P_2 间的差分码偏差（differential code bias，DCB）。虽然 IF-PPP 消除了电离层延迟一阶项的影响，但是与原始观测值相比，其观测值噪声扩大了将近 9 倍。

2.2.2 UU-PPP 模型

结合式（2.1）和式（2.2），同样采用精密钟差产品，UU-PPP 模型的观测方程可表示为

$$P_{r,i}^s = \rho_r^s + c\delta t_r^s - c\delta t^s + T_r^s + \tilde{\alpha}_i^s(I_{r,i}^s + K_{r,21}^s - K_{21}^s) + \varepsilon_{P_{r,i}^s} \qquad (2.15)$$

$$L_{r,i}^s = \rho_r^s + c\delta t_r^s - c\delta t^s + T_r^s - \tilde{\alpha}_i^s(I_{r,i}^s + K_{r,21}^s - K_{21}^s) + \lambda_i^s B_{r,i}^s + \varepsilon_{L_{r,i}^s} \qquad (2.16)$$

UU-PPP 模型保留了电离层延迟和 DCB 参数项，可与坐标、接收机钟差、对流层、模糊度项统一进行估计。相比 IF-PPP 模型，UU-PPP 模型各项参数表达得更加直观，有利于误差项的分离与估计，多用于多系统 PPP 处理。

2.2.3 IC-PPP 模型

在 UU-PPP 模型的基础上，Zhang 等（2013）提出了引入外部先验电离层延迟信息约束的 IC-PPP 模型，该模型将引入的外部先验电离层延迟信息作为虚拟观测值并赋予适当的权重，并在 UU-PPP 模型的基础上增加了式（2.17）所示的电离层延迟约束方程。

$$I_{extenel,r,i}^s = \tilde{\alpha}_i^s I_{r,i}^s + \varepsilon_{I_{extenel,r,i}^s} \qquad (2.17)$$

式中：$\varepsilon_{I_{extenel,r,i}^s}$ 为外部先验电离层延迟的误差，其权重可依据高度角给出。式（2.15）、式（2.16）和式（2.17）共同构成了 IC-PPP 模型的观测方程，该模型不仅可以提高 PPP 的收敛速度，同时可用来估计接收机 DCB。

2.2.4 UofC 模型

UofC 模型由加拿大卡尔加里大学的高扬教授等提出，该模型与消电离层组合模型消除电离层延迟参数的方式有所区别。UofC 模型通过将伪距观测方程加到相位观测方程并取平均得到新的消电离层相位观测值，故也称为"半和模型"，其公式如下：

$$L_{r,UofC,i}^s = \frac{P_{r,i}^s + L_{r,i}^s}{2} = \rho_r^s + c\delta t_r^s - c\delta t^s + T_r^s + \lambda_i^s \frac{B_{r,i}^s}{2} + \varepsilon_{L_{r,i}^s} \qquad (2.18)$$

UofC 模型既可用于双频也可用于单频，用于单频 PPP 时也可称为 GRAPHIC 模型

（Montenbruck，2003），用于双频 PPP 时，需要结合式（2.11）共同构成观测方程，其效果与 IF-PPP 和 UU-PPP 并无差异。对于单频 PPP，UofC 模型和传统非组合 PPP 模型采用同样的伪距观测方程[式（2.10）]，不同的是单频 UofC 模型相位观测值中引入了伪距观测值一半的噪声，但是消除了电离层延迟参数，可以有效避免因相位观测值中电离层延迟改正不准确而导致的相位观测值定权不准的问题，因而在实际应用中更具优势。

2.2.5 PPP 随机模型

PPP 随机模型主要用于确定 PPP 解算过程中伪距观测值和相位观测值的方差，即对伪距观测值和相位观测值进行合理的定权，合理的随机模型不仅可以加快 PPP 收敛也可以改善定位的精度。常见的 PPP 随机模型主要基于卫星高度角和信噪比定权，如著名的 Bernese、RTKLIB 软件均采用高度角定权，二者分别采用式（2.19）和式（2.20）的方法确定观测值的方差（Takasu，2017；Beutler et al.，2007）。

$$\sigma^2 = a^2 + b^2 \cos^2 E \qquad (2.19)$$
$$\sigma^2 = a^2 + b^2 / \sin^2 E \qquad (2.20)$$

式中：a 为观测值本身相关的误差；b 为与高度角相关的误差；E 为卫星高度角。

对于测量型接收机和天线，伪距观测值和相位观测值在输出前，接收机内部会对原始信号进行精密处理，所以用户得到的观测值质量相对较高。以 GPS 卫星观测值为例，相位观测值误差设为 0.003 m，即 $a=b=0.003$ m，伪距观测值误差设为 0.3 m，即 $a=b=0.3$ m。但是在实际应用中不同卫星系统之间可能存在差异，例如，GLONASS 卫星观测值中频间偏差（inter frequency bias，IFB）的存在会导致伪距精度下降、北斗卫星导航系统（BeiDou Navigation Satellite System，BDS）GEO 卫星轨道精度较低也会导致观测值精度降低，这些因素在确定随机模型时都需要加以考虑。

对于消费级接收机，为了保证在城市复杂环境下依旧能够捕获卫星，在设计时其噪声过滤阈值较大，信号受噪声影响较大，因此，需要利用信噪比来确定其随机模型。常采用的信噪比定权方法如下：

$$\sigma^2 = a^2 \cdot 10^{0.1 \cdot \mathrm{MAX(snr0-snr,0)}} \qquad (2.21)$$

式中：MAX(snr0−snr,0) 表示取 snr0−snr 和 0 中的最大值，snr 为信噪比，snr0 为信噪比阈值，取值通常在 48～52。

2.3 相对定位模型

精密单点定位可以实现高精度定位，但过长的收敛时间和复杂的模型，限制了该技术的广泛应用。相对定位模型通过测站间观测值作差、卫星间观测值作差可有效消除和削弱各类误差影响，进而简化定位模型，达到模糊度快速固定和相对坐标精确确定的目的，这些优点也使相对定位模型成为当前应用最广泛的高精度定位模型。20 世纪 90 年代开始，以实时动态（real-time kinematic，RTK）定位技术为代表的载波差分定位方法满足了人们对实时高精度定位的需求，至今在测量领域依然有着极为广泛的应用。随着 GNSS 连续运行基准站（continuously operating reference station，CORS）的建设及网络 RTK 定位技术的发展，GNSS 实时差分定位技术又迎来了新一轮发展，同时也为 GNSS 近地空间环境学的研究和发展提供了契机，本节将简要介绍 GNSS 相对定位原理。

2.3.1 GNSS 单差观测方程

受接收机和卫星端硬件延迟误差、卫星轨道和钟差误差、接收机钟差和大气延迟误差等影响，非差载波相位观测方程中的模糊度参数不再具备整数特性，难以被准确固定。为了消除这一弊端，差分定位方法应运而生，通过星间和站间作差，可消除或削弱大部分误差源。

为了恢复模糊度的整周特性并准确固定模糊度，通过星间差分和站间差分的方式消除接收机和卫星端各种误差对模糊度参数的影响，同时也削弱信号传播路径上大气延迟误差的影响。星间差分是指同一台接收机对两颗卫星同一类型的同步观测值作差，可消除或削弱接收机端误差的影响；站间差分则是指两台接收机对观测到的同一颗卫星的同一类型的同步观测值作差，可消除或削弱卫星端误差及信号传播路径上大气延迟误差的影响。GNSS 单差观测方程通常是指星间差分方程。

星间差分一般是在同一卫星系统内部进行差分，选取当前历元各系统内卫星高度角最高的卫星作为该系统的参考卫星，将同系统内的其他卫星作为非参考卫星，将非参考卫星与参考卫星的伪距与载波相位观测方程进行星间单差，可以得到如下差分方程：

$$\begin{cases} \nabla L_{1,r}^{ij} = \lambda_1 \nabla \varphi_{1,r}^{ij} = \nabla \rho_r^{ij} + c\nabla dt^{ij} - \nabla I_r^{ij} + \nabla m_r^{ij}T_r - \lambda_1(\nabla N_{1,r}^{ij} - \nabla \delta\varphi_1^{ij}) + \nabla \gamma_{1,r}^{ij} + \varepsilon(\nabla \Phi_{1,r}^{ij}) \\ \nabla L_{2,r}^{ij} = \lambda_2 \nabla \varphi_{2,r}^{ij} = \nabla \rho_r^{ij} + c\nabla dt^{ij} - f_1^2/f_2^2 \nabla I_r^{ij} + \nabla m_r^{ij}T_r - \lambda_2(\nabla N_{2,r}^{ij} - \nabla \delta\varphi_2^{ij}) + \nabla \gamma_{2,r}^{ij} + \varepsilon(\nabla \Phi_{2,r}^{ij}) \\ \nabla P_{1,r}^{ij} = \nabla \rho_r^{ij} + c\nabla dt^{ij} + \nabla I_r^{ij} + \nabla \delta P_1^{ij} + \nabla m_r^{ij}T_r + \nabla \gamma_{1,r}^{ij} + \varepsilon(\nabla P_{1,r}^{ij}) \\ \nabla P_{2,r}^{ij} = \nabla \rho_r^{ij} + c\nabla dt^{ij} + f_1^2/f_2^2 \nabla I_r^{ij} + \nabla \delta P_2^{ij} + \nabla m_r^{ij}T_r + \nabla \gamma_{2,r}^{ij} + \varepsilon(\nabla P_{2,r}^{ij}) \end{cases} \quad (2.22)$$

式中：下标 1 和 2 分别对应双频信号上的观测值；i 和 r 分别对应卫星 i 和 GNSS 接收机 r；λ 和 f 分别为 GNSS 观测值波长和频率；φ 为以周为单位的载波相位观测值；L 为以 m 为单位的载波相位观测值；P 为伪距观测值；ρ 为 L1 观测值的卫星相位中心到接收机相位中心几何距离（简称星地距）；c 为光速；dt 和 dT 分别为卫星钟差和接收机钟差；I 为 L1 载波观测值的电离层延迟；T_r 为接收机 r 的天顶对流层延迟；m 为对流层映射函数；N 为相位模糊度；$\delta\varphi$ 为单差载波观测值中卫星端的硬件延迟；δP 为单差伪距观测值中卫星端的硬件延迟；γ 和 δ 分别为载波和伪距观测值的多路径误差；$\varepsilon(\Phi)$ 和 $\varepsilon(P)$ 分别为载波和伪距观测值的噪声和未模型化误差；∇ 为不同卫星间作差的星间差分算子。

对于 GPS、BDS、Galileo 等按照码分多址（code division multiple access，CDMA）模式调制信号的系统，同系统内不同卫星发射的信号频率相同，不同卫星信号在同一接收机的硬件延迟和接收机钟差基本相同，星间单差后，硬件延迟与接收机钟差得以消除，但卫星端硬件延迟与模糊度尚未分离，模糊度参数不具有整数特性，难以被固定，仍需进一步处理。

2.3.2 GNSS 双差观测方程

将星间单差后的方程再进行一次站间求差，可以消除卫星端误差并削弱空间相关误差（如电离层延迟和对流层延迟误差等）。但当基线较长时，空间相关性减弱，站间差分观测值中的残余电离层延迟和对流层延迟误差不能忽略。对于 GPS、BDS 等按照 CDMA 模式调制信号的系统，其双差方程可以表示为

$$\begin{cases} \nabla\Delta L_{1,rs}^{ij} = \lambda_1 \nabla\Delta \varphi_{1,rs}^{ij} = \nabla\Delta \rho_{rs}^{ij} - \nabla\Delta I_r^{ij} + (\nabla m_r^{ij} T_r - \nabla m_s^{ij} T_s) - \lambda_1 \nabla\Delta N_{1,rs}^{ij} + \nabla\Delta \gamma_{1,rs}^{ij} + \varepsilon(\nabla\Delta \Phi_{1,rs}^{ij}) \\ \nabla\Delta L_{2,rs}^{i} = \lambda_2 \nabla\Delta \varphi_{2,rs}^{ij} = \nabla\Delta \rho_{rs}^{ij} - f_1^2 / f_2^2 \nabla\Delta I_{rs}^{ij} + (\nabla m_r^{ij} T_r - \nabla m_s^{ij} T_s) - \lambda_2 \nabla\Delta N_{2,rs}^{ij} + \nabla\Delta \gamma_{2,rs}^{ij} + \varepsilon(\nabla\Delta \Phi_{2,rs}^{ij}) \\ \nabla\Delta P_{1,rs}^{ij} = \nabla\Delta \rho_{rs}^{ij} + \nabla\Delta I_{rs}^{ij} + (\nabla m_r^{ij} T_r - \nabla m_s^{ij} T_s) + \nabla\Delta \gamma_{1,rs}^{ij} + \varepsilon(\nabla\Delta P_{1,rs}^{ij}) \\ \nabla\Delta P_{2,rs}^{ij} = \nabla\Delta \rho_{rs}^{ij} + f_1^2 / f_2^2 \nabla I_r^{ij} + (\nabla m_r^{ij} T_r - \nabla m_s^{ij} T_s) + \nabla\Delta \gamma_{2,rs}^{ij} + \varepsilon(\nabla\Delta P_{2,rs}^{ij}) \end{cases}$$

（2.23）

式中：$\nabla\Delta$ 为不同卫星间作差且在不同测站间作差的站星双差算子。

通过站间星间双差后，双差观测值中的接收机、卫星端硬件延迟都得以消除，双差模糊度恢复整数特性，可以被固定。此外，双差观测值中卫星端和接收机端的误差几乎都被消除或削弱。当两接收机间的距离较短时，由于空间相关性较强，电离层延迟、对流层延迟、卫星星历等误差的影响通过站间差分极大削弱，双差模糊度可不做组合直接固定。但当基线距离较长时，空间相关误差通过站间差分削弱程度较小，对模糊度参数的估计仍有较大影响，需进一步处理。

2.3.3 中长基线模糊度解算

当基线长度大于 15 km 时，站间的大气延迟空间相关性减弱，双差观测值中的电离层延迟和对流层延迟残差影响已无法忽略，其中对流层延迟误差可以通过模型改正和参数估计的方法进行改正，但电离层延迟误差通常需要利用无电离层组合进行消除。由于无电离层组合模糊度不具备整数特性，其模糊度固定方法更加复杂。经过几十年的发展，长距离 GNSS 基线解算及模糊度固定已相对成熟，其主流数据处理流程分为三个步骤（Dong and Bock，1989）。

（1）通过 Melbourne-Wübbena 组合（M-W 组合）（Melbourne，1985；Wübbena，1985）进行宽巷模糊度固定。

（2）通过对相位和伪距观测值进行无电离层组合，消去电离层一阶项影响，建立观测方程，通过最小二乘（least square，LS）或卡尔曼滤波等方法解算出无电离层组合浮点模糊度及其方差协方差阵。

（3）利用步骤（1）固定的宽巷整周模糊度和步骤（2）得到的无电离层组合浮点模糊度，计算出 L1 载波（以 GPS 为例）的浮点模糊度及其方差协方差阵，进而固定 L1 的整周模糊度，并利用 L1 和宽巷整周模糊度计算出精确的无电离层组合模糊度，进而反算精确的位置矢量信息，实现高精度相对定位。

下面对 GNSS 相对定位中的关键环节进行阐述。

1. GNSS 宽巷整周模糊度固定

利用载波和伪距观测值组成 M-W 组合进行宽巷整周模糊度的计算，其表达式如下：

$$L_{\text{M-W}} = \left(\frac{f_1 L_1 - f_2 L_2}{f_1 - f_2} - \frac{f_1 P_1 + f_2 P_2}{f_1 + f_2} \right) \bigg/ \lambda_{\text{w}} \tag{2.24}$$

式中：λ_{w} 为宽巷组合观测值的波长。

利用 M-W 组合解算宽巷模糊度可以避免卫星轨道误差、卫星钟差、接收机位置误差、接收机钟差、对流层延迟、电离层延迟的影响，其主要受伪距多路径影响和观测值噪声影响。为减弱多路径和观测值噪声的影响，需要多历元持续解算。

利用 M-W 组合观测值解算宽巷模糊度浮点解的同时，通常使用概率 P_0 检验其是否可以固定至最近整数（Dong and Bock，1989），其公式如下：

$$P_0 = 1 - \sum_{n=1}^{\infty} \left[\text{erfc} \left(\frac{n - (b - l)}{\sqrt{2}\sigma} \right) - \text{erfc} \left(\frac{n + (b - l)}{\sqrt{2}\sigma} \right) \right]$$

$$\text{erfc}(x) = \frac{2}{\sqrt{\pi}} \int_x^{\infty} e^{-t^2} \, \mathrm{d}t \tag{2.25}$$

式中：b 和 σ^2 分别为宽巷模糊度浮点解及其方差；l 为与浮点解最近的整数。

置信度 α 通常为 0.1（Dong and Bock，1989），当 P_0 大于 $1 - \alpha$，则认为宽巷模糊度固定，否则模糊度保持浮点状态并继续解算。

2. 卡尔曼滤波估计无电离层延迟组合模糊度

我国省市级 CORS 网基准站间距多分布在 30～100 km，此时 GNSS 观测值中的电离层延迟和对流层延迟等误差的空间相关性较弱，无法通过站间差分有效削弱，需要在基线解算过程中考虑大气延迟的影响。现今主流的数据处理方法是以无电离层延迟组合建立观测方程，消除电离层延迟一阶项的影响，同时在观测方程中添加天顶湿延迟参数。

因为 GPS、BDS、GALILEO 等卫星导航系统采用 CDMA 制式，所有卫星各个频点信号的频率、波长相同，故观测方程为

$$\begin{cases} \lambda_{\text{IF}}^i \nabla \Delta \varphi_{\text{IF,rm}}^{ij} = \nabla \Delta \rho_{\text{rm}}^{ij} + (m_{\text{r}}^i - m_{\text{r}}^j) T_{\text{r}} - (m_{\text{m}}^i - m_{\text{m}}^j) T_{\text{m}} + \lambda_{\text{IF}}^i \nabla \Delta N_{\text{IF,rm}}^i + \nabla \Delta \gamma_{\text{rm}}^{ij} + \varepsilon(\Phi_{\text{rm}}^{ij}) \\ \nabla \Delta P_{\text{IF,rm}}^{ij} = \nabla \Delta \rho_{\text{rm}}^{ij} + (m_{\text{r}}^i - m_{\text{r}}^j) T_{\text{r}} - (m_{\text{m}}^i - m_{\text{m}}^j) T_{\text{m}} + \nabla \Delta \delta_{\text{rm}}^{ij} + \varepsilon(P_{\text{rm}}^{ij}) \end{cases} \tag{2.26}$$

式中：$\nabla \Delta$ 为双差计算符号，下标 IF 代表无电离层组合观测值，下标 r 和 m 代表基线两端的基准站，上标 i 和 j 则分别代表参考卫星和观测卫星；λ 为 GNSS 观测值波长；φ 为以周为单位的载波相位观测值；P 为伪距观测值；ρ 为 L1 观测值的卫星相位中心到接收机相位中心几何距离（简称星地距）；T 为基站的天顶对流层延迟；m 为对流层映射函数；N 为相位模糊度；γ 和 δ 分别为载波和伪距观测值的多路径误差；$\varepsilon(\Phi)$ 和 $\varepsilon(P)$ 分别为载波和伪距观测值的噪声和未模型化误差。对流层延迟的初值可由 GPT2w 等模型提供，模糊度初值及其方差可由伪距观测值计算得到，式中待估参数为位置参数、对流层延迟参数和无电离层组合模糊度参数。

3. L1 和 L2 整周模糊度固定

无电离层延迟组合模糊度不具备整数特性，因此不能直接使用最小二乘降相关平差

（least-squares AMBiguity decorrelation adjustment，LAMBDA）方法（Teunissen，1995）等
进行模糊度固定，需要利用已固定的宽巷模糊度将无电离层延迟组合模糊度还原为 L1 频
点的浮点模糊度及其方差阵，具体计算公式如下：

$$
\begin{cases}
N_1 = \dfrac{f_1^2 - f_2^2}{f_1^2 + f_2^2} N_{\text{IF}} + \dfrac{f_2^2}{f_1^2 + f_2^2} N_{\text{WL}} \\
P_{N_1} = \left(\dfrac{f_1^2 - f_2^2}{f_1^2 + f_2^2} \right)^2 P_{N_{\text{IF}}}
\end{cases}
\tag{2.27}
$$

式中：f 为 GNSS 观测值频率；下标 1 和 2 分别代表观测信号的第一和第二频点，下标
WL 代表宽巷组合观测值。

由于 L1 频点双差模糊度具备整数特性，可直接将得到的 L1 浮点解与其方差阵代入
LAMBDA 方法中进行搜索。由 LAMBDA 方法得到的模糊度最优解尚无法保证其正确性，
还需要进一步进行模糊度的质量控制。当前大部分的模糊度质量控制都是基于假设检验，
即给定显著性水平，比较模糊度最优解的残差二次型 $\Omega_{\min}(N)$ 与次最优解的残差二次型
$\Omega_{\text{sec}}(N')$ 是否有显著不同。如不显著，则需要继续滤波并在下一历元再对模糊度进行搜索
和固定，直到 $\Omega_{\min}(N)$ 和 $\Omega_{\text{sec}}(N')$ 显著不同为止，此时可判断模糊度 N 固定正确。

$$
\Omega(N) = (N - \hat{N})^{\text{T}} Q_{\hat{N}\hat{N}}^{-1} (N - \hat{N})
\tag{2.28}
$$

$$
\text{ratio} = \frac{\Omega_{\text{sec}}(N')}{\Omega_{\min}(N)}
\tag{2.29}
$$

式（2.28）中：$\hat{N}$ 为该组模糊度的浮点解；N 和 N' 为 $\hat{N}$ 最优和次优的模糊度固定解；$Q_{\hat{N}\hat{N}}^{-1}$
为该组模糊度的方差协方差阵。

L1 整周模糊度固定之后，即可结合已固定的宽巷模糊度还原 L2 整周模糊度，计算公
式如下：

$$
\Delta\nabla N_2 = \Delta\nabla N_1 - \Delta\nabla N_{\text{WL}}
\tag{2.30}
$$

固定各频点载波整周模糊度后，即可代回式（2.29），计算得到精确的位置信息和对流
层延迟信息，也可将精确的载波双差电离层延迟信息用于区域增强定位服务中。

2.4　GNSS 大气延迟参数估计

无论利用 PPP 模型还是利用相对定位模型都可以获取对流层和电离层延迟参数，但由
于相对定位模型在站间和星间进行了两次差分处理，对短基线而言空间相关误差基本消
除，大气延迟参数已无须估计。因此，若利用相对定位模型估计大气延迟参数需引入远
距离测站，尽可能减弱大气误差的空间相关性，然后采用 PPP 模型中类似的处理方式去
估计大气延迟参数即可，对于电离层估计，由于其对不同波段的信号延迟作用不同，可
以采用双频或三频组合观测值的方式直接估计信号沿线的电子总含量，而无须考虑与几
何位置相关的参数影响。本节基于非差的 PPP 模型来阐述如何在 GNSS 定位模型中获取
大气延迟参数。

2.4.1 基于实测数据的 TEC 估计

1. 基于 PPP 模型的 TEC 估计

UU-PPP 模型可用于 TEC 的估计，但是从式（2.15）和式（2.16）的观测方程可以看出，TEC 参数与接收机 DCB 及卫星 DCB 相关性很强，难以直接进行估计。为了获取纯净的电离层延迟，需要将 DCB 从电离层延迟项 $\tilde{I}_{r,i}^s$ 中分离。考虑到 DCB 的短时稳定性，卫星端 DCB 可以采用 CODE[①]的 DCB 月文件进行改正，而接收机端 DCB 则采用 IC-PPP 模型进行估计。获取接收机 DCB 后，则可以采用 UU-PPP 模型估计 TEC，表 2.1 给出了 IC-PPP 和 UU-PPP 的具体数据处理策略。

表 2.1　IC-PPP 和 UU-PPP 的具体数据处理策略

项目	IC-PPP	UU-PPP
GNSS 观测值	伪距误差：0.3 m（GPS），0.9 m（GLONASS） 相位误差：0.003 m（GPS），0.045 m（GLONASS）	
外部电离层约束	GIM	不采用
坐标	固定（周解坐标）	
接收机钟差	估计（白噪声）	
对流层延迟	估计（随机游走模型）	
卫星端 DCB	改正（CODE 的 DCB 月文件进行）	
接收机端 DCB	估计（常数）	改正（IC-PPP 提供）
TEC	估计（随机游走模型）	
模糊度项	浮点解/固定解	
轨道和时钟	实时或事后精密星历	
估计方法	卡尔曼滤波	

注：GIM 为全球电离层地图（global ionosphere map）

2. 基于相位平滑伪距模型的 TEC 估计

双频载波相位观测值可得到高精度的相对 TEC，而伪距观测值得到低精度的绝对 TEC，因此可以将两类 TEC 结果进行优势互补，即可得到高精度的绝对 TEC 结果。利用载波相位观测值得到的 TEC_Φ 来平滑伪距观测值得到的 TEC_R 的方法（Skone and Cannon，1997）如下所示。在第 n 个历元，将两类观测值计算的 TEC 求差，并将结果记作 $\Delta\mathrm{TEC}_n$

$$\Delta\mathrm{TEC}_n = \mathrm{TEC}_{R,n} - \mathrm{TEC}_{\Phi,n}$$

$$= \frac{f_1^2[(P_1 - P_2) + B_{P_1P_2} - b_{P_1P_2} + (\lambda_1\Phi_1 - \lambda_2\Phi_2)]}{40.28(1-\gamma)} + \frac{f_1^2[(-\lambda_1 N_1 - \lambda_2 N_2)]}{40.28(1-\gamma)} \quad （2.31）$$

---

① CODE 为欧洲定轨中心（Center for Orbit Determination in Europe）

式中：$\gamma = \dfrac{f_1^2}{f_2^2}$ 为不同频率值计算的比例因子，在每个历元都能得到一个 ΔTEC_n 值，理论上整周模糊度保持不变时，$B_{P_1P_2}$、$b_{P_1P_2}$ 分别为接收机和卫星端的码偏差硬件延迟。对于每一个卫星接收机在一个连续的观测弧段内，每一个历元都可以得到一个 ΔTEC_n，将每一个历元得到的 ΔTEC_n 求平均即可得到一个更高精度的 ΔTEC_N，递归计算 ΔTEC_n 的公式为

$$\Delta TEC_N = \frac{1}{N}\sum_{n=1}^{N}\Delta TEC_n = \frac{1}{N}(TEC_{R,n} - TEC_{\Phi,n})$$
$$= \frac{1}{N}[(N-1)\Delta TEC_{N-1} + (TEC_{R,N} - TEC_{\Phi,N})] \tag{2.32}$$

通过递归算法获得平滑后的 ΔTEC_N 后，其值也十分稳定，几乎保持为常量，表示相对 TEC 和绝对 TEC 之间的偏差，将 ΔTEC_N 加到 TEC_Φ 上，可以得到一个高精度的绝对 TEC 观测值 TEC_{SM}，TEC_{SM} 可由下式计算得到：

$$TEC_{SM,N} = TEC_{\Phi,N} + \Delta TEC_N \tag{2.33}$$

式中：$\Delta TEC_{\Phi,N}$ 为第 N 个历元双频相位观测值得到的相对 TEC 结果，ΔTEC_N 是由前 N 个历元计算得到的 TEC 的改正值。将式（2.31）代入式（2.32）可得

$$\Delta TEC_N = \frac{1}{N}\sum_{n=1}^{N}\Delta TEC_n$$
$$= \frac{1}{N}\sum_{n=1}^{N}\left(\frac{f_1^2[(P_1 - P_2) + B_{P_1P_2} - b_{P_1P_2} + (\lambda_1\Phi_1 - \lambda_2\Phi_2)]}{40.28(1-\gamma)}\right) \tag{2.34}$$
$$+ \frac{1}{N}\sum_{n=1}^{N}\left(\frac{f_1^2[(-\lambda_1N_1 - \lambda_2N_2)]}{40.28(1-\gamma)}\right)$$

式（2.34）中的最后一项，整周模糊度 N_1 和 N_2 在一个连续观测弧段内保持不变，在一天之内可以看作常数，则式（2.34）可以写成

$$\Delta TEC_N = \frac{1}{N}\sum_{n=1}^{N}\Delta TEC_n$$
$$= \frac{1}{N}\sum_{n=1}^{N}\left(\frac{f_1^2[(P_1 - P_2) - B_i - B^p + (\lambda_1\Phi_1 - \lambda_2\Phi_2)]}{40.28(1-\gamma)}\right) \tag{2.35}$$
$$+ \frac{f_1^2[(-\lambda_1N_1 - \lambda_2N_2) - b_i - b^p]}{40.28(1-\gamma)}$$

将式（2.35）代入式（2.33），可得到 TEC_{SM} 的计算公式：

$$TEC_{SM,N} = TEC_{\Phi,N} + \Delta TEC_N$$
$$= \frac{f_1^2(\lambda_1\Phi_1 - \lambda_2\Phi_2)}{40.28(\gamma-1)} + \frac{1}{N}\sum_{n=1}^{N}\left(\frac{f_1^2[(P_1 - P_2) - B_i - B^p + (\lambda_1\Phi_1 - \lambda_2\Phi_2)]}{40.28(1-\gamma)}\right) \tag{2.36}$$

式中：接收机端和卫星端的码偏差硬件延迟 $B_{P_1P_2}$、$b_{P_1P_2}$ 在一定时间内可视为常量，则式（2.36）可以写成

$$TEC_{SM,N} = TEC_{\Phi,N} + \Delta TEC_N$$

$$= \frac{f_1^2(\lambda_1 \Phi_1 - \lambda_2 \Phi_2)}{40.28(\gamma - 1)} \qquad (2.37)$$

$$+ \frac{1}{N} \sum_{n=1}^{N} \left(\frac{f_1^2[(P_1 - P_2) + (\lambda_1 \Phi_1 - \lambda_2 \Phi_2)]}{40.28(\gamma - 1)} \right) + \frac{f_1^2(-B_i - B^p)}{40.28(1 - \gamma)}$$

根据式（2.37），求得卫星和接收机硬件延迟之后，即可利用伪距和相位观测值求得高精度的绝对 TEC。

2.4.2 基于 GIM 模型的 STEC 估计

全球电离层地图（global ionosphere map，GIM）是利用全球 500 多个 GNSS 站的观测数据生成的全球 TEC 格网产品，其精度保持在 2～8 TECU，在 IGS 站附近具有较高的精度，在远离 IGS 站的区域，特别是海洋和低纬度地区，精度相对较低。使用 GIM 产品进行电离层约束时，可采用以下步骤求取卫星到测站间的 STEC。

1. 电离层穿刺点位置计算

由于 GNSS 电离层延迟的计算通常基于电离层单层假设，计算电离层斜路径总电子含量 STEC 需要基于单层假设和穿刺点位置进行，穿刺点位置的计算方法如下：

$$\phi_1 = \sin^{-1}(\sin\phi\cos\kappa + \cos\phi\sin\kappa\cos A) \qquad (2.38)$$

$$\begin{cases} \text{若} \quad \phi > 0 \, \& \, \tan\kappa\cos A > \tan(\pi/2 - \phi) \\ \text{或} \quad \phi < 0 \, \& -\tan\kappa\cos A > \tan(\pi/2 + \phi), \\ \lambda_1 = \lambda + \pi - \sin^{-1}(\sin\kappa\sin A / \cos\phi_1) \\ \text{其他}, \\ \lambda_1 = \lambda + \sin^{-1}(\sin\kappa\sin A / \cos\phi_1) \end{cases} \qquad (2.39)$$

式中：κ 为地心角，可表示为 $\kappa = \pi/2 - E - \sin^{-1}\left(\dfrac{R_e + h}{R_e + h_1}\cos E\right)$；$R_e$ 为地球基圆半径，$R_e = 6\,371\,\text{km}$；λ、ϕ 和 h 分别为测站经度、纬度和高度；λ_1、ϕ_1 和 h_1 分别为穿刺点经度、纬度和高度，$h_1 = 450\,\text{km}$。由于 GIM 中采用的是日固坐标系，λ_1 应加上地球自转改正，即 $\lambda_S = \lambda_1 + \pi(t - t_i)/43\,200$，其中 t 为当前 GNSS 观测时间，t_i 为靠近 t 时刻的前后整点时刻，$i = 0$ 或 1。

2. VTEC 计算与插值

在得到观测信号穿刺点位置后，首先根据观测时间查找 GIM 模型中时间上最邻近观测时刻的 2 个时刻及空间上最邻近穿刺点的 4 个格网点；然后利用双线性内插法将每个时刻 4 个最邻近格网点上的 GIM VTEC 值内插到穿刺点位置，这样可得 2 个邻近时刻穿刺点处的 VTEC 值；最后，利用线性内插法将两个时刻穿刺点处的 VTEC 值内插到 GNSS 观测时刻。具体内插公式可参考式（2.40）和式（2.41）。

$$VTEC_t = \frac{t - t_0}{t_{intervel}} VTEC_{t_1} + \frac{t_1 - t}{t_{intervel}} VTEC_{t_0} \quad （2.40）$$

$$VTEC_{t_i} = a_1 VTEC_1 + a_2 VTEC_2 + a_3 VTEC_3 + a_4 VTEC_4 \quad （2.41）$$

式中：t_0 和 t_1 分别为 GIM 模型中最邻近观测时刻 t 的 2 个时刻；$t_{intervel}$ 为 GIM 模型前后 2 个时刻的时间间隔，通常为 1 h；a_1、a_2、a_3 和 a_4 为双线性内插的系数；$VTEC_1$、$VTEC_2$、$VTEC_3$ 和 $VTEC_4$ 为 4 个格网点上的 VTEC 值。

3. STEC 获取

得到穿刺点处的 VTEC 后，需要通过映射函数将 VTEC 转换成 STEC。为了保持与 GIM 产品的一致性，在求解映射函数前，需将电离层投影高度从 450 km 修正到 506.7 km，以保持各分析中心投影函数取值的一致性，修正过后的单层电离层模型映射函数可表示为

$$fs = [1.0 - (R_e + h)^2 / (R_e + h_{I,Modified})^2 \sin^2(0.978\,2(\pi/2 - E))]^{-1/2} \quad （2.42）$$

$$STEC = fs \cdot VTEC \quad （2.43）$$

式中：$h_{I,Modified}$ 为修正过后的单层电离层高度。

虽然在事后单频 PPP 处理中可以通过 GIM 模型对电离层延迟进行改正，但是这样仅可以改正 75% 左右的电离层延迟，残余的电离层误差依然会影响单频 PPP 精度。

2.4.3 基于实时模型的 TEC 估计

目前实时获取电离层 TEC 信息手段主要有两种，第一种为广播星历中播发的 Klobuchar 电离层模型改正参数，该模型在全球范围内可以改正大约 50% 的电离层延迟误差。目前，GPS 和 BDS 均会随广播星历播发 Klobuchar 电离层模型改正参数。虽然 GLONASS 卫星没有播发此类改正参数，但是可以结合 GPS 和 BDS 卫星播发的改正参数，并通过适当的频率转换得到适合 GLONASS 系统的电离层延迟改正参数。

Klobuchar 模型假设电离层所有电子集中在一个 350 km 的薄层上（BDS 采用 375 km），利用 Klobuchar 模型获取 STEC 的流程与 GIM 模型略有不同，这里以 GPS 和 BDS 频率 f_1 上电离层延迟为例介绍利用 Klobuchar 模型计算 STEC 的流程。

首先将穿刺点的 GPS 时 t_G 转换成当地时 t_L，公式如下：

$$t_L = 43\,200\lambda_I / \pi + t_G \quad （2.44）$$

由于 $0 \leqslant t_L < 86\,400$，当 $t_L \geqslant 86\,400$ 时，$t_L = t_L - 86\,400$；当 $t_L < 0$ 时，$t_L = t_L + 86\,400$。

随后求解电离层延迟的振幅 A_I（单位：秒）、周期 P_I（单位：秒）及相位 X_I（单位：弧度），公式如下：

$$A_I = \begin{cases} \sum_{n=0}^{3} \alpha_n (\phi_{m,I} / \pi)^n, & A_I > 0 \\ 0, & A_I \leqslant 0 \end{cases} \quad （2.45）$$

$$P_I = \begin{cases} \sum_{n=0}^{3} \beta_n (\phi_{m,I} / \pi)^n, & P_I > 72\,000 \\ 72\,000, & P_I \leqslant 72\,000 \end{cases} \quad （2.46）$$

$$X_I = \frac{2\pi(t_L - 50\,400)}{P_I} \qquad (2.47)$$

式中：$\phi_{m,I} = \begin{cases} \phi_m, & \text{系统为GPS} \\ \phi_I, & \text{系统为BDS} \end{cases}$。

最后，利用投影函数和频率 f_1 上的电离层延迟计算 $STEC_1$：

$$fs = [1-(R_e+h)^2/(R_e+h_1)^2\cos^2 E]^{-1/2} \qquad (2.48)$$

$$STEC_1 = \begin{cases} (5\times10^{-9} + A_I\cos X_I)fs, & |X_I|<\pi/2 \\ 5\times10^{-9} fs, & |X_I|\geqslant\pi/2 \end{cases} \qquad (2.49)$$

获取 GPS 或 BDS 卫星频率 f_1 观测值到测站上的 TEC 后，可以通过式（2.50）求出任意 GNSS 卫星频率 f_i 观测值到测站上的 STEC。

$$STEC_i = \frac{f_1^2}{f_i^2}STEC_1 \qquad (2.50)$$

需要注意的是，BDS Klobuchar 模型中 IPP 采用的是地理纬度，而 GPS Klobuchar 模型中 IPP 采用的是地磁纬度，因此，在使用 GPS Klobuchar 模型时要将式（2.38）中求取的地理纬度转换成地磁纬度，公式如下：

$$\phi_m = \sin^{-1}(\sin\phi_I\sin\phi_P + \cos\phi_I\cos\phi_P\cos(\lambda_I-\lambda_P)) \qquad (2.51)$$

式中：ϕ_m 为 IPP 地磁纬度；λ_P 和 ϕ_P 分别为地磁极点的经纬度，其中 $\lambda_P = 291.0°$，$\phi_P = 78.3°$。

另一种实时 TEC 产品是 IGS 分析中心法国国家空间研究中心（Centre National d'Etudes Spatiales，CNES）发布的实时全球电离层产品，分析中心通过实时解算全球 70 多个测站的 GNSS 数据生成 15 阶 15 次的球谐系数并对外播发，用户可以通过 NTRIP 协议接收这些数据进行电离层延迟改正。由于 CNES 全球电离层延迟改正产品与 GIM 一样均采用日固偏经，但是与 GIM 不同的是 CNES 全球 TEC 产品中的 t_i 为固定值（50 400 s），这主要是为了补偿太阳位置（当地时间 14:00 左右太阳日照最强）和电离层强度之间的相关性，因此 $\lambda_S = \lambda_I + \pi(t-50\,400)/43\,200$。

2.4.4　对流层延迟估计

在 GNSS 数据处理中，对流层延迟通常指的是距地球表面 50 km 以下的中性大气对 GNSS 电磁信号产生的延迟效应。对流层延迟为非色散性延迟，与频率无关，无法通过观测值的线性组合予以消除，通常是采用模型和参数估计的方法予以改正。对流层延迟通常模型化为天顶方向的延迟与投影函数的乘积，天顶延迟又分为天顶静力学延迟（zenith hydrostatic delay，ZHD）和天顶湿延迟（zenith wet delay，ZWD）。静力学延迟可以利用模型进行有效改正，但是湿延迟部分难以精确模型化，只能在 PPP 中作为参数进行估计。GNSS 定位模型中的对流层延迟可以用以下模型表示：

$$\begin{cases} Tr = Tr_0 + M_w(E)\Delta Tr_{z,w} \\ Tr_0 = M_h(E)Tr_{z,h} + M(E)Tr_{z,w0} \\ M(E) = M_w(E)\{1 + \cot(E)(G_N\cos(A) + G_E\sin(A))\} \end{cases} \qquad (2.52)$$

式中：Tr_0 为可模型化的对流层延迟；$Tr_{z,h}$ 为可模型化的天顶静力学延迟；$Tr_{z,w0}$ 为可模型化的天顶湿延迟；$\Delta Tr_{z,w}$ 为未被模型化的 ZWD 部分；$M_h(E)$ 为 ZHD 的投影函数；$M_w(E)$ 为 ZWD 的投影函数；G_N 为 ZWD 的北方向梯度；G_E 为 ZWD 的东方向梯度；E 为卫星高度角；A 为卫星方位角。

在双频 PPP 中，通常采用对流层延迟经验模型来提供 ZHD 和 ZWD 的先验值，ZWD 的改正数作为参数进行估计，ZHD 的改正数不再估计，ZHD 先验值中的不准确部分将主要转移至 ZWD 的改正数，最后得到的 ZHD 与 ZWD 之和天顶对流层总延迟（zenith total delay，ZTD）是相对准确的。ZWD 的改正数通常采用随机游走模型或分段线性模型进行约束，进而在定位模型中进行解算。对流层延迟的梯度项也可以采用类似方法进行处理。需要注意的是，先验 ZHD 和投影函数的精度会影响 ZWD 和 ZTD 估值的精度，因此应尽可能使用高精度的对流层延迟经验模型甚至是实测模型来提供对流层延迟的先验值，如此可提高 ZWD 的估计精度，进而得到更为精准的水汽信息。常用的对流层延迟投影函数模型有 Niell 模型（Niell，1996）、全球映射函数（global mapping function，GMF）模型（Boehm et al.，2006a）和维也纳映射函数（Vienna mapping function，VMF）模型（Kouba，2008）等。在消费级单频 PPP 中，ZWD 除可以估计外，还可以借助 GPT2w 等模型直接改正，定位结果依然可以满足实时分米级-亚米级导航定位需求。

第 3 章　GNSS 对流层关键参量建模

3.1　概　　述

3.1.1　对流层延迟

在空间大地测量中，测量值一般为卫星发射源与地面接收机之间的信号传播时间，将传播时间乘以真空中的光速即得距离观测值。GNSS 信号穿越中性大气层（平流层和对流层）时，受大气折射效应影响，信号的传播速度会变慢、传播路径会弯曲，在接收机端表现为信号传播时间变长，这种效应通常被简称为对流层延迟。为了深入了解对流层延迟，首先需要了解对流层延迟的产生过程。设信号沿传播路径 S 的实际传播距离 L（传播时间与实际传播速度的乘积）可以表示为

$$L = \int_S n(s)\mathrm{d}s \tag{3.1}$$

信号的传播距离 L 比卫星和接收机之间的直线几何距离要长，造成这种差异的原因有两个：第一，大气中的电磁波传播速度小于真空中的传播速度；第二，根据费马（Fermat）原理，射线所经过的路径 S 满足 L 最小，所以射线路径在大多数情况下为曲线。大气延迟 ΔL 定义为大气所引起的多余路径长度：

$$\Delta L = L - G = \int_S n(s)\mathrm{d}s - G = \int_S [n(s)-1]\mathrm{d}s + S - G = 10^{-6}\int_S N(s)\mathrm{d}s + S - G \tag{3.2}$$

式中：$N(s) = [n(s)-1] \times 10^6$，定义为大气折射指数（单位为 mm/km）；$S$ 为信号实际传播路径的几何长度；G 为信号发射端至接收端的直线距离；$S-G$ 为路径弯曲引起的多余路径长度；$10^{-6}\int_S N(s)\mathrm{d}s$ 为大气折射（电磁波传播速度变慢）引起的多余距离观测量。当卫星高度角大于 5° 时，信号传播路径弯曲引起的时间延迟一般可忽略不计，只需要考虑传播速度变慢引起的时延（Leick et al.，2015）。

折射指数 N 可以表示成大气中各种气体成分密度和温度 T 的函数（Debye，1929）：

$$N = \sum_i \left(A_i \rho_i + B_i \frac{\rho_i}{T} \right) \tag{3.3}$$

式中：ρ_i 为气体密度；A_i 和 B_i 为常数。$B_i \dfrac{\rho_i}{T}$ 是由分子的永久偶极矩引起，大气中存在永久偶极矩的气体主要是水汽，因此只需要考虑水汽的贡献，其他成分的影响可以忽略。干大气成分的相对含量近似不变，则可以假定 $\rho_i = x_i \rho_\mathrm{d}$，其中 x_i 是常数，ρ_d 是干大气成分密度。在此基础上，大气折射指数可以表示为（Essen and Froome，1951）

$$N = \sum_i A_i x_i \rho_d + A_w \rho_w + B_w \frac{\rho_w}{T} + A_{lw} \rho_{lw}$$
$$= k_1 \frac{p_d}{T} Z_d^{-1} + k_2 \frac{p_w}{T} Z_w^{-1} + k_3 \frac{p_w}{T^2} Z_w^{-1} + k_4 \rho_{lw} \tag{3.4}$$

式中：ρ_{lw} 为液态水密度；p_d 为干气压；p_w 为水汽压，通常情况下液态水引起的折射率非常小，因此可忽略不计；Z_d 和 Z_w 分别为干空气和湿空气的压缩因子，表示大气成分和理想大气之间的差距。大气成分的压缩因子为

$$Z_i = \frac{pM_i}{\rho_i RT} \tag{3.5}$$

式中：M_i 为摩尔质量；R 为通用气体常数。在理想气体状态下，$Z=1$。Owens（1967）基于热动力学数据，采用最小二乘拟合的方法得到了压缩因子的表达式：

$$\begin{cases} Z_d^{-1} = 1 + p_d \left[57.97 \times 10^{-8} \left(1 + \frac{0.52}{T} \right) - 9.4611 \times 10^{-4} \frac{T-273.15}{T^2} \right] \\ Z_w^{-1} = 1 + 1\,650 \frac{p_w}{T^3} [1 - 0.013\,17(T-273.15) + 1.75 \times 10^{-4}(T-273.15)^2 + 1.44 \times 10^{-6}(T-273.15)^3] \end{cases} \tag{3.6}$$

在电磁波测距中，忽略液态水部分并假定折射率与频率无关，则式（3.4）可改写为

$$N = k_1 \frac{p_d}{T} Z_d^{-1} + k_2 \frac{p_w}{T} Z_w^{-1} + k_3 \frac{p_w}{T^2} Z_w^{-1} \tag{3.7}$$

式中：常数 k_1、k_2、k_3 由实验确定，表 3.1 给出了不同研究得到的这三个常数的数值。

表 3.1   不同研究得到的大气折射常数及精度　　　　　　（单位：K/hPa）

参考文献	k_1	k_2	k_3
Smith 和 Weintraub（1953）	77.607 ± 0.013	71.6 ± 8.5	3.747 ± 0.031
Thayer（1974）	77.604 ± 0.014	64.79 ± 0.08	3.776 ± 0.004
Hasegawa（1975）	77.600 ± 0.032	69.40 ± 0.15	3.701 ± 0.003
Bevis（1994）	77.60 ± 0.05	70.4 ± 2.2	3.739 ± 0.012

Thayer（1974）通过将光学波段测定的数值外推至微波波段得到大气折射常数。由于光学波段下的折射率测定比较精确，Thayer 通过外推得到的折射常数标称精度较高。虽然其外推的合理性未经严格验证，Thayer 常数还是被广泛采用，本小节对流层延迟的计算也是基于 Thayer 常数。严格来说，常数 k_1 取决于不同干燥气体成分的相对浓度，干大气浓度的变化也会引起 k_1 的变化。大多数干大气成分的相对浓度比较稳定，只有二氧化碳的变化较为明显（浓度每年增加 0.000 15%～0.000 2%）。通过实验发现，二氧化碳对 k_1 常数的贡献仅为 0.03%，因此在实际情况中二氧化碳所引起的 k_1 的变化也基本可以忽略不计。

结合式（3.5）和式（3.7）可得

$$N = k_1 \frac{R}{M_d} \rho + k_2' \frac{p_w}{T} Z_w^{-1} + k_3 \frac{p_w}{T^2} Z_w^{-1} = N_h + N_w \tag{3.8}$$

其中：

$$k_2' = k_2 - k_1 \frac{M_w}{M_d} \tag{3.9}$$

$$\rho = \frac{p_d M}{T R_d} + \frac{p_w M}{T R_w} \tag{3.10}$$

$$N_h = k_1 \frac{R}{M_d} \rho \tag{3.11}$$

$$N_w = k_2' \frac{p_w}{T} Z_w^{-1} + k_3 \frac{p_w}{T^2} Z_w^{-1} \tag{3.12}$$

式中：N_h 为静力学折射率；N_w 为湿折射率（非静力学折射率）。静力学折射率只与空气密度有关，而湿折射率则由水汽压和温度共同决定。量值上，静力学折射率大于湿折射率，但湿折射率变化性更强，因此后者更加难以模型化。值得注意的是，有些研究将折射指数分为干折射率和湿折射率（Perler et al.，2011），其中干折射率指的是式（3.7）等号右边第一项，剩余两项则为湿折射率，显然这种划分方法中的湿折射率与式（3.8）不同。干、湿折射率的划分方法可以明确区分干空气成分和湿空气成分对折射率的贡献，但是静力学折射率和非静力学折射率的划分方法则在实际应用中更为方便，在对流层延迟建模中，也多采用静力学延迟与湿延迟的划分方法。此外，在实际处理中，通常假定大气状态为理想状态，因此干空气和湿空气的压缩因子均为 1，则折射率的表达式可以简化为

$$\begin{cases} N = k_1 \frac{R}{M_d} \rho + k_2' \frac{p_w}{T} + k_3 \frac{p_w}{T^2} \\ N_w = k_2' \frac{p_w}{T} + k_3 \frac{p_w}{T^2} \end{cases} \tag{3.13}$$

将静力学折射率和非静力学（湿）折射率代入式（3.2），可得对流层延迟的理论计算公式：

$$\Delta L = 10^{-6} \int_S N_h(s) \mathrm{d}s + 10^{-6} \int_S N_w(s) \mathrm{d}s + S - G = \Delta L_h + \Delta L_w + S - G \tag{3.14}$$

式中：ΔL_h 为静力学延迟；ΔL_w 为湿延迟。

在大地测量领域，对流层延迟通常被模型化为天顶方向的延迟与投影函数的乘积，更为精细的对流层延迟模型还会考虑水平梯度的影响。天顶方向的延迟又被分为天顶静力学延迟（ZHD）和天顶湿延迟（ZWD），它们分别是静力学折射率和湿折射率沿天顶方向积分的结果，可以表示为

$$\mathrm{ZHD} = \Delta L_h^z = 10^{-6} \int_{h_0}^{\infty} N_h(z) \mathrm{d}z \tag{3.15}$$

$$\mathrm{ZWD} = \Delta L_w^z = 10^{-6} \int_{h_0}^{\infty} N_w(z) \mathrm{d}z \tag{3.16}$$

式中：h_0 为测站高度；ZHD 和 ZWD 分别为天顶静力学延迟和天顶湿延迟，二者之和为 ZTD。

对流层延迟是 GNSS 定位中的重要误差源，高精度的对流层延迟信息，可以有效提高 GNSS 定位模型中坐标、对流层延迟、钟差和整周模糊度等参数的估计精度（Tregoning and Herring，2006）。对流层延迟中的 ZHD 通常可以根据地表实测气压利用 Saastamoinen 模型确定，其精度可以达到毫米级（Saastamoinen，1972）。对流层延迟中的 ZWD 与水汽压、温度及它们的垂直分布密切相关，仅通过地表气象参数难以精确确定，通常是将其作为时间相关的随机参数并用分段线性模型或随机游走模型进行约束，进而在 GNSS 定位模型中进行估计（Herring et al.，2010；Tralli and Lichten，1990）。

在实际应用中，一般很难获取信号传播路径上的实测气象参数，因此也就难以基于折射率积分的方法计算对流层延迟，较为现实的做法是依据地面气象观测数据和物理公式推算气象参数的空间分布，建立地面气象参数与对流层延迟的关系式。据此思路，学者相继发展了 Hopfield 模型（Hopfield, 1969）、Saastamoinen 模型（Saastamoinen, 1972）、Black 模型（Black, 1978）等经典模型。Hopfield 模型将折射率分为干分量和湿分量，并分别表示为高度的四次函数。Hopfield 模型公式较为简单，改正效果随着高度上升而变差。Saastamoinen 模型假设大气处于静力平衡状态并且认为水汽压的变化可以用温度的指数函数来表达，然后通过积分得到对流层延迟的计算式。在有地表实测气象参数的情况下，Saastamoinen 模型和 Hopfield 模型都能达到厘米级的对流层延迟估计精度，其中 Saastamoinen 模型的精度较为稳定，其改正效果受高度影响较小。Black 模型对 Hopfield 模型的静力学延迟计算公式进行了简化，并推荐在不同纬度和季节使用不同的湿延迟常数。由于公式的过度简化，Black 模型在应用时可能出现较大误差。针对湿延迟模型精度较差的问题，Askne 和 Nordius（1987）假设水汽压随高度的变化与气压类似，引入了水汽压递减率和大气加权平均温度两个参数，并在大气静力平衡状态下推导了湿延迟与地表水汽压的关系式，该方法显著改善了湿延迟的估计精度。考虑到上述几个模型均基于一定的物理原理，同时又结合了一些经验公式，本书将上述经典模型称为半经验模型。

　　传统的半经验模型需要实测气象数据，对气象数据的依赖限制了模型的应用。为解决这一问题，无需气象参数的经验模型应运而生，这类模型又可以分为两类，其中一类模型首先对气象参数建模，一般将其表示为位置和时间的函数，然后借助半经验模型的公式估计对流层延迟，该类模型以 UNB 系列模型、TropGrid 系列模型和 GPT2w 模型为代表。UNB 模型是 Collins 等（1996）为满足美国广域增强系统（wide area augmentation system, WAAS）用户的对流层延迟改正需求而建立的经验模型，经过不断发展，到第三代模型 UNB3 时其改正精度达到了 5.2 cm（Collins and Langley, 1998, 1997）。UNB3 模型在南北半球对称的假设下，利用 15° 纬度间隔的气象参数表提供温度、气压、水汽压、温度递减率和水汽压递减率的经验值，进而利用 Saastamoinen 模型来计算天顶对流层延迟。UNB3 模型因良好的改正精度得到广泛使用，但其水汽压参数在部分地区存在失准的问题，为此，Leandro 等（2006）使用相对湿度参数代替水汽压参数，提出了改进的 UNB3m 模型，有效提高了湿延迟的估计精度。类似地，Penna 等（2001）参考 UNB3 模型为欧洲广域增强系统设计了 EGNOS 模型，该模型采用与 UNB3 模型完全相同的气象参数表，但对部分计算公式进行了简化，其精度相比于 UNB3 模型有所下降。Krueger 等（2005, 2004）为 Galileo 系统构建了 TropGrid 模型，该模型摒弃了 UNB3 模型南北半球对称的处理方式，采用格网形式表达气象参数并且采用 Askne 和 Nordius 模型计算湿延迟。Schüler（2014）对 TropGrid 模型进行了升级，直接将湿延迟参数化，建立了改进的 TropGrid2 模型，对流层延迟估计误差减小了 1 mm。2015 年，Boehm 等在原有的 GPT2 模型（Lagler et al., 2013）基础上增加了大气加权平均温度和水汽压递减率两个参数，从而使用户可以直接利用 Askne 和 Nordius 模型估计湿延迟，由此建立了 GPT2w 模型。结合 GPT2w 模型和 TropGrid 模型不同的参数表达式，Yao 等（2015）采用欧洲中期天气预报中心（European Centre for Medium-Range Weather Forecasts, ECMWF）的气象数据建立了改进的对流层格网（improved tropospheric grid, ITG）模型，对流层延迟计算精度进一步提高。

前述无需气象参数依赖的经验模型以气象参数建模为核心，而另一类经验模型则是通过分析对流层延迟的时空变化特征，直接对对流层延迟本身建模。按照此思路，李薇等（2012）基于美国国家环境预测中心（National Centers for Environmental Prediction，NCEP）的再分析资料建立了三维网格（纬度、经度、高度）形式的天顶对流层延迟模型 IGGtrop，模型结构精细，具有良好的对流层延迟改正效果，但过于复杂的参数形式和庞大的参数数量限制了其应用。2014 年，Li 等通过降低赤道地区的时空分辨率和简化算法，提出了 IGGtrop_ri$(i=1, 2, 3)$系列模型，增强了模型适用性。姚宜斌等（2013）利用全球大地测量观测系统（global geodetic observing system，GGOS）Atmosphere 提供的对流层延迟数据，确定了对流层延迟在时间域的年周期和半年周期变化特征，随后利用球谐函数建立了全球天顶对流层延迟（global zenith tropospheric delay，GZTD）模型，模型改正精度与 IGGtrop 模型相当，但参数数量大幅减少。之后，为了提高模型的时空分辨率，Yao 等（2016）在 GZTD 模型表达式中增加了日周期项并且采用 18 阶球谐函数进行参数展开，建立了精度更高的 GZTD2 模型。Sun 等（2017）采用经验正交函数（empirical orthogonal function，EOF）对对流层延迟进行分解，建立了 GEOFT 模型，其精度接近 GPT2w 模型。Li 等（2018）对 IGGtrop 模型进行了升级，构建了 IGGtrop_SH 和 IGGtrop_rH 模型，提高了 ZTD 在垂直方向的估计精度。Sun 等（2019）利用一小时分辨率的 ERA5 数据构建了高精度区域对流层模型 CTrop，可为我国及邻近区域提供高精度高时空分辨率的对流层延迟和大气加权平均温度参数。Hu 等（2018）融合 GGOS 和 IGS 两种数据，构建了高精度、高时空分辨率的全球经验天顶对流层延迟模型，该模型具有全球适用、区域增强的优点。

综上所述，对流层延迟模型在过去 20 年得到了长足发展，各种全球和区域模型纷纷建立并不断升级优化，其中基于实测气象参数的模型和非气象参数依赖的经验模型普遍已可提供优于 2 cm 和 4 cm 的天顶对流层延迟改正，满足了不同应用场景下不同导航系统的共性需要和特殊需求。

3.1.2 大气加权平均温度建模

GNSS 信号的对流层延迟包含了丰富的大气信息，尤其是湿延迟部分包含了大气中的水汽信息。因此，利用 GNSS 信号传播路径上的对流层延迟，可以反演大气中的水汽含量。大气可降水量（precipitable water vapor，PWV）是指垂直贯穿整个大气层的单位面积柱体内所有水汽凝结成液态水的高度，可以反映大气中的水汽含量。Askne 和 Nordius（1987）将 ZWD 与 PWV 联系起来，经过研究和实验，推导出二者的近似关系式，使利用 GNSS 探测水汽成为可能。同时，Askne 和 Nordius 还指出，大气加权平均温度（weighted mean temperature，T_m）是实现 ZWD 到 PWV 转换的关键参数，其定义如式（3.17）所示，该定义式表明 T_m 是水汽压和温度在垂直方向上积分的结果。

$$T_{\mathrm{m}} = \frac{\int_{s} \dfrac{p_{\mathrm{w}}}{T} Z_{\mathrm{w}}^{-1} \mathrm{d}s}{\int_{s} \dfrac{p_{\mathrm{w}}}{T^2} Z_{\mathrm{w}}^{-1} \mathrm{d}s} \approx \frac{\int_{h_0}^{\infty} \dfrac{p_{\mathrm{w}}}{T} \mathrm{d}z}{\int_{h_0}^{\infty} \dfrac{p_{\mathrm{w}}}{T^2} \mathrm{d}z} \tag{3.17}$$

式中：p_{w} 和 T 分别为水汽压和温度；Z 为高度；h_0 为测站高度；S 为路径长度。该式沿着天顶方向积分，积分区间为地表（测站高度）至对流层顶（无水汽高度）。利用该式可以得到高精度的 T_m，但需要获取测站上空整个垂直方向上的水汽压和温度廓线，这在实际中很难实现。Bevis 等（1992）在分析了北美 13 个无线电探空站 8 718 次探空资料后，发现加权平均温度和地表温度（surface temperature，T_s）具有很强的线性相关性，提出了利用线性回归模型[式（3.18）]来计算 T_m 的方法，并给出了适合北美中纬度地区使用的线性回归公式 $T_m = 70.2 + 0.72T_s$，并于 1994 年对该公式进行了更新（Bevis et al.，1994）。该方法使获取加权平均温度变得容易，并且具有 4.74 K 的计算精度，目前已广泛用于地基 GNSS 水汽探测。

$$T_m = a + bT_s \tag{3.18}$$

式中：a，b 为线性回归方程的系数。

Ross 和 Rosenfeld（1997）对全球 53 个无线电探空站 23 年探空资料的研究表明，T_m 和 T_s 的相关性具有地理与季节差异性，指出构建 T_m 与 T_s 的线性关系时应针对特定的地区和季节。陈俊勇（1998）对影响地基 GPS 遥感水汽的误差源进行了系统性的分析，指出基于地面气象参数计算 T_m 是地基 GPS 气象学的重要研究内容。Wang 等（2005）对 Bevis 回归公式在各个地区的适用性进行了分析，结果表明该公式计算的大气加权平均温度在热带和亚热带地区存在 $-6\sim-1$ K 的偏差，在中高纬度地区则存在 $2\sim5$ K 的偏差。2000 年后许多学者对加权平均温度模型进行了研究，构建了诸多局域适用的线性模型，如李建国等（1999）、Liou 等（2001）、Baltink 等（2002）、Bokoye 等（2003）、王勇等（2007）、Jade 等（2008）等。

线性回归模型具有一定的地域局限性，难以在全球不同位置不同季节提供统一高精度的 T_m 估值。为此，Yao 等（2012）利用全球分布的无线电探空数据首次构建了顾及地理和季节差异的全球加权平均温度（global weighted mean temperature，GWMT）模型，该模型不依赖任何地表气象参数，在陆地区域取得了与使用实测气象参数的 Bevis 公式相当的精度。Yao 等（2014b，2013a）利用不同的数据源对 GWMT 模型进行了升级，进一步提升了该模型的精度和全球适用性。Yao 等（2014c）研究了加权平均温度与地表气压、温度和水汽压之间的关系，指出了加权平均温度与气压无明显相关性，与温度和水汽压高度相关，由此构建了全球适用的多气象参数依赖的加权平均温度模型，取得了非常精确的计算结果。其他学者也构建了类似的加权平均温度模型，如 GWMT-D 模型（He et al.，2017）、GM-Tm 模型（Zhang et al.，2017b）、GGTm 模型（Huang et al.，2019），GGTm-Ts 模型（Yang et al.，2023）等。此外，一些对流层延迟模型，比如 GPT2w 模型、TropGrid2 模型、ITG 模型、CTrop 模型（Sun et al.，2019）等也可以提供 T_m 估值。近些年，人工智能技术也成功应用到加权平均温度建模，并取得了良好的效果，如 Ding（2020，2018）、Sun 等（2021）、Zhu 等（2022）等。

与对流层延迟模型类似，T_m 模型也可以近似分为两类：一类是先对气象参数（主要是温度）进行建模，然后将模型给出的气象参数输入 Bevis 公式计算 T_m；另一类是基于 T_m 的时空变化特征直接对 T_m 进行建模。总而言之，加权平均温度模型的日臻完善提高了 GNSS 湿延迟转换到大气可降水量的精度和时效性，对 GNSS 水汽监测的推广应用起到了重要的促进作用。

3.2 地基 GNSS 水汽探测的基本原理

如前文所述，对流层延迟通常模型化为天顶方向的延迟和映射函数的乘积，如式（3.19）所示：

$$\Delta L = \text{ZHD} \cdot m_{\text{h}}(e) + \text{ZWD} \cdot m_{\text{w}}(e) \tag{3.19}$$

式中：ΔL 为信号传播路径上的对流层延迟；ZHD 为天顶静力学延迟；$m_{\text{h}}(e)$ 为静力学延迟的投影函数；ZWD 为天顶湿延迟；$m_{\text{w}}(e)$ 为湿延迟的投影函数；e 为高度角。根据大气静力平衡原理：

$$\frac{\mathrm{d}P}{\mathrm{d}z} = -\rho(z)g(z) \tag{3.20}$$

式中：$\rho(z)$ 和 $g(z)$ 分别为高度 z 处的大气密度和重力加速度；P 为气压。对式（3.20）积分可得测站高度 h_0 处的气压 p_0：

$$p_0 = \int_{h_0}^{\infty} \rho(z)g(z)\mathrm{d}z = g_{\text{eff}} \int_{h_0}^{\infty} \rho(z)\mathrm{d}z \tag{3.21}$$

式（3.21）引入了一个平均有效重力加速度 g_{eff} 来替代随高度变化的重力加速度 $g(z)$，g_{eff} 可用下式计算：

$$g_{\text{eff}} = \frac{\int_{h_0}^{\infty} \rho(z)g(z)\mathrm{d}z}{\int_{h_0}^{\infty} \rho(z)\mathrm{d}z} \tag{3.22}$$

同时，引入与 g_{eff} 对应的平均有效高度 h_{eff}，其定义为测站上方垂向大气质量中心的高度，可用式（3.23）计算：

$$h_{\text{eff}} = \frac{\int_{h_0}^{\infty} \rho(z)z\mathrm{d}z}{\int_{h_0}^{\infty} \rho(z)\mathrm{d}z} \tag{3.23}$$

此时，将大气静力学折射率计算式（3.11）和式（3.20）代入 ZHD 积分式（3.15），可得测站高度 h_0（对应气压 p_0）处的 ZHD：

$$\text{ZHD} = 10^{-6} \int_{h_0}^{\infty} k_1 \frac{R}{M_{\text{d}}} \rho \mathrm{d}z = 10^{-6} k_1 \frac{R p_0}{M_{\text{d}} g_{\text{eff}}} \tag{3.24}$$

由式（3.24）可知，计算 ZHD 只需知道测站处的气压 p_0 和 g_{eff} 即可。Saastamoinen（1972）和 Davis 等（1985）基于理想气体假设和其他假设给出了 h_{eff} 和 g_{eff} 的近似计算式：

$$h_{\text{eff}} = (0.9h_0 + 7\,300) \pm 400 \tag{3.25}$$

$$g_{\text{eff}} = 9.806\,2 \times (1 - 0.002\,65 \cos 2\varphi - 0.31 \times 10^{-6} h_{\text{eff}}) \tag{3.26}$$

在近似计算式中，φ 为测站纬度；h_{eff} 和 g_{eff} 的值取决于测站的纬度和高度，计算精度约为 400 m。将式（3.25）代入式（3.26）可得基于测站高度 h_0 的 g_{eff} 计算公式：

$$g_{\text{eff}} = g_{\text{m}} \cdot f(\varphi, h_0) \tag{3.27}$$

式中：$g_{\text{m}} = 9.784$ m/s²；$f(\varphi, h_0) = 1 - 0.002\,66 \cos 2\varphi - 0.28 \times 10^{-6} h_0$。

综合式（3.24）和式（3.27）可得 ZHD 的实用计算公式：

$$\text{ZHD} = 10^{-6} k_1 \frac{R p_0}{M_d g_m f(\varphi, h)} = 0.002\,276\,8 \frac{p_0}{f(\varphi, h_0)} \tag{3.28}$$

式中：p_0 的单位是 hPa；摩尔质量 M_d 和 M_w 在 100 km 以下可认为是常数（Davis，1986）。从式（3.28）中可以看出，天顶静力学延迟的误差主要来源于 k_1 和地表气压观测值。一般气象条件下，海平面高度的静力学延迟约为 2.3 m，1 hPa 的地表气压变化会引起 2.3 mm 的对流层延迟误差，而静力平衡假设造成的误差约为 0.01%（0.2 mm）。除了 Saastamoinen 模型，ZHD 的计算也可采用 Hopfield 模型（Hopfield，1971）和 Black 模型（Black，1978）。

类似地，将式（3.13）中的湿折射率公式代入式（3.16），可得 ZWD 的计算式：

$$\text{ZWD} = 10^{-6} \left[\int_{h_0}^{\infty} k_2' \frac{p_w}{T} Z_w^{-1} dz + \int_{h_0}^{\infty} k_3 \frac{p_w}{T^2} Z_w^{-1} dz \right] \tag{3.29}$$

式中：等号右边第一项约占第二项的 1.6%。Askne 和 Nordius（1987）假设水汽压遵从式（3.30）的变化规律：

$$p_w = p_w^0 \left(\frac{p}{p_0} \right)^{\lambda+1} \tag{3.30}$$

式中：p_w^0 和 p_0 分别为地表处的水汽压和大气压；λ 为水汽压递减因子，将式（3.30）代入式（3.29）积分可得

$$\text{ZWD} = 10^{-6} \left(k_2' + \frac{k_3}{T_m} \right) \frac{R p_w^0}{(\lambda+1) M_d g_m} \tag{3.31}$$

式（3.31）是在强假设下得到的 ZWD 近似计算公式，实际上水汽的时空变化特征非常复杂，缺乏规律性，单纯的地表温度和水汽压并不能准确推测上空的水汽分布，这决定了水汽压的垂向变化可能与式（3.30）的假设存在较大差异，因此，ZWD 的精确建模目前仍然存在较大挑战。Saastamoinen（1972）在理想气体状态假设下，给出了一个不够准确但足够简单的湿延迟估计公式：

$$\text{ZWD} = 0.002\,276\,8(1\,255 + 0.05 T_0) \frac{P_w^0}{T_0} \tag{3.32}$$

式中：T_0 和 P_w^0 分别为地表温度和水汽压。其中，水汽压可用下式近似估算：

$$P_w = \frac{f}{100} \exp(-37.246\,5 + 0.213\,166 T - 0.000\,256\,908 T^2) \tag{3.33}$$

式中：f 为相对湿度；T 为温度。

在 GNSS 定位模型中，ZHD 可由地表温度加 Saastamoinen 模型精确确定，不再作为参数进行估计。但是，ZWD 模型精度不够，ZWD 通常作为未知参数与测站坐标等一起在定位模型中进行估计。在数据处理时，如果使用了精确的 ZHD，那么定位模型输出的 ZWD 也是准确的，这是最佳处理方案。但如果使用了不准确的 ZHD，那么 ZHD 中不准确的部分会被 ZWD 等参数吸收，导致定位模型输出的 ZWD 也不准确，但是 ZHD 与 ZWD 之和 ZTD 却是相对准确的，此时，为了获得准确的 ZWD，需要首先利用气压观测数据精确确定 ZHD，然后从 ZTD 估值中重新移除 ZHD，进而获得准确的 ZWD。之后，可利用式（3.34）实现 ZWD 向 PWV 的转换：

$$\text{PWV} = \Pi \cdot \text{ZWD} \tag{3.34}$$

式中：Π 为 ZWD 到 PWV 的转换因子，可通过式（3.35）计算：

$$\Pi = \frac{10^8}{\rho R \left(\dfrac{k_3}{T_m} + k_2' \right)} \tag{3.35}$$

式中的唯一变量为大气加权平均温度 T_m，因此，T_m 是实现 ZWD 向 PWV 转换的关键参量，T_m 的精确确定是实现 GNSS 水汽监测的前提。在 GNSS 水汽监测中，对流层延迟模型的准确构建、对流层湿延迟的精确估计和加权平均温度的准确计算是核心研究内容。

3.3 对流层延迟建模方法

为了估计对流层延迟，学者发展了众多对流层延迟模型，大体可以分为三类。第一类是以 Saastamoinen 模型、Black 模型、Hopefield 模型、Askne 和 Nordius 模型为代表的半经验模型，该类模型从对流层延迟的物理定义出发，基于理想气体状态假设和方程简化得到对流层延迟与地表气象元素的关系式。第二类是无需气象参数的对流层延迟模型，该类模型主要是对气象参数建模，然后结合半经验模型计算对流层延迟，该类模型以 UNB 系列模型、EGNOS 模型、TropGrid 系列模型和 GPT 系列模型为代表。第三类是直接对对流层延迟本身建模，不依赖气象参数和半经验模型，该类模型的代表是 IGGtrop 系列模型和 GZTD 系列模型。前文已经介绍了半经验模型，本节将着重介绍基于气象参数的对流层延迟和无需气象参数的对流层延迟建模方法。

3.3.1 基于气象参数的对流层延迟模型

基于气象参数的对流层延迟模型主要是对气象参数进行建模，与对流层延迟相关的气象参数主要包括：气压 P、温度 T、水汽压 e、温度垂直递减率 β 和水汽压垂直递减率 λ。为了对这些参数进行建模，首先需要对其时变特征进行精细刻画，目前常采用式（3.36）的三角函数来表征气象参数的时变特征。

$$
\begin{aligned}
r(t) = a_1 &+ a_2 \cos\left(\frac{\text{doy}}{365.25} 2\pi \right) + a_3 \sin\left(\frac{\text{doy}}{365.25} 2\pi \right) \\
&+ a_4 \cos\left(\frac{\text{doy}}{365.25} 4\pi \right) + a_5 \sin\left(\frac{\text{doy}}{365.25} 4\pi \right) \\
&+ a_6 \cos\left(\frac{\text{hod}}{24} 2\pi \right) + a_7 \sin\left(\frac{\text{hod}}{24} 2\pi \right) \\
&+ a_8 \cos\left(\frac{\text{hod}}{24} 4\pi \right) + a_9 \sin\left(\frac{\text{hod}}{24} 4\pi \right)
\end{aligned} \tag{3.36}
$$

式中：$a_i (i=1,2,\cdots,9)$ 为模型系数；doy 为年积日；hod 为日内小时数；$r(t)$ 代表待建模的气象参数。式（3.36）中等号右侧第 1 项代表气象参数的年均值，第 2～5 项代表气象参数的年周期和半年周期变化，第 6～9 项代表气象参数的日周期和半日周期变化。利用站点或格网点上多年的气象参数时间序列即可对式（3.36）进行拟合，求解模型系数。需要注意的是，不同站点解算得到的模型系数是不同的，即气象参数的时变特征是存在地理差异的，这种差异体现为式（3.36）的模型系数不同。为了顾及气象参数时变特征的空间差异性，可利用式（3.36）所示的球谐函数对不同站点解算得到的模型系数进行拟合，用拟合得到的球谐模型来表征模型系数在空间上的分布。

$$a_i = \sum_{n=0}^{N}\sum_{m=0}^{n} P_{nm}(\sin\varphi)[A_{nm}^i \cos(m\lambda) + B_{nm}^i \sin(m\lambda)], \quad i=1,2,\cdots,9 \qquad (3.37)$$

式中：P_{nm} 为勒让德多项式；φ 和 λ 分别为格网点纬度和经度；A_{nm}^i 和 B_{nm}^i 为球谐模型的系数。

在实践中，采用球谐函数来表达参数的空间变化比较简单，数据存储量也比较少，但时常面临着空间分辨率低的问题。为了提高模型的空间分辨率，也可以采用格网形式存储模型系数，比如，将全球划分成 1°×1° 或 5°×5° 的格网，然后在每一个格网点上根据式（3.36）求解模型系数，保存这些系数及其对应的空间位置，作为格网模型的基础数据。在计算任意位置的气象参数时，可以将事先计算的邻近格网点上的气象参数内插到目标位置处。由于气象参数在垂直方向变化较快，需要妥善解决气象参数的高程改正问题。考虑到气象参数具有一定的物理特性，在垂直方向的分布也具有一定的规律性，常采用式（3.38）～式（3.41）（Lagler et al.，2013）对温度、气压和水汽压进行高程改正：

$$T = T_0 - \beta(h - h_0) \qquad (3.38)$$

$$T_v = T_0(1 + 0.607\,7Q) \qquad (3.39)$$

$$P = P_0 \cdot \mathrm{e}^{-\frac{g \cdot M}{R \cdot T_v}(h - h_0)} \qquad (3.40)$$

$$e = e_0\left(\frac{P}{P_0}\right)^{\lambda + 1} \qquad (3.41)$$

式中：h_0 为模型高度，km；h 为目标高度，km；T_0 为模型高度处的气温，K；T 为目标高度处的气温，K；β 为气温递减率，K/km；T_v 为虚温，K；Q 为比湿；P_0 为模型高度处的气压，hPa；P 为目标高度处的气压，hPa；g 为平均重力系数，其值为 9.806 65 m/s^2；M 为干空气摩尔质量，其值为 28.965×10^{-3} kg/mol；R 为通用气体常数，其值为 8.314 3 J/K·mol；e_0 为模型高度处的水汽压，hPa；λ 为水汽压递减率。

对于格网模型，在对测站邻近格网点上的气象参数进行高程改正后，可利用双线性插值法内插出目标点位置处的气象参数值。在得到测站处的温度、气压和水汽压后，利用 Saastamoinen 模型就可以计算出 ZHD 和 ZWD。相对于球谐模型，格网模型的优点是空间分辨率较高，可以更好地顾及空间差异，缺点是参数量大，计算速度慢，因此，格网模型更适合高精度的事后数据处理。

3.3.2 无需气象参数的对流层延迟模型

无需气象参数的对流层延迟模型是在分析对流层延迟本身时空变化特征的基础上，直接对对流层延迟进行建模。用于建模的对流层延迟数据可以利用无线电探空或大气再分析资料通过式（3.15）和式（3.16）积分得到或者由 GNSS 等对地观测技术解算得到。在得到测站或格网点上的对流层延迟时间序列后，同样可用式（3.36）来拟合其时间变化，用格网或球（冠）谐模型表征其空间变化。与基于气象参数的对流层延迟模型类似，需要对对流层延迟进行高程改正和水平插值（仅限格网模型）。ZHD 和 ZWD 的高程改正可采用指数函数法，但需要分别对 ZHD 和 ZWD 建立指数改正模型。最简单的做法是在式（3.36）的基础上附加一个指数函数，类似于 GZTD 模型（Yao et al.，2013b）的做法：

$$r\_\text{corr}(t) = r(t)\exp(\alpha h) \tag{3.42}$$

式中：$r(t)$ 为式（3.36）表达的未加高程改正的对流层延迟；$r\_\text{corr}(t)$ 为高程改正后的对流层延迟；α 为高程改正系数，需与 a_i（$i=1,2,\cdots,9$）一起估计。对于同一对流层延迟参数（ZHD 或 ZWD），α 全局可用同一值。

　　除了上述方法，还可以采用附加垂向信息的球（冠）谐函数模型［式（3.43）］来顾及对流层延迟的空间差异性：

$$a_i = \sum_{k=0}^{N}\sum_{m=0}^{k} a\left(\frac{a}{r}\right)^{n_k(m)+1} \mathrm{P}_{n_k(m)}^{m}\cos\theta\{g_k^m\cos(m\lambda)+h_k^m\sin(m\lambda)\} \tag{3.43}$$

式中：a_i 为式（3.36）的模型系数；a 为地球半径，其值可取 6 378 137 m；r、θ、λ 分别为模型点的向径、余纬和经度；$n_k(m)$ 和 m 分别为模型的阶数和次数，当 $n_k(m)$ 取整数和实数时，式（3.43）分别对应球谐模型和球冠谐模型。式（3.42）与式（3.43）都可以对模型进行高程改正，其本质区别在于：前者首先利用式（3.42）同时对对流层延迟参数的时变和垂变特征进行观测域的拟合，未顾及地理差异，需额外进行水平空间上的内插或拟合；后者首先利用式（3.36）对时变特征进行观测域的拟合，得到模型系数，然后利用式（3.43）对模型系数同时进行水平和垂向空间的拟合，本质是在模型域进行空间修正。

3.3.3　两种对流层延迟模型的比较

　　为了对基于气象参数对流层延迟模型和无需气象参数的对流层延迟模型进行比较，本节将分别采用这两种不同的思路建立时空分辨率接近的对流层延迟模型，并评估这两种模型的优劣。

1. GPT2+Saastamoinen 模型

　　GPT2 模型是非常具有代表性的基于气象参数的对流层延迟模型，它是基于 ERA-Interim（Dee et al.，2011）2001～2010 年全球月平均的气压、气温及相对湿度的廓线资料建立的气象参数模型，能以 5° 或 1° 的分辨率提供全球格网点上的气压、温度、温度垂直递减率、相对湿度及 VMF1（Boehm et al.，2006b）干湿投影函数的系数 a_h 和 a_w（Lagler et al.，2013）。在每个格网点上，每个气象参数 $r(t)$ 的时间变化通过包含年周期和半年周期的三角函数表达（Lagler et al.，2013）：

$$\begin{aligned} r(t) = A_0 &+ A_1\cos\left(\frac{\text{doy}}{365.25}2\pi\right) + B_1\sin\left(\frac{\text{doy}}{365.25}2\pi\right) \\ &+ A_2\cos\left(\frac{\text{doy}}{365.25}4\pi\right) + B_2\sin\left(\frac{\text{doy}}{365.25}4\pi\right) \end{aligned} \tag{3.44}$$

式中的 A_0、A_1、A_2、B_1、B_2 都已事先计算好，并以格网形式保存在一个文本文件中。

　　在垂直方向上，Lagler 等（2013）假定地球附近的温度和相对湿度随高度线性变化，而气压的垂直变化则用指数函数来表达，并采用式（3.38）～式（3.41）对气象参数进行高程改正。

当使用 GPT2 模型时，输入测站的纬度、经度、大地高及观测时刻的约化儒略日，模型根据测站坐标查找格网文件中与之邻近的 4 个点，然后根据儒略日利用式（3.44）计算格网点上的气象参数，然后将格网点上的气象参数归算到测站高度，最后利用双线性内插得出测站位置的气象参数。将 GPT2 模型计算的气象参数代入 Saastamoinen 模型计算测站位置处的 ZHD 和 ZWD，二者相加得到 ZTD。利用 GPT2 模型和 Saastamoinen 模型组合的方式可获取全球任意地点的天顶对流层延迟参数，为描述方便，以下将这种模型称为 GPT2+Saas 模型。

2. GZTDS 模型

GGOS Atmosphere（https://vmf.geo.tuwien.ac.at/trop_products/GRID/）提供的 ZHD 和 ZWD 也是基于 ECMWF 再分析资料计算的，但它以纬度 2°、经度 2.5° 的分辨率提供每天 0:00、6:00、12:00 和 18:00 UTC 的格网产品。为了最大限度地使无需气象参数依赖的对流层延迟模型与 GPT2 模型（5° 分辨率）保持一致，这里利用 GGOS Atmosphere 2001～2010 年的 ZHD 和 ZWD 数据在 4°×5°（纬度每隔 4°，经度每隔 5°）的格网点上拟合式（3.36）的模型系数（不包含日变化），并不再用球谐函数进行表达，而直接以文本形式存储这些格网点上的模型系数信息，由此确立的新模型称为 GZTDS。这样确立的 GZTDS 模型无论在建模数据源还是模型分辨率上都最大限度地与 GPT2+Saas 模型保持了一致性，更有利于对两种建模方式本身进行更客观地评估。当使用 GZTDS 模型时，首先根据测站经纬度找到与之邻近的 4 个格网点，然后根据式（3.36）和模型系数分别计算 4 个格网点在测站高度处的 ZHD 和 ZWD，最后利用双线性内插法计算测站位置处的 ZHD 和 ZWD，最后求和得到 ZTD。

3. 利用 GGOS Atmosphere 格网数据对模型进行验证

为了验证两种不同建模方法的正确性和有效性，将 2011～2013 年的 GGOS Atmosphere 提供的天顶对流层延迟数据作为参考值，对 GPT2+Saas 模型和 GZTDS 模型进行了检验，并与 UNB3m 模型（Leandro et al.，2006）和先前的 GZTD 模型（姚宜斌 等，2013）进行了比较。在每个格网点上统计模型相对于参考值的平均偏差（Bias）和均方根误差（root mean square error，RMSE），图 3.1 给出了两种模型的 Bias 和 RMSE 在全球的分布情况。

由图 3.1（a）可以看出 UNB3m 模型在南极和赤道附近地区存在较大的 Bias 和 RMSE，其精度的地理分布非常不均匀，北半球的精度明显优于南半球。导致这种情况的原因是 UNB3m 模型的气象参数表过于简单，它每隔 15° 纬度才提供 5 个气象参数的均值和振幅，且不考虑气象参数的经向变化，并且基于对称假设简单地将南半球取与北半球相同的气象参数，仅将振幅的符号改变，这样导致模型在南半球精度很差，尤其是在南半球高纬度地区。图 3.1（b）中的 GPT2+Saas 模型明显优于 UNB3m 模型，其精度的地理分布更为均匀，但在赤道地区仍然存在精度较差的情况。比较图 3.1（c）和（d）可以看出，GZTDS 模型在全球范围内的精度分布要优于 GZTD 模型，尤其是削弱了 GZTD 模型在中低纬度的误差，这主要与采用格网模型代替球谐模型有关，格网模型分辨率更高且避免了拟合误差。图 3.1（d）中的 GZTDS 模型相比 GPT2+Saas 模型有了进一步的改进，尤其是显著消除了模型在全球范围内的偏差，模型精度也有所提高，精度的空间分布也更为一致。表 3.2 统计了 4 种模型在 2011～2013 年的平均 Bias 和平均 RMSE，由此可以更加准确地看出模型的整体精度情况。

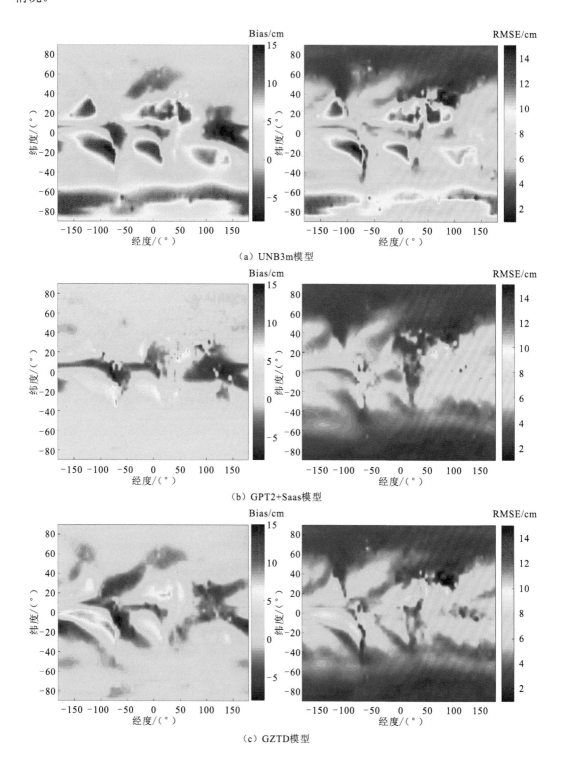

（a）UNB3m模型

（b）GPT2+Saas模型

（c）GZTD模型

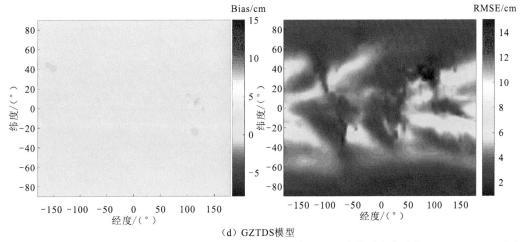

（d）GZTDS模型

图 3.1　相对于 2011～2013 年 GGOS Atmosphere 的 ZTD 数据，三种模型在全球的 Bias 和 RMSE 分布

表 3.2　2011～2013 年 GGOS Atmosphere 数据对 4 种模型的检验结果　　（单位：cm）

年份	UNB3m 模型		GPT2+Saas 模型		GZTD 模型		GZTDS 模型	
	偏差	RMSE	偏差	RMSE	偏差	RMSE	偏差	RMSE
2011	3.4	6.4	0.3	4.3	0.2	4.3	0.2	3.7
2012	3.3	6.4	0.2	4.2	0.1	4.3	0.2	3.6
2013	3.4	6.5	0.2	4.3	0.1	4.4	0.2	3.7
平均值	3.4	6.4	0.2	4.2	0.1	4.3	0.2	3.7

从表 3.2 可以看出 4 种模型在任意 1 年或 3 年的精度都非常稳定，表现最优的是 GZTDS 模型，其平均偏差仅为 0.2 cm，平均 RMSE 为 3.7 cm，相对于 GZTD 模型精度提高了 0.6 cm；其次为 GPT2+Saas 模型，最差的是 UNB3m 模型。需要指出的是 UNB3m 模型显示了一个较大的平均偏差（约 3.4 cm），这可能是因为建模的数据源存在系统性偏差。

以上对 4 种模型的精度进行了检验，并给出了模型精度的空间分布情况，接下来对模型精度的时变特征进行分析。由于季节受纬度影响，本小节将同一纬度不同格网点同一天的数据取平均，并在同一纬度上比较三种模型的表现，这样可以有效消除纬度对季节变化的影响。在高中低纬分别选择一纬度作为代表，统计 2011～2013 年 4 种模型在 6 条纬线上的季节变化，并将 GGOS Atmosphere 的 ZTD 数据作为参照，结果如图 3.2 所示。

由图 3.2（a）和（b）可以看出，ZTD 在低纬度地区的值较大，高纬度地区的值较小。与 ZTD 参考值相比，GZTDS 模型与参考值最吻合，GPT2+Saas 模型略差于 GZTDS 模型，而 UNB3m 模型表现较差，GZTD 模型的变化趋势与 GZTDS 模型比较接近。GZTDS 模型和 GPT2+Saas 模型在不同纬度既可以表现 ZTD 变化的年周期特性（如 38°N，70°N，6°S，38°S），又能表现其半年周期特性（如 6°N，70°S），而 UNB3m 模型至多只能表现年周期特性，在低于 15° 的纬度区间里，其 ZTD 不再表现时间变化。比较图 3.2（a）和（b）中三条纬线的分布，可以明显看出 ZTD 并不具备南北半球对称的特性，因此，UNB 系列模型和 EGNOS 模型中假定南北半球对称的做法是不准确的。以上种种表明 GZTDS 模型和 GPT2+Saas 模型相对于 UNB 系列模型和 EGNOS 模型更加精致，精度和稳定性更高，是两种有效的对流层延迟建模方法。

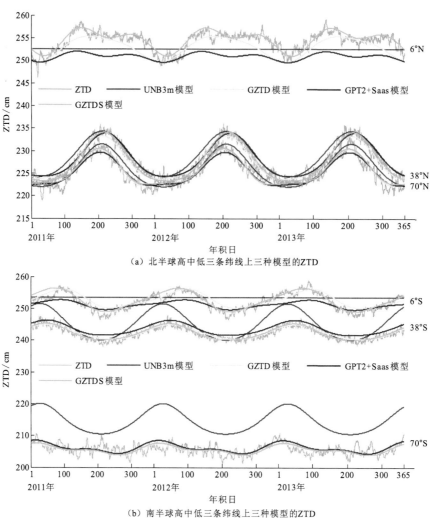

（a）北半球高中低三条纬线上三种模型的ZTD

（b）南半球高中低三条纬线上三种模型的ZTD

图 3.2　三种模型 2011～2013 年在 6 条纬线上的季节变化

参考值为 GGOS Atmosphere 的 ZTD 数据，图中用 ZTD 表示

4. 利用 IGS 实测数据对模型进行验证

由于 GGOS Atmosphere 的数据可能与构建 UNB3m 模型的数据存在系统性偏差，GGOS Atmosphere 的检验结果可能不能客观反映 UNB3m 模型的精度。为此，本节将 2010 年全年 123 个 IGS 站上的 ZTD 数据作为参考值，对以上 4 种模型重新进行检验，统计了每个测站上模型值与参考值的平均偏差和 RMSE。图 3.3 是按纬度显示的 123 个测站上的平均偏差和 RMSE，表 3.3 统计了 4 种模型的 Bias 和 RMSE。

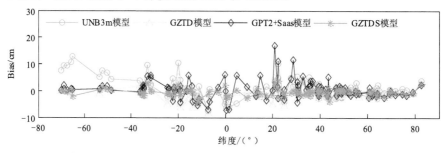

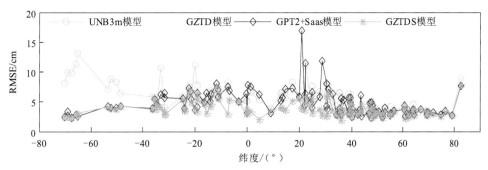

图 3.3　123 个 IGS 站 2010 年的数据对 4 种模型的检验结果

表 3.3　2010 年 123 个 IGS 站的 ZTD 数据对 4 种模型的检验结果　　（单位：cm）

项目	UNB3m 模型	GPT2+Saas 模型	GZTD 模型	GZTDS 模型
Bias	0.9	0.5	−0.7	−0.3
RMSE	5.2	4.7	4.4	3.8

图 3.3 显示了 4 种模型的 Bias 和 RMSE 随纬度的变化情况，可以明显看出 GZTDS 模型在各个纬度的精度比较平稳，波动不大，GZTD 模型与之相似，而 UNB3m 模型和 GPT2+Saas 模型的精度在不同纬度都出现了较大的波动。与采用 GGOS Atmosphere 格网数据检验的结果类似，UNB3m 模型在南半球的精度要明显差于北半球。GPT2+Saas 模型主要在 20°N～30°N 出现了三个误差较大的站（KOKV、LPAL 和 MAUI），这三个站都分布在水汽丰富且高程超过 1 100 m 的地方，高程改正和水汽估计效能不佳可能是导致 GPT2+Saas 模型出现较大误差的原因。表 3.3 的统计结果显示，GZTDS 模型表现出与 GGOS Atmosphere 数据检验结果近似的精度，依然比 GZTD 模型提升了 0.6 cm。GPT2+Saas 模型精度有所下降，UNB3m 模型的精度有所提升。相对于 UNB3m 模型，GPT2+Saas 模型精度提升了 10%，GZTD 模型精度提升了 15%，GZTDS 模型的精度提升了 27%。鉴于这 4 种模型均为导航定位服务，因此采用 IGS 数据对其进行的检验更客观，也更具参考价值。

本节的比较分析表明，基于气象参数的对流层延迟经验模型和无需气象参数的对流层延迟模型都能够提供高精度的对流层延迟改正，是行之有效的对流层延迟建模方法，无需气象参数的对流层延迟模型的表现甚至优于基于气象参数的对流层延迟模型。两种建模思路的关键均是需要对气象参数或对流层延迟本身的时空变化进行精细化的描述，充分挖掘参数在时间域和空间域的变化信息并采用恰当的数学方式对其进行表达是提升模型精度的关键。

3.4　加权平均温度模型

加权平均温度是影响 GNSS 水汽监测精度的关键因素，其严格计算公式需要知道测站上空温度和水汽压的垂直廓线，这在实际使用中很难实现，因此 Bevis 等（1992）构建了加权平均温度的线性计算公式（简称 Bevis 公式）。Bevis 公式在全球范围内使用一个相同的线性公式，没有考虑地理差异和季节变化对线性关系的影响，精度在 4.7 K 左右，且需要实测地表温度支持。为了进一步提高加权平均温度模型的精度和适用性,本节构建顾及地理和季节差异的全球加权平均温度模型,包括无需气象参数的加权平均温度模型和气象参数驱动的高精度加权平均温度模型。

3.4.1 无需气象参数的加权平均温度模型

1. 加权平均温度的时空变化特征

为了研究加权平均温度的时空特性,图 3.4 显示了 GGOS Atmosphere 提供的全球 4 个格网点上 2005~2012 年 T_m 的时间序列图。

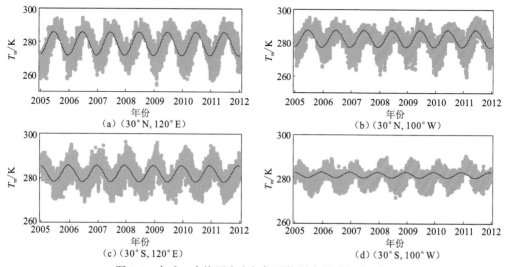

图 3.4 全球 4 个格网点上加权平均温度的时间序列图

由图 3.4 可以看出,加权平均温度在时间上具有明显的周期特性,年周期变化非常显著,这说明加权平均温度在时间上至少具备年周期变化特性。对比图 3.4 中的子图可以看出,不同地点加权平均温度的时变特征不尽相同,主要体现在振幅和相位上,这说明加权平均温度的时变特性存在地理差异,高精度的加权平均温度模型应该同时考虑时间变化和地理差异。

2. 加权平均温度模型的构建

Yao 等(2013b,2012)研究了加权平均温度的时空变化特征,并借鉴 GPT 模型(Boehm et al.,2007)的建模经验,构建了全球加权平均温度模型,其数学表达式为

$$T_\mathrm{m} = \alpha_1 + \alpha_2 h + \alpha_3 \cos\left(\frac{\mathrm{doy} - 28}{365.25} 2\pi\right) \quad (3.45)$$

其中:

$$\begin{cases} \alpha_1 = \sum_{i=1}^{55} [\mathrm{atm\_mean}(i) \cdot aP(i) + \mathrm{btm\_mean}(i) \cdot bP(i)] \\ \alpha_3 = \sum_{i=1}^{55} [\mathrm{atm\_amp}(i) \cdot aP(i) + \mathrm{btm\_amp}(i) \cdot bP(i)] \end{cases} \quad (3.46)$$

式中：doy 为年积日；α_1 为 T_m 年均值；α_2 为 T_m 的高程改正系数，全球共用一个常数，α_3 为 T_m 的年振幅，年周期项初始相位固定为 28 天，由此表达了加权平均温度的时变特性。为了顾及 T_m 的地理差异，将式（3.45）中的年均值和年振幅分别表达为 9×9 阶的球谐函数，通过一些参数合并最终得到式（3.46），其中 atm_mean(i)、btm_mean(i)、atm_amp(i)、btm_amp(i) 为模型系数，$aP(i)$、$bP(i)$ 均是与经纬度有关的函数。

为了进一步对加权平均温度模型进行精化，顾及加权平均温度更为细致的变化，将加权平均温度的半年周期变化和日周期变化也考虑在内，同时将各周期项的初始相位作为参数进行估计，构建加权平均温度新模型：

$$T_m = \alpha_1 + \alpha_2 h + \alpha_3 \cos\left(\frac{doy - C_1}{365.25}2\pi\right) + \alpha_4 \cos\left(\frac{doy - C_2}{365.25}4\pi\right) + \alpha_5 \cos\left(\frac{hod - C_3}{24}2\pi\right) \quad (3.47)$$

其中：

$$\begin{cases} \alpha_1 = \sum_{i=1}^{55}[\text{atm\_mean}(i) \cdot aP(i) + \text{btm\_mean}(i) \cdot bP(i)] \\[2mm] \alpha_3 = \sum_{i=1}^{55}[\text{atm\_amp1}(i) \cdot aP(i) + \text{btm\_amp1}(i) \cdot bP(i)] \\[2mm] \alpha_4 = \sum_{i=1}^{55}[\text{atm\_amp2}(i) \cdot aP(i) + \text{btm\_amp2}(i) \cdot bP(i)] \\[2mm] \alpha_5 = \sum_{i=1}^{55}[\text{atm\_amp3}(i) \cdot aP(i) + \text{btm\_amp3}(i) \cdot bP(i)] \\[2mm] C_1 = \sum_{i=1}^{55}[\text{atm\_c1}(i) \cdot aP(i) + \text{btm\_c1}(i) \cdot bP(i)] \\[2mm] C_2 = \sum_{i=1}^{55}[\text{atm\_c2}(i) \cdot aP(i) + \text{btm\_c2}(i) \cdot bP(i)] \\[2mm] C_3 = \sum_{i=1}^{55}[\text{atm\_c3}(i) \cdot aP(i) + \text{btm\_c3}(i) \cdot bP(i)] \end{cases} \quad (3.48)$$

式（3.47）中：α_4 为半年周期项振幅；α_5 为日周期项振幅；C_1 为年周期项初始相位；C_2 为半年周期项初始相位；C_3 为日周期项初始相位；hod 为日内小时数。式（3.48）中：$aP(i)$、$bP(i)$ 为与经纬度有关的函数，其他为待求的模型系数。为了使式（3.47）成为可用的加权平均温度模型，必须首先求出式（3.48）中的模型系数。为了求解上述系数，需先求出 α_1、α_2、α_3、α_4、α_5 及 C_1、C_2、C_3。为了求出上述 8 个参数，需要利用长期的加权平均温度数据来拟合式（3.47）。该模型假定一个地点的加权平均温度按照式（3.47）的规律变化，地理差异则表现在 α_1、α_2、α_3、α_4、α_5 及 C_1、C_2、C_3 这 8 个系数上。为了更简便地在全球范围内表达这些系数，本小节采用球谐函数对上述 8 个系数分别进行拟合，球谐函数合并参数后的形式正是式（3.48）。当在全球范围内得到均匀分布且足够多（至少 110 个点）的 α_1、α_2、α_3、α_4、α_5 及 C_1、C_2、C_3 时，就可以利用最小二乘法来求解式（3.48）中的模型系数。

GGOS Atmosphere 提供了 2.5°×2° 的全球大气加权平均温度格网数据，这对求解式（3.48）的模型系数非常有利。在使用该数据前，首先对数据的精度进行检验。在全球选取了分布较为均匀的 341 个无线电探空站,计算出这 341 个无线电探空站在 2010 年每天 0 时、12 时的 T_m,将其作为真值,本小节称为 Radiosonde T_m。将相同时刻的 GGOS Atmosphere 提供的 T_m 格网数据在水平方向利用双线性内插法内插到无线电探空站位置处,在高程方向上利用 Yao 等(2013b)给出的 T_m 垂直变化率来进行改正,对由此得到的 T_m(本小节称为 GGOS T_m)与 Radiosonde T_m 进行比较,采用平均绝对误差(mean absolute error, MAE)和均方根误差(RMSE)作为评价二者差异的指标。所有 341 个测站上 2010 年二者差值(GGOS T_m-Radiosonde T_m)的统计信息如表 3.4 所示,MAE 和 RMSE 的区间分布如图 3.5 所示。

表 3.4   无线电探空站年均检验结果   (单位:K)

项目	MAE	RMSE
平均值	1.46	1.93
最小值	0.54	0.71
最大值	7.82	7.99

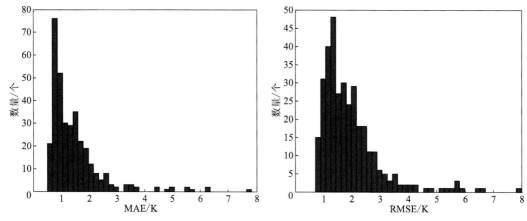

图 3.5   GGOS T_m 与 Radiosonde T_m 差值的 MAE 和 RMSE 的统计图

从表 3.3 可以看出,GGOS T_m 与 Radiosonde T_m 差值的 MAE 平均值为 1.46 K,最大值为 7.82 K,RMSE 的平均值为 1.93 K,最大值为 7.99 K。图 3.5 的统计结果表明,341 个探空站中 MAE 小于 3 K 的占 94%,RMSE 小于 4 K 的占 95%,总体表明 GGOS Atmosphere 提供的 T_m 格网数据具有很高的精度和可靠性,利用该格网数据求解模型系数的数据源质量是有保障的。

首先,利用 2005~2011 年的 GGOS Atmosphere 的 T_m 时间序列在 2°×2.5° 的格网点上分别对式(3.47)进行拟合,利用 MATLAB 的非线性拟合工具箱可以很容易地得到这 12 818 个格网点上的 α_1、α_2、α_3、α_4、α_5 和 C_1、C_2、C_3;然后,按照式(3.48)构建模型系数与 α_1、α_3、α_4、α_5、C_1、C_2、C_3 的线性关系式;最后,利用最小二乘法求解模型系数,由此构建新的顾及年、半年、日周期变化的全球加权平均温度模型。使用该模型时则采用相反的过程:首先,利用已知的模型系数,根据测站的经纬度按照式(3.48)求解 α_1、α_3、α_4、α_5、C_1、C_2、C_3;然后根据观测时间及 α_2 按照式(3.47)求解测站位置的加权平均温度。由于 Yao 等（2013b，2012）已经构建了两代加权平均温度模型，这里新构建的模型标记为 GTm-III。

3. 加权平均温度模型的检验与比较

1）利用 GGOS Atmosphere 数据对 GTm-III 模型的检验

GTm-III 是利用 GGOS Atmosphere 2005～2011 年的数据构建的，为了检验模型的外符合精度，这里采用 2012 年的 T_m 对模型进行检验。GGOS Atmosphere T_m 的分辨率为 2.5°×2°，因此可以获得 2012 年全球 12 818 个格网点上每天 0:00、6:00、12:00、18:00 UT 的 T_m，并将其视为真值。为了形成对比，同时利用 GTm-III 模型、GTm-II 模型（Yao et al.，2013b）和 Bevis 公式（地表温度由 GPT 模型给出）计算 T_m，并利用真值对它们进行检验，统计各格网点上的 MAE 和 RMSE，统计结果见表 3.5。图 3.6 给出了各个模型的 MAE 和 RMSE 在全球的分布情况。

表 3.5　三个模型相对于 GGOS Atmosphere T_m 数据的 MAE 和 RMSE　　　（单位：K）

模型	MAE			RMSE		
	平均值	最大值	最小值	平均值	最大值	最小值
GTm-III	2.5	5.5	0.8	3.2	6.5	1.0
GTm-II	3.4	9.4	0.9	4.1	10.4	1.1
Bevis&GPT	4.0	14.0	0.8	4.8	14.9	1.1

由表 3.5 和图 3.6 的检验结果可以看出，GTm-III 模型的 MAE 平均值为 2.5 K、最大值为 5.5 K，RMSE 平均值为 3.2 K、最大值为 6.5 K，中低纬度的精度和稳定性要略高于高纬度，海洋区域要优于陆地区域，这主要是因为低纬度和海洋区域加权平均温度的季节性变化较小。与 GTm-II 模型和 Bevis&GPT 模型相比，GTm-III 模型在全球范围内有着更优的精度，相对于 GTm-II 模型，精度提升 22%，相对于 Bevis&GPT 模型，精度提升则高达 33%。此外，GTm-III 模型在全球范围内都不存在误差较大的区域。三者之中，Bevis&GPT 模型精度最差，而且在喜马拉雅山脉和南极部分区域存在较大的误差。由于 GTm-II 模型在求解模型系数的过程中利用 Bevis&GPT 模型作为补充的虚拟数据源，该数据源的质量并不高，GTm-II 模型在喜马拉雅山脉和南极部分区域也出现了较大误差。

2）利用无线电探空数据对 GTm-III 模型的检验

在全球范围内选取 461 个无线电探空测站，利用探空数据的大气廓线积分计算 2012 年每天 0:00、12:00（UTC）的 T_m 并以此为真值，对 GTm-III 模型、GTm-II 模型及 Bevis 公式（此处温度采用无线电探空测站记录的实测地表温度）进行精度检验与分析。以测站为单位，计算各个测站上三个模型在 2012 年全年的 MAE 和 RMSE，统计结果如表 3.6 所示。

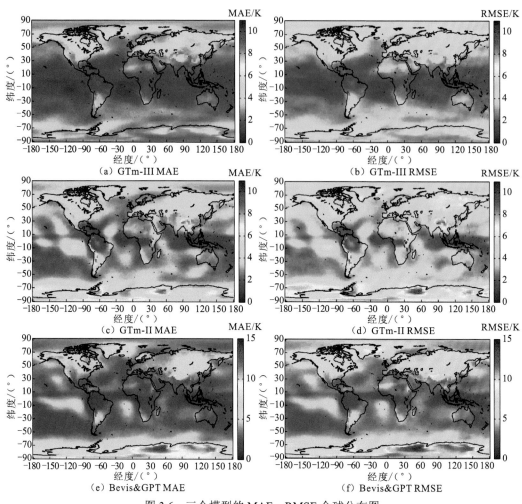

图 3.6　三个模型的 MAE、RMSE 全球分布图

表 3.6　三种模型相对于 Radiosonde 数据检验的 MAE 和 RMSE　　（单位：K）

模型	MAE			RMSE		
	平均值	最大值	最小值	平均值	最大值	最小值
GTm-III	3.3	8.6	1.0	4.2	11.0	1.3
GTm-II	3.5	7.5	1.0	4.4	10.0	1.3
Bevis	3.4	9.1	1.1	4.2	11.2	1.4

由表 3.6 可以看出，对所有测站全年的精度和稳定性检验结果而言，GTm-III 模型的 MAE 和 RMSE 平均值最小，MAE 平均值为 3.3 K、RMSE 平均值为 4.2 K。GTm-II 模型和使用实测温度的 Bevis 公式检验精度也很高，这是由于 GTm-II 模型在建模过程中使用的 Radiosonde 测站基本上覆盖了检验区域，Bevis 公式则是使用了实测地表温度。尽管 GTm-III 模型增加了日周期项，但是从本次的检验结果来看，优势并不明显。

为了分析各个模型的精度在时间上的分布，以天为单位计算同一天各个模型的 MAE 和 RMSE，如图 3.7 所示。由图 3.7 可以看出，各个模型在 6~8 月的精度最高，在 2~3

月的精度最差，但各个模型的精度和稳定性在时间上的分布并不相同。利用实测温度的
Bevis 模型的精度和稳定性相对较高，体现 MAE 和 RMSE 在时间上的变化较为平缓。GTm-II
模型、GTm-III 模型的精度在 12 月和 1～3 月有较大波动，稳定性不及使用实测温度的 Beivs
公式。导致这一现象的原因是测站主要分布在北半球中高纬度地区，这些区域 T_m 的变化幅
度在冬季要大于在夏季，GTm-II 和 GTm-III 模型是利用多年数据拟合的经验模型，在数值
变化较大的地方会有较大的误差；Bevis 模型基于加权平均温度与实测温度之间的线性关
系，该关系虽然也受季节和地理影响，但这些影响大部分已在温度中体现，残余影响远弱
于经验模型所受影响。总的来说，GTm-III 模型达到了与使用实测温度的 Bevis 模型相当的
精度（3.3 K vs. 3.4 K），并且比 Bevis 模型表现更优的情况占到了 58%，比 GTm-II 模型精
度更优的情况则占到了 71%。

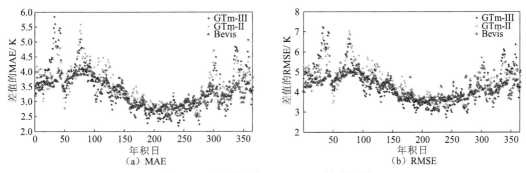

图 3.7   不同时间的 Radiosonde 检验结果

为了分析不同模型的精度在地理上的分布，本小节沿经纬度方向分别给出模型的 MAE
和 RMSE。将纬度相近的测站数据综合，综合后的分析结果如图 3.8 所示。首先从整体上
看，不论是哪种方法计算的 T_m，在中高纬度地区的精度和稳定性相对较差，在低纬度地区
的精度和稳定性相对较好，这是由低纬度地区温度和 T_m 的季节性变化较小，而中高纬度地
区 T_m 的季节变化较大导致的。对比三种模型，GTm-III 模型在全球低纬度地区的精度和稳
定性最高，在北半球中高纬度地区的精度和稳定性要次于 Bevis 公式，但略优于 GTm-II
模型。

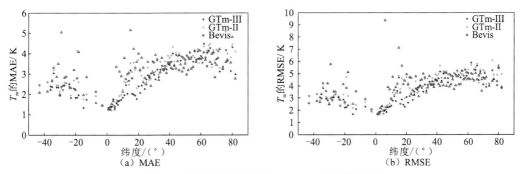

图 3.8   不同纬度地区的 Radiosonde 检验结果

3）利用 COSMIC 数据对 GTm-III 模型的检验

Radiosonde 测站在全球的覆盖范围有限，海洋和极区很少，另外南半球的 Radiosonde
测站要明显少于北半球，而且时间分辨率也不能反映模型在各个时段的精度和稳定性，所

以用其检验各个模型的精度和稳定性存在一定的不足。COSMIC 掩星观测具有全球覆盖且时间分布均匀的优点,利用 COSMIC 数据对模型进行检验可弥补上述不足。这里对 COSMIC 的大气廓线资料进行积分计算 2012 年每次掩星事件的 T_m 并以此为真值,对 GTm-III 模型、GTm-II 模型及 Bevis 公式进行精度检验。全年的检验结果如表 3.7 所示,其中 GTm-III 模型在全球范围内具有最高的精度和稳定性,其 MAE 为 2.9 K,RMSE 为 3.9 K,明显优于 GTm-II 模型(MAE 为 3.9 K,RMSE 为 5.0 K)及使用实测温度的 Bevis 公式(MAE 为 3.4 K,RMSE 为 4.4 K)。产生以上结果的主要原因包括两方面:一是 GTm-III 模型考虑了 T_m 的半年周期及日周期变化;二是建模采用了在全球范围内都具有较高精度的 T_m 格网数据,很好地弥补了海洋区域数据的缺失。

表 3.7　三种模型相对于 COSMIC 数据检验的 MAE 和 RMSE　　　（单位:K）

模型	MAE	RMSE
GTm-III	2.9	3.9
GTm-II	3.9	5.0
Bevis	3.4	4.4

同样地,为了分析各个模型在不同时间的精度和稳定性,将每天的检验结果进行统计,各个模型的 MAE 和 RMSE 随年积日的变化情况如图 3.9 所示。分析图 3.9 的结果,首先可以看出各个模型在不同季节的精度和稳定性差异并不明显。对比 GTm-III 模型和 GTm-II 模型的结果,可以发现 GTm-III 模型在 2012 年每天的精度和稳定性都比 GTm-II 模型高,这体现了 GTm-III 模型在模型形式和数据源改进后的优势。与 Bevis 公式相比,GTm-III 模型几乎每天的精度和稳定性都比 Bevis 公式更高。Bevis 公式虽然采用了实测温度可以顾及 T_m 每天不同时刻的变化,但其本质上是一个局部公式,不能反映全球 T_m 和地表温度的关系。另外,可以发现利用 COSMIC 数据检验的结果和 Radiosonde 数据检验的结果存在一定的差异,这是因为 COSMIC 数据的检验结果反映了全球每天多个时刻的平均结果,Radiosonde 数据的检验结果仅反映了以北半球陆地区域为主的每天两个时刻的平均结果,所以 Radiosonde 数据的检验结果随年积日的变化存在较为明显的季节性差异,而 COSMIC 检验结果的季节性差异并不明显。

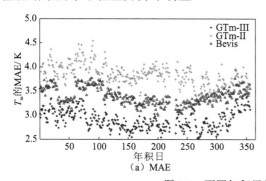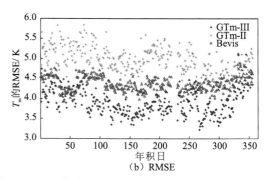

图 3.9　不同年积日的 COSMIC 检验结果

为了分析不同纬度各个模型的检验结果,将纬度相近的掩星观测合并进行统计分析,MAE 和 RMSE 随纬度的变化如图 3.10 所示。由图 3.10 可以看出,在全球范围内由 GTm-III

模型计算的 T_m 整体精度、稳定性最好，其中 GTm-III 模型在中低纬度的精度最高，另外南半球的精度和稳定性要优于北半球。与 GTm-II 模型相比，GTm-III 模型基本上在所有纬度的精度和稳定性都要高于 GTm-II 模型。对比 GTm-III 模型和 Bevis 公式的检验结果，在 40°N 以北的区域，Bevis 公式基本上优于 GTm-III 模型；在 40°N 至 35°S 的区域，GTm-III 模型要优于 Bevis 公式；在 55°S 往南，GTm-III 模型的精度和稳定性比 Bevis 公式更好，而且 Bevis 公式的精度随着纬度增加而下降，MAE 最大值接近 10 K，RMSE 最大值超过 10 K。

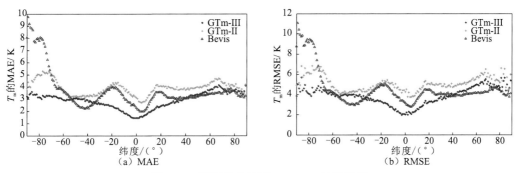

图 3.10　不同纬度地区 COSMIC 检验结果

3.4.2　气象参数驱动的高精度加权平均温度模型

在高精度的 GNSS 气象学应用中，需要提供比经验模型和 Bevis 公式更高精度的加权平均温度。本小节将研究在有地表实测气象参数条件下，如何进一步提升加权平均温度的计算精度。首先，研究加权平均温度与地表温度、气压和水汽压之间的关系；然后，确立加权平均温度与多气象参数之间的函数关系式；为了顾及地理和时间差异对函数关系式的影响，又对构建的函数关系式在全球范围内做季节性改正。由此，构建新的基于单/多气象参数的全球加权平均温度模型，并利用 Radiosonde 数据、GGOS Atmosphere 数据和 COSMIC 数据对模型进行检验。

1. 加权平均温度与地表气象参数之间的关系

本小节将研究加权平均温度与地表温度、水汽压和气压之间的关系，以期建立加权平均温度与多元气象要素的关系模型，改善现有加权平均温度-地表温度模型的精度。

1）加权平均温度与地表温度的关系

利用 ECMWF 2005～2011 年的地表温度（T_s）数据和 GGOS Atmosphere 对应的加权平均温度（T_m）数据对 T_m-T_s 关系进行研究。图 3.11 为不同地点 T_m 和 T_s 的时间序列图，图 3.12 为 T_m 随 T_s 的变化图。

由图 3.11 可以看出，T_m 和 T_s 都呈现出年周期变化，并且其变化趋势非常相似，它们之间可能具有较强的相关性。在图 3.12 中，对这两个地点的 T_m 和 T_s 进行相关性分析，结果显示在（30°N，115°E）和（30°S，115°E）处，二者的相关系数分别为 0.8 和 0.5，表

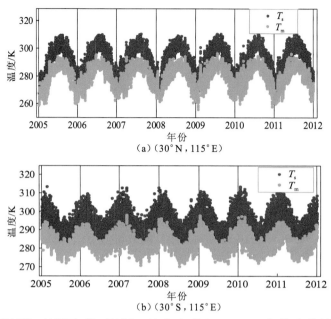

图 3.11　（30°N，115°E）和（30°S，115°E）处 2005～2011 年 T_m 和 T_s 的时间序列图

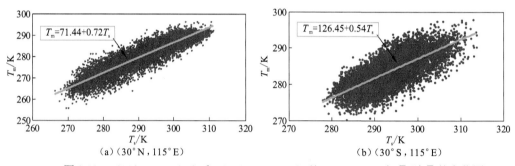

图 3.12　（30°N，115°E）和（30°S，115°E）处 2005～2011 年 T_m 随 T_s 的变化图

明 T_m 和 T_s 的相关性在某些区域是很强的，而在另一些区域是较弱的。Bevis 等（1992）的研究指出 T_m 和 T_s 之间具有较强的相关性，可以利用线性回归公式表达二者的关系，但也指出它们的关系是受地理位置和季节影响，回归关系应该针对特定的区域和季节建立。图 3.12 中的公式分别为两个地方的线性回归结果，它们的均方根误差（RMSE）分别为 3.1 K 和 2.9 K，精度很高，说明建立 T_m 和 T_s 的线性关系能够取得较好的结果；同时也可观察到两式的系数差异很大，这说明线性回归关系应该考虑地域差异。许多学者已经对 T_m 和 T_s 的关系进行了深入研究，并确立了 T_m 和 T_s 的如下关系：

$$T_m = a + bT_s \qquad (3.49)$$

式中：a 和 b 均为线性回归系数。

2）加权平均温度与水汽压的关系

测站处的水汽压可以由饱和水汽压和相对湿度计算得到：

$$e_s = \mathrm{RH} \cdot P_s / 100 \qquad (3.50)$$

式中：e_s 为测站处的水汽压；P_s 为饱和水汽压；RH 为相对湿度。Wexler（1977，1976）给出了高精度的饱和水汽压计算公式。对于纯水、平面表面：

$$\ln P_s = \sum_{i=0}^{3} C_i T_s^{i-1} + C_4 \ln T_s, \quad 273.15 \leqslant T_s \leqslant 373.15 \tag{3.51}$$

式中：$C_0 = -6.043\,611\,7$，$C_1 = 1.893\,188\,33 \times 10$，$C_2 = -2.823\,859\,4 \times 10^{-2}$，$C_3 = 1.724\,112\,9 \times 10^{-5}$，$C_4 = 2.858\,487$。

对于纯冰、平面表面：

$$\ln P_s = \sum_{i=0}^{4} K_i T_s^{i-1} + K_5 \ln T_s, \quad 173.15 \leqslant T_s \leqslant 273.15 \tag{3.52}$$

式中：$k_i(i = 0,1,\cdots,5)$ 为公式的系数，$K_0 = -5.865\,369\,6 \times 10^3$，$K_1 = 2.224\,103\,300 \times 10$，$K_2 = 1.374\,904\,2 \times 10^{-2}$，$K_3 = -3.403\,177\,5 \times 10^{-5}$，$K_4 = 2.696\,768\,7 \times 10^{-8}$，$K_5 = 6.918\,651 \times 10^{-1}$。

当水汽观测量为相对湿度时，可以将温度观测量代入式（3.51）或式（3.52）计算饱和水汽压，然后再根据式（3.50）计算水汽压。当水汽观测量为露点温度时，可以将露点温度代入式（3.51）或式（3.52），直接得到水汽压的计算值。这是因为露点温度的定义为：空气在水汽含量和气压都不改变的条件下，冷却到饱和时的温度，露点温度对应的饱和水汽压就是水汽压。

图 3.13 显示的是 ID 为 01001（70.93°N，8.67°W）和 60390（36.72°N，3.25°E）的无线电探空站上 1995~2011 年的加权平均温度与水汽压对比图。由图中 T_m 随水汽压的走势可以看出，对于一个特定的水汽压，加权平均温度的变化幅度并不大（<20 K）。线性回归分析结果表明在 01001 站上 T_m 和 e_s 相关系数为 0.64，线性回归的 RMSE 为 4.05 K，在 60390 站上二者的相关系数为 0.65，线性回归的 RMSE 为 3.67 K，说明 T_m 和 e_s 具有一定相关性。比较图 3.13 和图 3.12，可以看出图 3.13 的情况与图 3.12 中的相似，但也看出 T_m 随 e_s 的变化并不是线性的，它更加接近一个曲线。

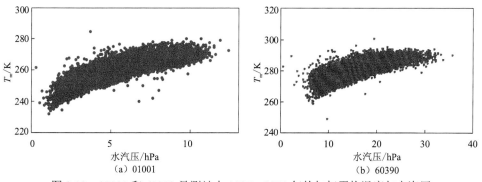

图 3.13　01001 和 60390 号测站上 1995~2011 年的加权平均温度与水汽压

为了确定出 T_m 和 e_s 的最佳关系，利用多种数学模型来拟合 $T_m\text{-}e_s$ 关系，最终发现线性拟合、二次多项式拟合、幂函数拟合和对数拟合的效果较好。下面分别对 4 种简单模型进行实验，结果分别见图 3.14 和表 3.8。

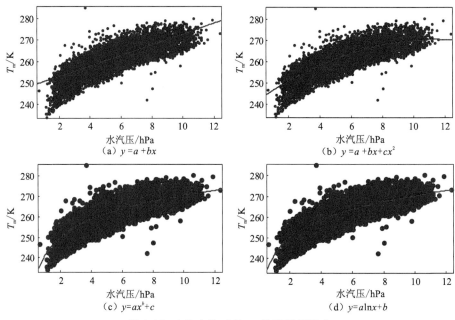

图 3.14　4 种方法对 T_m-e_s 关系进行拟合

图 3.14（a）中的线性拟合在水汽压的中间段拟合得较好，但在两端拟合得较差，因为加权平均温度随水汽压的变化更加接近曲线，而不是直线。图 3.14（b）中的二次多项式拟合较图 3.14（a）中的线性拟合得到了一些改善，在大部分水汽压段都能较好地拟合加权平均温度，但是拟合曲线出现了低水汽压段略微上翘和高水汽压段略微上弯的现象。图 3.14（c）和（d）的幂函数和对数函数拟合分别取得了较好的拟合效果，在整个水汽压段都能够很好地表现加权平均温度随水汽压的变化趋势。表 3.8 展示了 4 种拟合方法的拟合函数和拟合残差统计结果。

表 3.8　4 种拟合函数的具体形式和拟合结果

拟合函数	系数			RMSE/K
	a	b	c	
$y = a + bx$	248.2	2.483	—	3.961
$y = a + bx + cx^2$	241.5	5.146	-0.228 8	3.772
$y = c + ax^b$	-5 174	5 415	0.002 341	3.741
$y = b + a \ln x$	241.3	12.72	—	3.741

从表 3.8 可以看出，除了线性拟合，其他三种拟合方法结果较为接近，都优于线性拟合，其中对数和幂函数拟合取得了最佳效果。由于以上拟合中数据众多，平均结果不能体现拟合方法在边缘的效果，为此，从以上数据中筛选出水汽压小于 2 hPa 和大于 10 hPa 的数据来对 4 种拟合模型进行检验，线性拟合、二次多项式拟合、幂函数拟合和对数函数拟合的 RMSE 分别为 6.24 K、4.71 K、4.24 K、4.27 K，可见在边缘位置处幂函数和对数函数能更好地拟合 T_m。由此确定 T_m-e_s 的关系应为

$$T_m = a + b e_s^c \tag{3.53}$$

或
$$T_{\mathrm{m}} = a + b \ln e_{\mathrm{s}} \tag{3.54}$$

3）加权平均温度与气压的关系

图 3.15 显示了 ID 为 01001 和 01004（78.92°N，11.93°E）的无线电探空站的 T_{m}-P（气压）图，两个站上 T_{m} 和 P 的相关系数都小于 0.01，同一个 P 所对应的 T_{m} 的波动范围可高达 40 K，二者无明显函数关系。利用全球均匀分布的 119 个无线电探空站上 2005～2011 年的观测数据对 T_{m} 和 P 进行相关性分析，发现二者的相关系数在全球范围内的平均值为 0.17，最大为 0.78，最小为 2.44×10^{-5}。119 个无线电探空站上 T_{m} 和 P 相关系数见图 3.16。

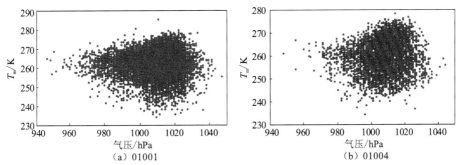

图 3.15　01001 和 01004 号无线电探空站上 2000～2011 年的 T_{m} 和 P

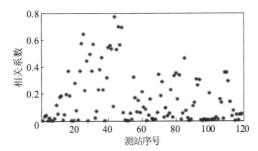

图 3.16　119 个无线电探空站上 T_{m} 和 P 的相关系数

图 3.16 中 119 个无线电探空站上 T_{m} 和 P 的相关性波动很大，在 4 个站上相关系数达到 0.6 以上，但在大多数测站上的相关系数非常接近零，平均相关系数仅 0.17，因此有理由相信在绝大多数情况下 T_{m} 与 P 之间没有直接的关联。

2. 基于单/多气象参数的加权平均温度模型的构建

基于上述研究，加权平均温度主要受地表温度和水汽压的影响，由此确定加权平均温度与地表温度和水汽压的关系如下：

$$T_{\mathrm{m}} = a + b T_{\mathrm{s}} + c P_{\mathrm{v}}^{d} \tag{3.55}$$
$$T_{\mathrm{m}} = a + b T_{\mathrm{s}} + c \ln P_{\mathrm{v}} \tag{3.56}$$

利用全球均匀分布的 135 个无线电探空站 2001～2010 年的探空数据对式（3.55）和式（3.56）进行拟合，同时也拟合 T_{m}-T_{s} 的线性回归关系。在删除层数小于 20 层、最大高度低于 12 km 和明显出错的数据后，共有 256 381 次探空数据参与拟合模型。拟合结果如下：

$$T_{\mathrm{m}} = 43.69 + 0.811 6 T_{\mathrm{s}} \tag{3.57}$$

$$T_{\mathrm{m}} = 113.70 + 0.532\,6T_{\mathrm{s}} + 4.446\ln P_{\mathrm{v}} \tag{3.58}$$

$$T_{\mathrm{m}} = 81.90 + 0.534\,4T_{\mathrm{s}} + 31.81P_{\mathrm{v}}^{0.1131} \tag{3.59}$$

式（3.57）~式（3.59）中，温度的单位是 K，水汽压（P_{v}）的单位是 hPa，拟合的均方根误差分别为 4.23 K、3.71 K、3.69 K，多气象元素模型的 RMSE 比单气象元素模型的小 0.5 K 左右。为了全面评估上述三式计算加权平均温度的精度，全球均匀分布的 433 个无线电探空站 2001~2010 年的数据被用来检验这三个公式，同时与 Bevis T_{m}-T_{s} 关系进行比较，检验结果见表 3.9。为了描述的简洁性，将 Bevis T_{m}-T_{s} 关系称为 BTm 模型，式（3.57）称为 GTm 模型，式（3.58）称为 LTm 模型，式（3.59）称为 PTm 模型。

表 3.9　利用 433 个站的 Radiosonde 数据对 4 种模型的检验结果　　　　（单位：K）

模型	Bias			RMSE		
	平均值	最小值	最大值	平均值	最小值	最大值
BTm	-0.94	-12.72	5.34	4.46	1.60	13.70
GTm	-0.90	-10.19	5.55	4.40	1.56	11.47
LTm	-0.78	-8.85	4.28	3.97	1.80	10.09
PTm	-0.82	-9.13	4.48	3.93	1.82	10.31

表 3.9 中的统计数据显示加入了水汽压的 LTm 模型和 PTm 模型的 Bias 和 RMSE 都优于仅使用地表温度的 BTm 模型和 GTm 模型。相对于单气象元素模型，多气象元素模型的 RMSE 减小了 0.5 K 左右，改善效果比较显著。

为了对上述模型进行季节和地理差异的改正，本小节研究上述 4 种模型的残差（真实值-模型值）序列。图 3.17 显示了 GTm 模型和 PTm 模型在两个点上多年的残差序列图，绿色曲线是用顾及年周期和半年周期的三角函数对残差时间序列的拟合。其中（a）和（b）是在（0°N，7.5°E）处的残差序列图，（c）和（d）是（20°N，180°E）处的残差图，（e）和（f）是（60°N，160°E）处的残差图。

GTm 模型、LTm 模型和 PTm 模型的残差时间序列呈现出明显的周期变化特征，主要体现为年周期变化，但在一些地区也伴随着半年周期变化。残差序列的振幅在高纬度地区较大，在低纬度地区较小，T_{m} 与气象元素的关系受季节影响较大。为了解决这一问题，利用顾及年周期和半年周期的三角函数对 GTm 模型或 PTm（LTm）模型的残差序列建模，并把模型计算值当作季节性改正加到 GTm 模型或 PTm（LTm）模型上，最终的 T_{m} 由 GTm 或 PTm（LTm）模型和对应的季节性改正确定，这样既可避免针对特定季节建模的麻烦，又可以使模型更加完善。假定 GTm（PTm 或 LTm）模型给出的 T_{m} 值为 T_{m0}，对应的季节性改正为 DeltaT_{m}，则最终的 T_{m} 为

$$T_{\mathrm{m}} = T_{\mathrm{m0}} + \mathrm{Delta}T_{\mathrm{m}} \tag{3.60}$$

$$\begin{aligned}\mathrm{Delta}T_{\mathrm{m}} = {}& a_0 + a_1\cos(2\pi\cdot\mathrm{doy}/365.25) + a_2\sin(2\pi\cdot\mathrm{doy}/365.25) \\ & + a_3\cos(4\pi\cdot\mathrm{doy}/365.25) + a_4\sin(4\pi\cdot\mathrm{doy}/365.25)\end{aligned} \tag{3.61}$$

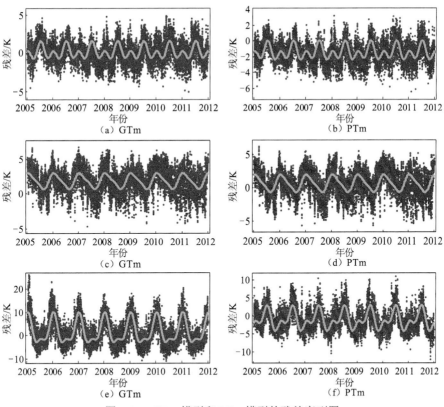

图 3.17 GTm 模型和 PTm 模型的残差序列图

式中：doy 为年积日；a_0、a_1、a_2、a_3 和 a_4 均为季节改正模型的系数。式（3.60）和式（3.61）就构成了顾及季节性改正的加权平均温度新模型的基本框架，需要指出的是，以上新模型需要针对特定地理位置求解式（3.61）中季节改正模型的系数，唯有这样才能取得最佳效果。

利用 ECMWF 的地表温度和露点温度格网数据，在全球范围内计算了 2°×2.5° 格网点上 2005～2011 年的加权平均温度，然后与来自 GGOS Atmosphere 的加权平均温度作差，得到了 12 818 个格网点上 7 年的 T_m 残差时间序列。将各个格网点上的残差和年积日分别代入式（3.61），得到一系列的线性方程组，通过最小二乘法解方程得到格网点上 a_0、a_1、a_2、a_3 和 a_4。当式（3.60）中的 T_{m0} 来源于 GTm 模型时，加入季节改正的新模型则称为 GTm-I，来自 LTm 时称为 LTm-I，来自 PTm 时称为 PTm-I。当要计算某处的加权平均温度时：首先将地表气象数据代入式（3.57）～式（3.59），得到 T_{m0}；然后根据测站的经纬度，计算离测站最近的 4 个格网点上的季节性改正，再利用双线性内插得到测站处的季节性改正 $\mathrm{Delta}T_m$；最后，根据式（3.60）计算得到测站上的 T_m。

3. 模型的精度检验

本小节对新模型进行检验和比较，以验证其性能的优劣。首先利用全球 277 个无线电探空站 2010 年的探空数据对 GTm-I、LTm-I 和 PTm-I 模型进行验证，并与 BTm 模型进行比较，表 3.10 为检验结果的统计。

表 3.10 　Radiosonde 数据对 BTm、GTm-I、LTm-I 和 PTm-I 模型的检验结果 （单位：K）

模型	Bias			RMSE		
	平均值	最小值	最大值	平均值	最小值	最大值
BTm	−0.42	−13.05	5.52	4.40	0.79	14.14
GTm-I	−0.47	−9.51	8.86	3.82	1.06	11.24
LTm-I	−0.62	−10.34	8.32	3.50	1.00	11.17
PTm-I	−0.59	−9.84	8.31	3.47	1.01	10.77

由表 3.10 的统计结果可以看出相对于广泛使用的 BTm 模型，GTm-I、LTm-I 和 PTm-I 模型的精度都有了较大提升。考虑到 BTm 模型是基于 Radiosonde 数据建立而另外三种模型经过 GGOS Atmosphere 数据改正，建模数据的差异很可能弱化了精度提升幅度。比较 GTm-I、LTm-I 和 PTm-I 模型，可以看出多气象元素的 LTm-I 和 PTm-I 模型的精度优于单气象元素的 GTm-I 模型。比较表 3.10 和表 3.9 可以看出，加入了季节改正和顾及地理差异的 GTm-I、LTm-I 和 PTm-I 模型提高了 GTm、LTm 和 PTm 模型的精度。总体来看 LTm-I 和 PTm-I 模型精度相当，并优于其他模型。由于计算季节改正模型系数时，是以 GGOS Atmosphere 的格网 T_m 数据为真值，实质上是把由 Radiosonde 数据确定的模型强制转换到格网 T_m 数据上，因此，由 GTm-I、LTm-I 和 PTm-I 模型计算的 T_m 与 GGOS Atmosphere 的格网 T_m 数据理论上吻合性更好。Yao 等 （2013b）对 Radiosonde 数据、GGOS Atmosphere 数据和 COSMIC 数据进行了比较，发现相对于 Radiosonde 数据，GGOS Atmosphere 数据有一个 0.16 K 的 Bias 和 2.2 K 的 RMSE，COSMIC 数据有一个 −0.06 K 的 Bias 和 1.94 K 的 RMSE。因此，利用格网数据对 GTm-I、LTm-I 和 PTm-I 模型进行检验更具有说服力，表 3.11 显示了利用 2012 年全球的 GGOS Atmosphere T_m 数据对这三个模型的检验结果。

表 3.11 　格网数据对 BTm、GTm-I、LTm-I 和 PTm-I 模型的检验结果 （单位：K）

模型	Bias			RMSE		
	均值	最小值	最大值	均值	最小值	最大值
BTm	−0.88	−14.56	7.38	3.86	1.12	15.13
GTm-I	−0.11	−10.00	1.61	2.58	0.95	10.67
LTm-I	−0.08	−9.99	2.11	2.63	0.97	10.45
PTm-I	−0.10	−10.03	1.77	2.48	0.97	10.46

表 3.11 中的数据显示 GTm-I、LTm-I 和 PTm-I 模型的全球平均偏差在 −0.1 K 左右，RMSE 小于 3 K，都取得了明显优于 BTm 模型的高精度。比较 GTm-I、LTm-I 和 PTm-I 模型可以发现，多气象元素的模型已经不再表现出优于单气象元素模型的特性，这是因为季节改正掩盖了多气象元素带来的微弱优势。GGOS Atmosphere 数据的检验结果能够客观地反映这三种模型的实际精度，图 3.18 显示了 BTm 模型、GTm-I 模型、LTm-I 模型和 PTm-I 模型在全球的精度分布情况。

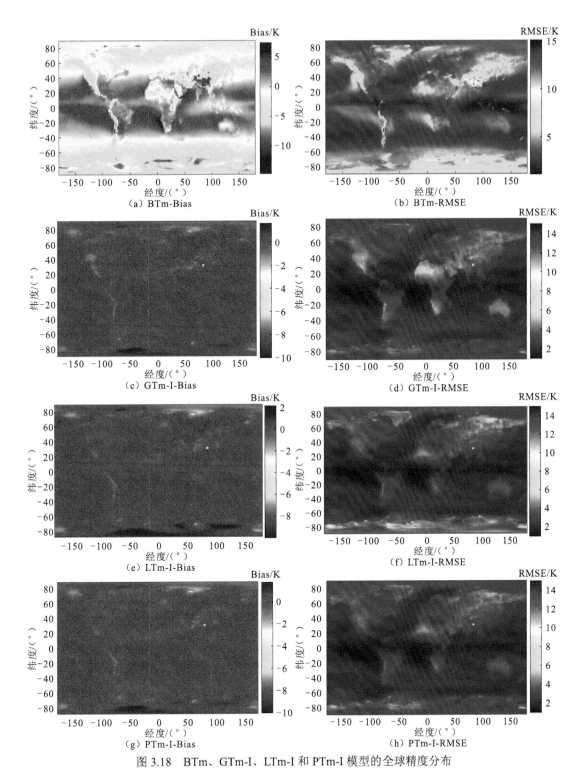

图 3.18　BTm、GTm-I、LTm-I 和 PTm-I 模型的全球精度分布

比较图 3.18（a）、（c）、（e）和（g）可以看出，BTm 模型在全球很多区域有较大的系统偏差，而 GTm-I、LTm-I 和 PTm-I 模型则具有一致的很小的系统偏差，这进一步说明建立 T_m 与地表气象元素的关系时需要考虑地理差异。比较图 3.18（b）、（d）、（f）和（h）可

以看出,BTm 模型在北极地区、印度洋南部、太平洋东南部及南北美洲交界处出现了较大的误差,这些误差在 GTm-I 模型中得到了削弱,其中印度洋南部的误差在 LTm-I 和 PTm-I 模型中得到了进一步的削弱。除此之外,GTm-I 模型、LTm-I 模型和 PTm-I 模型在全球范围内都取得了一个近似一致的高精度,证明了本小节建模方法的有效性。

为了充分检验新模型的精度和可靠性,本小节用 2010 年全球的 COSMIC 数据对 GTm-I 模型、LTm-I 模型和 PTm-I 模型进行检验,并与 BTm 模型进行比较。表 3.12 的检验结果以天为单位来统计 Bias 和 RMSE,图 3.19 显示了 4 种模型在 2010 年前 346 天每天的 RMSE。

表 3.12   COSMIC 数据对 BTm、GTm-I、LTm-I 和 PTm-I 模型的检验结果　　　　（单位:K)

模型	Bias			RMSE		
	平均值	最小值	最大值	平均值	最小值	最大值
BTm	−0.42	−1.26	0.54	3.90	3.51	4.31
GTm-I	0.16	−0.35	0.61	2.94	2.52	3.39
LTm-I	0.67	0.04	1.18	3.08	2.61	3.71
PTm-I	0.80	0.18	1.34	3.20	2.60	4.30

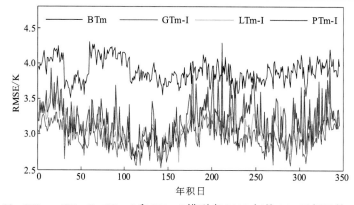

图 3.19   BTm、GTm-I、LTm-I 和 PTm-I 模型在 2010 年前 346 天每天的 RMSE

由图 3.19 可以看出,BTm 模型的精度在 2010 年几乎每天都比 GTm-I、LTm-I 和 PTm-I 模型差,这三种模型中 GTm-I 和 LTm-I 都非常稳定,并且具有一个相似的高精度。PTm-I 模型的精度略差于 GTm-I 和 LTm-I 模型,精度波动略大,但依然明显优于 BTm 模型。表 3.12 中的统计结果与图 3.19 中的情形一致,在这轮检验中 GTm-I 模型取得了最高精度,LTm-I 模型次之,接着是 PTm-I 模型,最后是 BTm 模型。

3.5   基于大气预报资料的 ZHD、ZWD 和 T_{m} 模型

前述的对流层延迟和 T_{m} 经验模型其实都是基于再分析资料构建,这些模型充分利用了再分析资料中的主要周期信号(周年和周日变化信号),也取得较好的效果,但是,这些模型考虑的只是气象参数的平均周年和周日变化,忽视了这些信号本身的年际变化以及信号中占比很大的非潮汐信号,导致模型精度有限,无法反映参数在天气尺度和年际尺度的变

化。当前计算机和通信技术取得了巨大进步，网络和硬件设备已支持实时获取和处理大气预报资料，基于大气预报资料实时计算和发布 ZHD、ZWD 和 T_m，可以完美解决经验模型的不足，对提升 GNSS 导航定位精度和改善 GNSS 近地空间环境监测效果具有重要作用。

本节利用中国气象局中尺度全球/区域同化和预报系统（GRAPES_MESO）的预报数据，通过式（3.15）、式（3.16）和式（3.17）积分计算我国及其周边地区 0.1°×0.1° 格网点上的 ZHD、ZWD 和 T_m。GRAPES_MESO 数据在垂向 100~1 000 hPa 分为 8 层，时间分辨率为 3 h。该数据集在 00:00 和 12:00 UTC 生成，预测时长为 72 h，本节使用的是往后预测 24 h 的数据。由于 GRAPES_MESO 计算得到的 ZWD 和 T_m 相对探空结果具有明显的系统性偏差，本节利用线性回归模型和球冠谐模型进行系统差改正（Cao et al.，2021）。首先，利用线性回归方法计算各站 GRAPES_MESO 与探空估值间的比例偏差和固定偏差，然后利用球冠谐函数对这些偏差系数进行空间拟合，进而建立研究区域的偏差改正模型，其数学形式可表示为

$$Y = a \cdot X + b \tag{3.62}$$

$$C = \sum_{k=0}^{N} \sum_{m=0}^{k} a_e \left(\frac{a_e}{r} \right)^{n_k(m)+1} \mathrm{P}_{n_k(m)}^{m}(\cos\theta) \cdot [g_k^m \cos(m\lambda) + h_k^m \sin(m\lambda)] \tag{3.63}$$

式（3.62）中：Y 为探空数据计算的 ZWD 或 T_m；X 为待校正的 GRAPES_MESO 数据计算的 ZWD 或 T_m；参数 a 和 b 分别为比例偏差和固定偏差。式（3.63）为球冠谐模型，其中：C 代表 a 或 b；a_e 为地球半径，设置为 6 378 137 m；r、θ、λ 分别为球冠坐标系下的向径、余纬和经度；$\mathrm{P}_{n_k(m)}^{m}$ 为缔合勒让德函数；$n_k(m)$ 和 m 分别为球冠谐模型的阶数和次数；下标 k 为用于标识 $n_k(m)$ 顺序的整数，m 必须为整数，$n_k(m)$ 为实数。N 为 a 或 b 的最大展开阶次，g_k^m 和 h_k^m 为球冠谐模型的待定系数。

将校准后的 ZHD、ZWD 和 T_m 产品称为 CTropGrid 模型，为了评估模型精度，利用探空资料对 CTropGrid 模型进行检验并与国际上权威的 GPT2w 模型进行比较，结果如表 3.13 所示。CTropGrid ZHD 的 Bias 为 1.5 mm，比 GPT2w 模型稍大，但标准差（standard deviation，STD）和 RMSE 则明显较小，STD 减小了 4.1 mm，RMSE 减小了 1.2 mm，以 RMSE 计，精度提升了 11.9%。CTropGrid ZWD 和 T_m 的 Bias 明显小于 GPT2w 模型，ZWD 的 Bias 降低了 6.3 mm，T_m 的 Bias 减少了 0.6 K，两个参数的 Bias 改进幅度达到 90.0% 和 85.8%。此外，CTropGrid ZWD 和 T_m 的 STD、RMSE 比 GPT2w 模型更小，以 RMSE 计，CTropGrid ZWD 的精度提高了 55.6%，T_m 的精度提升了 60.5%。总体而言，CTropGrid 模型中的 ZHD、ZWD 和 T_m 精度明显优于 GPT2w 模型。

表 3.13　探空数据检验 CTropGrid 和 GPT2w 模型的 Bias、STD 和 RMSE

模型	ZHD/mm			ZWD/mm			T_m/K		
	Bias	STD	RMSE	Bias	STD	RMSE	Bias	STD	RMSE
CTropGrid	1.5	5.2	8.9	−0.7	19.0	20.2	−0.1	1.5	1.5
	[−15.8, 35.8]	[0.7, 7.3]	[3.0, 35.9]	[−24.1, 26.2]	[7.9, 38.3]	[10.2, 38.7]	[−2.2, 1.3]	[0.7, 2.5]	[0.7, 2.6]
GPT2w	0.6	9.3	10.1	−7.0	43.8	45.5	−0.7	3.5	3.8
	[−4.0, 45.4]	[4.0, 21.0]	[4.4, 45.8]	[−61.8, 20.5]	[13.8, 78.1]	[13.8, 79.0]	[−7.1, 3.8]	[1.4, 5.7]	[1.4, 7.7]

为了分析 CTropGrid 精度的空间变化，计算各个探空站上 CTropGrid 模型 ZHD、ZWD 和 T_m 的 Bias、STD 和 RMSE，结果如图 3.20 所示。CTropGrid ZHD 的正 Bias 主要出现在中高纬度地区，负 Bias 普遍出现在低纬度地区，正负点数基本相等。CTropGrid ZHD 的 STD 和 RMSE 在空间上分布均匀，表明 CTropGrid ZHD 的精度在研究区域更为一致。CTropGrid ZWD 和 T_m 的 Bias 非常小且分布均匀，无明显空间变化。CTropGrid ZWD 的 STD 和 RMSE 具有相似的空间分布，在低纬度较大而在中高纬度较小，这主要是因为低纬度地区水汽更丰富，变化更快，给 ZWD 预报带来了更多不确定性。CTropGrid T_m 的 STD 和 RMSE 也具有相似的空间特性，在西北部总体较大，在东南部总体较小，但所有 RMSE 均低于 3.0 K。以上结果表明，CTropGrid 模型在整个研究区域具有非常可观的精度和稳定性，体现了直接利用天气预报产品计算 ZHD、ZWD 和 T_m 的优越性。

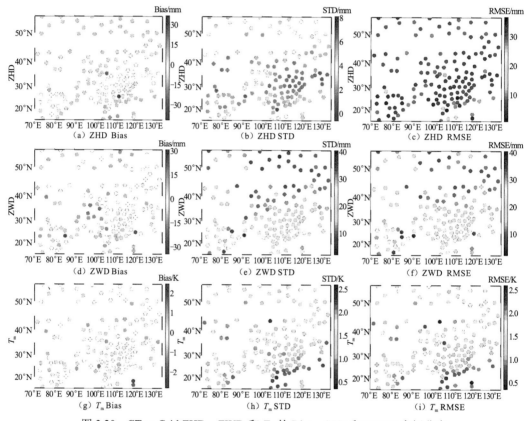

图 3.20 CTropGrid ZHD、ZWD 和 T_m 的 Bias、STD 和 RMSE 空间分布

为分析精度的时间变化，计算 CTropGrid 模型和 GPT2w 模型预报 ZHD、ZWD 和 T_m 的日均 Bias 和 RMSE，结果见图 3.21。可以明显看出 CTropGrid ZHD 的 Bias 和 RMSE 在时间域的变化明显比 GPT2w 模型弱，波动很小，Bias 接近零，RMSE 明显改善。上述结果再次表明，CTropGrid 模型提供了比 GPT2w 模型精度更高的 ZHD 结果且时间稳定性更好。CTropGrid ZWD 的日均 Bias 和 RMSE 几乎在每天都小于 GPT2w 模型，Bias 和 RMSE 分别在 0 mm 和 20 mm 左右波动，精度提升非常明显。在 CTropGrid T_m 的时间序列中，也可以观察到类似的改进。总而言之，CTropGrid 模型的 ZHD、ZWD 和 T_m 在一年时间里都具有较高的精度和稳定性，进一步表明了建模方法的优越性。

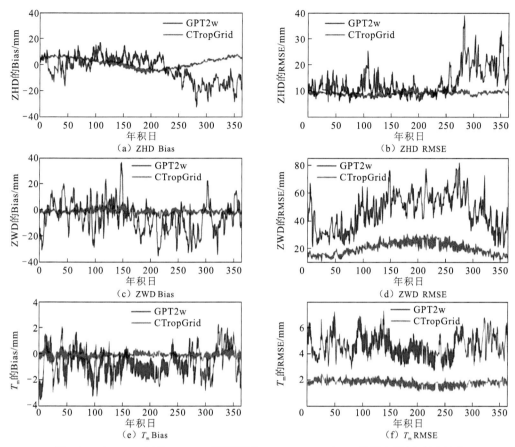

图 3.21　CTropGrid 和 GPT2w 模型预报 ZHD、ZWD 和 T_m 的精度指标时间序列

为了揭示 CTropGrid 模型相对 GPT2w 模型精度提升的原因,对日均 Bias 和 RMSE 进行快速傅里叶变换(fast Fourier transform,FFT)分析。为提高天气尺度信号的信噪比,在应用 FFT 之前,使用高通滤波器去除频率低于半月的信号,然后着重分析来自 GPT2w 和 CTropGrid 模型日均 Bias 和 RMSE 频谱图,结果见图 3.22。显然,GPT2w 模型的 ZHD、ZWD 和 T_m 的 Bias 和 RMSE 在 1~10 天尺度上具有很大的幅值,这是由未模型化的天气尺度变化造成的。相比之下,CTropGrid 模型三个参数的 Bias 和 RMSE 在相同的时间尺度上,幅值明显减小,这表明 CTropGrid 模型很好地捕捉到了 ZHD、ZWD 和 T_m 的天气尺度变化,这是 CTropGrid 模型相对 GPT2w 模型的关键改进。

此外,还使用了 IGS ZTD 来验证 CTropGrid ZTD 的精度,CTropGrid ZTD 由 CTropGrid ZHD 和 CTropGrid ZWD 相加所得。为了进行比较,使用三次样条插值法将 CTropGrid ZTD 插值到 IGS ZTD 的对应时刻。针对每个 IGS 站点,统计 2017 年 IGS ZTD 与 CTropGrid ZTD 之间差值的 Bias、STD 和 RMSE。针对 GPT2w ZTD,也开展了相同的工作,统计结果见表 3.14。与 GPT2w 模型相比,CTropGrid ZTD 的 Bias 有所改善,从 1.0 mm 降低到-0.7 mm;CTropGrid ZTD 的 STD 比 GPT2w 模型减少了 11.1 mm(24.6%),并且 STD 的站间变化范围也明显收窄,从 17.5~67.0 mm 缩小为 22.7~49.6 mm。CTropGrid ZTD 的 RMSE 比 GPT2w 模型减小了 10.5 mm(22.7%),RMSE 站间变化范围也明显变窄。这些结果说明 CTropGrid 模型提供了更准确、更稳定的对流层延迟预测值。

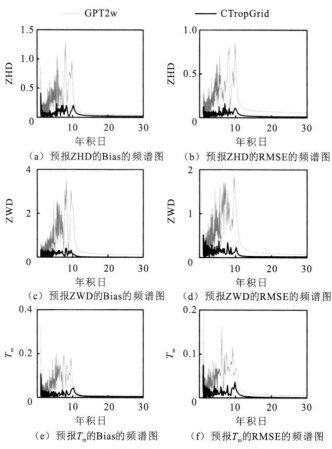

图 3.22　CTropGrid、GPT2w 模型预报 ZHD、ZWD 和 T_{m} 的 Bias 和 RMSE 频谱图

表 3.14　IGS ZTD 验证 CTropGrid 和 GPT2w 模型预报 ZTD 的 Bias、STD 和 RMSE（单位：mm）

模型	Bias	STD	RMSE
GPT2w	1.0	45.2	46.3
	[−13.9, 21.8]	[17.5, 67.0]	[20.9, 67.2]
CTropGrid	−0.7	34.1	35.8
	[−16.8, 23.6]	[22.7, 49.6]	[24.7, 49.8]

第4章 GNSS三维水汽监测

4.1 概　　述

GNSS PWV 反演技术目前已经相当成熟，普遍可以得到 1～2 mm 的反演精度，基本达到了目前 PWV 观测的最高精度，与无线电探空精度相当。然而，PWV 仅能反映单位面积上垂向水汽含量的总和，无法反映水汽在空间的三维变化，这限制了 GNSS 技术在气象学领域的深度应用。GNSS 信号传播路径上的斜路径湿延迟（slant wet delay，SWD）或斜路径水汽含量（slant water vapor，SWV）包含了水汽在三维空间的分布信息，比 ZWD 或 PWV 包含信息更丰富，因此也更具应用价值。

随着 GNSS 观测网络在全球范围内的广泛布设和局部范围的密集布设，利用 GNSS 进行不同时空尺度的气象学研究成为热点。Duan 等（1996）通过引入远距离的 GNSS 测站到区域 GNSS 网，降低了站点之间的空间相关性，进而从双差解中得到了绝对的对流层延迟参数，使双差方法获取绝对水汽含量成为可能。Ruffini 等（1999）分别利用 GPS 和水汽辐射计（WVR）进行了天顶对流层延迟和梯度的估计，并对结果进行比较，结果表明 GPS 和 WVR 估计的天顶对流层延迟和梯度参数具有很好的一致性，这为更好地恢复 SWD 创造了条件。Alber 等（2000）基于 GPS 双差观测值来估计 SWV 参数，并与水汽辐射计的观测结果进行了比较，结果表明该方法获得的 SWV 参数的均方根误差为 0.9 mm。

SWD/SWV 的成功恢复为利用 GNSS 技术反演三维水汽分布创造了可能。Flores 等（2000b）将 SWD 作为观测值，湿折射率作为未知数，采用奇异值分解法和最小二乘法反演了湿折射率的空间分布。Flores 等（2000a）又利用一个小 GPS 网进行了层析实验，证实了利用 GPS 层析技术获取水汽时空结构的潜力。Seko 等（2000）采用了一种移动网格的方法来改善有效射线的分布和数量，并在降雨天气开展了三维水汽层析实验。Hirahara（2000）采用了不同的方法进行水汽层析实验，都证实了利用 GPS 技术获取三维水汽场的可行性。Flores 等（2001）尝试利用一个扁平的（测站间高差较小）GNSS 网进行水汽层析实验，在这种情况下水汽的垂直结构不能很好地确定，不同的解都能与观测值兼容，为解决这一问题，他们通过附加一些先验约束条件获得了稳定的解。上述开创性工作奠定了 GNSS 水汽层析技术的基石，此后国内外很多学者相继提出了新的或者优化的水汽层析算法并应用于三维水汽场的反演，取得了不错的效果。Troller 等（2002）基于自行开发的大气水蒸气层析成像软件（atmospheric water vapor tomography software，AWATOS）获取了斜路径湿延迟，利用模拟和实测数据进行了层析实验，并与探空结果进行了对比，发现层析得到的湿折射率精度在 5～20 mm/km。Troller 等（2006）利用 AWATOS 研究了水汽的时空变化，并与无线电探空和数值预报模型的结果进行验证，发现层析结果与二者符合得较好。宋淑丽（2004）利用上海的 GPS 网开展了水汽层析实验，获取了水汽的三维分布。Nilsson 和 Gradinarsky（2006）利用卡尔曼滤波方法直接从原始 GNSS 相位观测值得到了三维水汽密度。Rohm 和 Bosy（2009）强调了 GNSS 水汽层析的方程不适定问题，提出利用方差-协方差的 Moore-Penrose 伪逆法来解决这一问题。Perler 等（2011）提出了参数化的水汽层析方法，用三次样条函数来表达层析区域内的湿折射率，而不是直接计算离散体元内的湿折射率。Bender 等（2011）、王维和王解先（2011）和 Wang 等（2013）提出了利用代数重构算法来重建水汽场的方法，取得了不错的效果，但该方法受初值精度影响较大，稳定性有待提高。于胜杰和柳林涛（2012）为了削弱水平约束方程权值选取不合理对层析结果造成的影响，提出了选权拟合的层析解算方法，并利用香港地区的 GNSS 网开展层析实验，证明了该方法的有效性。Rohm（2013）指出 GNSS 层析的一个重要缺陷是通过附加约束来强制性地提高设计矩阵的秩，这样做可以提高方程稳定性但会引入系统性偏差。为了解决这一问题，他提出了叠加多历元 SWD 来提高设计矩阵的秩，同时在求逆的过程中慎重地选择奇异值，进而实现无约束稳健 GNSS 水汽层析。Rohm 等（2014）又提出了有限约束（需要湿折射率初值）的抗差卡尔曼滤波算法，结合截断奇异值分解法（truncated singular value decomposition，TSVD）和去相关方法，取得了较好的层析结果。Adavi 和 Mashhadi-Hossainali（2015）创造性地利用虚拟参考站来加密实际 GNSS 观测网，很好地解决了层析过程中数据缺失的问题，并在伊朗广阔区域获得了精度良好的四维水汽信息。为了平衡 GNSS 水汽层析中精度与稳定性的矛盾，Zhang 等（2017）提出了一种自适应平滑约束与方差分量估计相结合的水汽层析算法，通过约束-权值-解的自适应调节机制，得到了三维水汽场的最优估计。

除了在算法层面改善层析解的精度和稳定性，诸多学者还尝试通过改变外部观测条件来改善层析结果。Nilsson 和 Gradinarsky（2006）详细分析了网格划分、观测噪声及不同卫星系统对层析结果的影响。于胜杰等（2010）对水汽层析反演中的约束条件进行分析，发现水平约束在水汽变化平缓时对反演结果影响较大，站间高差较小时，水汽反演结果对先验信息的依赖较强，站间高差相对较大时，即使不附加先验信息也能获得可靠的层析结果。赵庆志和张书毕（2013）针对现有层析方法有效观测射线（层析区域顶层穿过的射线）数量较少的缺点，提出了基于反投影函数加密斜路径射线的方法，进而将层析区域侧面穿过射线利用起来。Chen 和 Liu（2014）提出了一种优化的网格划分方法，一定程度上改善了水汽反演的稳定性。王维等（2016）的研究表明使用多模 GNSS 观测值可以有效降低水汽层析时无射线穿过网格的数量，改善中上层网格射线穿过情况，提高水汽反演质量。Zhang 等（2017）利用 GNSS 测站的地表气象观测数据来约束层析的底层湿折射率，极大地改善了 GNSS 水汽层析在对流层底部的精度。

以上是 GNSS 水汽层析的研究现状，接下来将重点介绍 GNSS 水汽层析技术的基本原理、主流的层析算法和改进措施，并讨论 GNSS 水汽层析技术面临的主要问题及未来的应用场景。

4.2　GNSS 水汽层析的基本原理

层析来源于医学上的电子计算机断层扫描（computed tomography，CT），是一种利用不同方向的射线照射物体，然后通过射线的透射或反射数据来反演物体内部结构的技术。

层析技术能够实现的前提是：①物体或空间被划分为有限个体元，并且每个体元内的物质能够被认为是均匀同质的；②一条射线穿越该物体必然经过有限个体元，每个体元都对射线产生一定的改变，该改变与体元的性质和射线在体元内的长度有关，一般等于二者的乘积；③单个体元对射线的改变沿射线传播路径积分，等于整个射线穿过物体所发生的改变；④利用大量不同方向的射线照射物体所产生的数据来构建方程组，进而可以反演出物体的内部结构。GNSS 水汽层析则是利用丰富的斜路径湿延迟或斜路径水汽含量来反演区域内的三维水汽场。

根据式（3.16）可知湿折射率沿着天顶方向积分即可获得天顶湿延迟 ZWD，那么沿着信号传播路径积分就可以得到斜路径湿延迟，如式（4.1）所示。

$$\text{SWD} = 10^{-6} \int_l N_w \mathrm{d}l \tag{4.1}$$

式中：N_w 为湿折射率；l 为信号传播路径长度。

如果将与信号传播路径有关的整个中性大气层划分为有限个体元，那么 GNSS 信号从卫星端到达 GNSS 接收机端必定会穿过若干个体元，假定第 i 个体元内折射率均为 N_{wi}，射线在该体元的截距为 $\mathrm{d}l_i$，那么 SWD 也可以表示为它穿过的所有体元产生的湿延迟之和，即

$$\text{SWD} = 10^{-6} \sum N_{wi} \cdot \mathrm{d}l_i \tag{4.2}$$

式中：N_{wi} 和 $\mathrm{d}l_i$ 分别为第 i 个体元的湿折射率和信号在第 i 个体元内的长度。

如果在研究区域内布设一系列的 GNSS 接收机，同时接收 GNSS 信号，那么将会有不同方向的 GNSS 射线穿越中性大气层到达接收机，产生多个 SWD 和形如式（4.2）的方程。如果以 SWD 为观测值，N_{wi} 为未知数，当观测值的个数足够多时，理论上可以由 SWD 反算 N_{wi}，这也是水汽层析的基本原理。GNSS 水汽层析的关键环节包括：SWD 的恢复、观测方程的构建和待求量的反解，下面将针对以上关键环节逐步阐述。

4.3　SWD 的恢复

SWD 是 GNSS 水汽层析的基本观测量，当前用于 SWD 恢复的方法主要有两种：①投影法，该方法首先利用投影函数将天顶对流层延迟和水平梯度投影到信号路径上，然后将 GNSS 定位观测方程的相位残差作为斜路径湿延迟的各向异性部分，通过以上两部分相加恢复 SWD；②直接法，该方法直接从观测方程中解算出 SWD，可获得与观测数据频率相当的水汽信息，但该方法对接收机钟和卫星钟的精度要求较高。相对于直接法，投影法应用更为广泛，本节重点对该方法进行介绍。

SWD 可以模型化（Chen and Liu，2014；Flores et al.，2000b）为

$$\text{SWD} = \text{ZWD} \cdot M_w(E) + M_\Delta(E) \cdot (G_{\text{NS}} \cos A + G_{\text{WE}} \sin A) + R \tag{4.3}$$

式中：$M_w(E)$ 为湿映射函数；G_{NS} 为南北方向的水平梯度；G_{WE} 为东西方向的水平梯度；E 为卫星高度角；A 为卫星方位角；R 为 SWD 未模型化的部分，通常将 GNSS 定位观测方程中的相位残差作为 R；$M_\Delta(E)$ 为水平梯度映射函数，可表示为

$$
\begin{cases}
M_\Delta(E) = 1/(\sin E \tan E + c) \\
c = 0.003
\end{cases}
\tag{4.4}
$$

GNSS 水汽层析的观测值可以是 SWD 也可以是 SWV，SWD 与 SWV 的关系可表示为

$$
SWV = \prod \cdot SWD
\tag{4.5}
$$

式中：$\prod$ 为湿延迟与大气可降水量的转换参数，定义与 3.2 节中相同，可由加权平均温度确定。值得注意的是，如果以 SWD 作为层析观测值，那么对应的层析结果为湿折射率；如果以 SWV 为层析观测值，那么对应的层析结果为水汽密度。

4.4　层析方程组的构建

恢复 SWD 或 SWV 后，接着需要构建形如式（4.6）的观测方程，首先需要将 GNSS 观测网所在的中性大气空间离散化为有限个空间体元，如图 4.1 所示。在网格划分方面需要注意以下问题：①体元的垂向覆盖范围需要确保离散空间以上再无水汽；②体元的大小影响层析的空间分辨率，但这应由 GNSS 测站和信号密度决定；③体元划分后，即假定每个体元内的湿折射率是均匀的，这样每个体元就对应着一个湿折射率或者是水汽密度；④既假定离散空间以上无水汽，那么从离散空间顶部穿出的 GNSS 射线所遭受的斜路径湿延迟应全部由离散空间内的体元引起，但从离散空间侧面穿出的射线所遭受的湿延迟一部分由离散空间内体元引起，一部分由离散空间外体元引起。因此，GNSS 水汽层析中的有效射线通常是指从离散空间顶部穿出的射线。

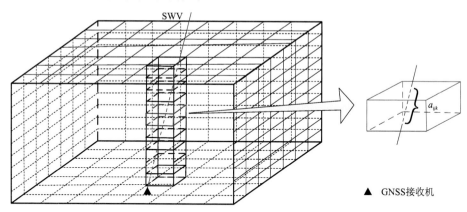

图 4.1　GNSS 信号穿过离散化网格示意图

基于上述假设，利用射线追踪法确定卫星信号穿越了哪些离散空间体元及在各个体元内的截距，这样就可以对每条有效射线构建形如式（4.6）的观测方程。假设研究区域被划分为 n 个层析网格，有 m 条有效射线穿过研究区域，第 i 条有效信号对应的 SWD 或 SWV 为 d_i，第 j 个层析网格的水汽密度为 x_j，则层析观测方程可表示为

$$
\begin{cases}
a_{11}x_1 + a_{12}x_2 + \cdots + a_{1n}x_n = d_1 \\
a_{21}x_1 + a_{22}x_2 + \cdots + a_{2n}x_n = d_2 \\
\qquad\qquad \cdots \\
a_{m1}x_1 + a_{m2}x_2 + \cdots + a_{mn}x_n = d_m
\end{cases}
\tag{4.6}
$$

式中：a_{ij} 为第 i 条有效信号在第 j 个网格中的截距（未穿过时截距为 0）；x_j 为第 j 个网格的水汽密度。为了方便表示，式（4.6）可简化为

$$AX = d \tag{4.7}$$

式中：A 表示由信号截距组成的设计矩阵；X 为待估湿折射率或水汽密度的向量；d 为 SWD 或 SWV 的向量。

矩阵 A 是构建层析观测方程的关键，矩阵中的每个元素表示有效射线在对应体元内的截距，通用的确定矩阵 A 元素的方法如下。

（1）在层析区域建立一个空间直角坐标系。

（2）利用水平切面和垂直切面（东西和南北走向）将层析空间离散化为规则体元，确定各个切面的方程及切面之间的交点坐标。

（3）根据卫星坐标和测站坐标确定二者之间信号传播的直线方程。

（4）对于每条有效信号射线，分别联立直线方程和切面方程计算射线与切面的交点坐标。

（5）利用射线追踪算法确定射线与切面交点在各个层析体元内的分布，并计算体元内射线截距。

（6）构建索引转换算法，实现三维体元索引向一维矩阵索引的转换，基于索引映射和体元内截距构建矩阵 A。

对于研究范围较小体元设置规则均匀的情况，可以利用快速射线追踪算法（Cleary and Wyvill，1988）确定截距。

4.5　GNSS 水汽层析常规方法

4.5.1　附加约束的层析方程

在 GNSS 水汽层析中，有效射线总是过度集中于天顶方向，而且越是靠近大气底层，有效射线分布越集中，由此导致的问题是：①GNSS 水汽层析技术的垂向敏感性较差，即可能出现任意更换两层的结果，依然能与观测方程很好地吻合的情况；②底层可能出现较多的网格没有射线穿过。这两个问题都可能会导致层析观测方程出现严重的不适定问题，即层析方程的解不能唯一确定。

为了解决这一问题，主流策略是在层析观测方程[式（4.7）]的基础上附加若干约束条件（Zhang er al.，2017；Rohm et al.，2014；Rohm，2013；Flores et al.，2001，2000b）。在 GNSS 水汽层析中通常有三种约束条件，即水平约束、垂直约束和边界约束，接下来分别介绍上述三种约束条件的构成。

1. 水平约束

水平约束主要是在同一水平面上施加平滑约束，即将同一水平面的每一个网格体元表达为其他网格的加权平均值，可采用拉普拉斯平滑和高斯平滑等，其形式为

$$0 = w_1 x_1 + \cdots + w_{j-1} x_{j-1} - x_j + w_{j+1} x_{j+1} + \cdots + w_n x_n \tag{4.8}$$

式中：x_j 为 j 网格体元内的水汽密度；w 为平滑系数，其值由该网格与目标网格的距离决定，通常距离目标网格越近的网格，其系数越大。利用不同的平滑方法，可以确定不同的系数组合 w_i。当 w_i 确定后，就可以按照组建层析观测方程的方法组建水平约束方程，其形式为

$$HX = 0 \tag{4.9}$$

式中：H 为水平约束方程的设计矩阵。

2. 垂直约束

垂直约束与水平约束类似，它是利用同一垂直切面内相邻网格的空间相关性来构建平滑约束方程。除了这种方式，层析的垂直约束还可以基于水汽（湿折射率）的垂直分布特征构建先验函数约束，如可采用式（4.10）的指数函数来构建湿折射率垂直约束方程。

$$N(z) = N_{s}e^{-z/H} \tag{4.10}$$

式中：N_s 为地表湿折射率；z 为大气高度；H 为水汽标高。根据式（4.10），设相邻两层的高度分别为 h_1、h_2，对应的湿折射率为 N_1、N_2，则这两层湿折射率间的约束方程可写作

$$N_2 / N_1 = e^{(h_1-h_2)/H} \tag{4.11}$$

利用式（4.11）可组建垂直约束方程：

$$VX = 0 \tag{4.12}$$

式中：V 为垂直约束方程的设计矩阵。

3. 边界约束

根据无线电探空资料，水汽多集中于 10 km 以下的大气中，10 km 以上大气的水汽含量极低。因此，可根据当地的无线电探空资料确定水汽层析空间的上限，即设置一定的阈值，认为水汽在该层以上为 0。那么边界约束通常就是将层析空间顶层网格的湿折射率设置为 0。

$$BX = 0 \tag{4.13}$$

式中：B 为边界约束的设计矩阵。

4. 先验信息约束

除式（4.9）、式（4.12）和式（4.13）的约束条件外，还可以根据其他来源的实测或模型数据来构建约束方程，比如利用探空资料或地表观测资料构建部分层析网格的水汽密度或湿折射率约束等，其形式为

$$CX = X_{apr} \tag{4.14}$$

式中：X_{apr} 为水汽密度或湿折射率的先验值；C 为系数矩阵，其元素为 0 或 1。

联立观测方程和约束方程，即可构建附加约束条件的层析方程组：

$$\begin{bmatrix} A \\ H \\ V \\ B \\ C \end{bmatrix} X = \begin{bmatrix} \mathbf{SWV} \\ 0 \\ 0 \\ 0 \\ X_{apr} \end{bmatrix} \tag{4.15}$$

添加约束条件在本质上是通过附加人为约束来改善层析方程的稳定性，通常可有效解决 GNSS 水汽层析的方程不适定问题，但由于约束往往是经验性的，并不能准确反映层析

时的实际情况，由此可能会引入系统偏差，附加约束条件的水汽层析方法得到的层析解实际上是有偏的，过于强的约束方程会导致层析结果受约束方程影响过大，进而偏离观测方程。这也意味着式（4.15）所代表的水汽层析方法需要平衡方程稳定性和解的精度问题，这就要求在最小约束前提下得到稳定且精确的层析结果，这也是 GNSS 水汽层析技术需要解决的核心问题。

4.5.2　GNSS 水汽层析方程的解

式（4.15）的求解实际上是一个有偏估计问题，也可以说是一个正则化问题，求解式（4.15）的关键过程在于合理地确定各类观测方程的权值。假设式（4.15）中同类方程内的各个方程等权，并假定层析观测方程的权值为 1，水平约束方程、垂直约束方程、边界约束方程和先验信息约束方程的权值分别为 λ_1、λ_2、λ_3 和 λ_4，那么式（4.15）的解可表示为

$$X = (A^\mathrm{T}A + \lambda_1 H^\mathrm{T}H + \lambda_2 V^\mathrm{T}V + \lambda_3 B^\mathrm{T}B + \lambda_4 C^\mathrm{T}C)^{-1}(A^\mathrm{T}Y + \lambda_4 C^\mathrm{T}X_{\mathrm{apr}}) \qquad (4.16)$$

至此，问题的关键已经转变为确定 λ_1、λ_2、λ_3 和 λ_4 的值。通常，边界约束采用强约束，即直接赋予较大权值，这时只需科学确定水平约束、垂直约束和先验约束的权值。为了解决这一问题，可以采用一些正则化方法，如 Tikhonov 正则化方法、方差分量估计方法、均方误差最小法、交叉检验法等。

4.6　GNSS 水汽层析的迭代重构算法

迭代重构算法通过"行运算"技术（Censor，1983）对给定的初始参数估值依次进行修正，直到满足设定的条件为止。该方法针对超大矩阵运算问题具有明显优势，能够节省计算内存，易于编程实现（邹玉华，2004）。常见的迭代重构算法有经典的代数重构算法（algebraic reconstruction technique，ART）（Gordon et al.，1970）、联合迭代重构算法（simultaneous iterative reconstruction technique，SIRT）（Gordon et al.，1970）和乘法代数重构（multiplicative algebraic reconstruction technique，MART）算法（Dines and Lytle，1979）等。下面以经典的 ART 算法为例介绍迭代重构算法在水汽层析中的应用。

利用 ART 算法进行水汽层析前，首先需要给层析区域内的每个格网赋一个水汽密度/湿折射率的初值，然后利用 ART 算法迭代修正每个层析网格的水汽密度/湿折射率。假设有 m 个观测值 n 个未知数，按照式（4.7）构建层析观测方程，设计矩阵 A 为 m 行 n 列。按照迭代重构的"行运算"思想，逐行进行代数重构运算，假设 $x^{(k)}(1 \leqslant k \leqslant m)$ 为第 k 次迭代后的层析解向量，那么 ART 算法按照式（4.17）逐行进行迭代运算：

$$x^{(k)} = x^{(k-1)} + \lambda \frac{y_i - \langle a_{i:}, x^{(k-1)} \rangle}{\| a_{i:} \|^2} a_{i:} \qquad (4.17)$$

式中：$a_{i:}$ 为矩阵 A 的第 i 行；λ 为每一步迭代的松弛因子，$\lambda \in (0,1)$，对于含有误差的观测数据，选择合理的松弛因子至关重要（Pryse et al.，1998）；$\langle a_{i:}, x^{(k-1)} \rangle$ 表示向量相乘，即

$x^{(k-1)} \cdot a_{i.}$，从几何角度讲，这一步相当于将水汽密度向量 $x^{(k-1)}$ 向第 i 个方程所代表的超平面进行投影。

每一步迭代实际上是利用新的观测值对上一轮的迭代结果进行修正，具体而言就是根据新观测值与上一轮迭代结果在观测空间的投影的残差来确定修正量，通过 m 次迭代可以实现利用所有观测值对解进行修正。

于胜杰等（2010）的研究表明，在利用 ART 类算法进行 GNSS 水汽层析时，结果的可靠性很大程度上依赖初值的精度，精确的初值可以加速收敛，误差较大的初值很可能会导致迭代发散，最终难以获得合理的层析解，因此，需要慎重选择可靠的初值。通常，水汽层析初值的选取方法有：①直接利用标准大气分布模型计算大气湿折射率廓线信息，该方法简单但结果精度较差；②利用数值预报模型的计算结果，该方法较为精确；③利用无线电探空资料计算水汽廓线，该方法精度最高但无法提供水平方向的初值。

GNSS 水汽层析的常规方法属于反演方法的范畴，而迭代重构算法属于正演方法，都有着各自的缺点和优点。常规方法始终面临着层析方程的不适定问题，需要附加约束条件才能稳定求解，附加约束条件存在引入偏差的风险，强而不准的约束可能导致解偏离真值，因此需要平衡解的稳定性与精度的矛盾。迭代重构算法不存在反演问题普遍面临的方程不适定问题，而且形式也比较简单，计算负担也小，但是对初值的依赖性很强，最终结果受初值影响很大，稳定性不足。此外，迭代重构算法只能计算有射线穿过的网格的湿折射率或水汽密度，无法得出无射线穿过网格的结果。

4.7 GNSS 水汽层析优化策略

如前文所述，GNSS 卫星和接收机的几何结构欠佳导致有效射线过度集中在天顶方向并且可能出现部分体元无射线穿过的现象，这会造成层析观测方程的病态和不适定问题。针对上述核心问题，目前的主要解决思路体现在两个方面：一是通过改变外部条件来改善层析方程的结构，具体举措包括优化层析网格划分、利用侧面穿过射线、利用多系统观测值、加密测站等；二是通过改进反演算法来平衡 GNSS 水汽层析中解的稳定性和精确性的矛盾。下面通过一些实例来阐述一些优化策略在 GNSS 水汽层析中的应用。

4.7.1 层析网格划分优化

GNSS 水汽层析时空间网格的划分会影响空值体元（无信号穿过的体元）的数量，进而影响层析方程组的稳定性，最终影响层析结果的精度。常规的网格划分方案不考虑 GNSS 射线的实际分布情况，而是直接在三个正交方向上等间距划分网格，这样一方面会导致较多的体元没有射线穿过，尤其是位于层析区域边缘和底部的体元，另外垂向等间隔划分网格也会降低 GNSS 层析解在垂向的敏感性。此外，层析空间上边界的准确确定也有利于提升层析方程的稳定性和层析解的精度。上边界设置过低会导致层析区域未包含所有的水汽，对所有层析网格积分所得的湿延迟将不等于实测 SWD，这会影响反演结果的精度；上边界设置过高会减少有效射线数量、增加无用网格，最终降低层析观测方程的稳定性。上述问题可以从改进网格划分方案和合理确定对流层顶高度进行优化。

1）非均匀水平网格划分方案

Yao 和 Zhao（2017）提出了一种非均匀水平网格划分方法，该方法在层析实验中充分考虑 GNSS 信号的空间分布特征，基于信号在空间分布的疏密程度划分水平网格。在信号密集区域增加网格划分，在信号稀疏区域减少网格数量，以此减少空值体元的数量，从而增强层析方程组的稳定性。

2）非均匀垂向网格划分

Lutz（2008）和 Perler 等（2011）指出在 GNSS 水汽层析中使用非均匀的垂向网格划分更为合理。这是因为水汽密度在垂向递减得很快，低层水汽密度大，高层水汽密度小，理想情况下低层网格的垂向分辨率应该更高，高层网格分辨率应该偏低，这样有利于揭示水汽的垂向变化。从现实角度来看，不均匀的垂向网格划分有利于提升层析解在垂向的敏感性，这是因为不均匀的层次划分可以使射线在每一层的截距差异增大，这在数学上表现为不同高度层体元所对应的未知数的系数差异变大，这样有利于提升方程的稳定性。此外，由于层析空间的高层水汽含量很低而且变化缓慢，降低层析空间高层的分辨率，不仅不会影响层析精度，而且有利于减少未知数，提升方程的稳定性。Chen 和 Liu（2014）详细讨论了层析网格划分对层析解的影响，并给出了层析网格优化方案。

3）确定合理的对流层顶高度

在确保包含绝大多数水汽的前提下，层析空间的上界越低越有利于水汽层析，这是因为当层析的水平空间确定后，层析上界越高，穿过顶层的射线就越少，有效射线也会越集中在天顶方向，因此，上界设置过高对层析是十分不利的。无线电探空数据能够提供精确的水汽廓线（Adeyemi and Joerg，2012；Niell et al.，2001），据此可确定研究区域内水汽层析的最低上界。图 4.2 展示的是香港地区 King's Park 探空站 1974～2014 年的平均水汽密度廓线，可以看出当地 12 km 以上高度的水汽密度近乎为零，因此层析的上边界可以设置为 12 km。

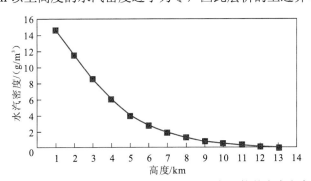

图 4.2　King's Park 探空站测得的 1974～2014 年平均的水汽密度廓线

4.7.2　侧面穿过射线的引入

通常有效的层析射线是指从层析区域顶层穿过到达接收机的 GNSS 射线，其传播路径上的水汽被完整地包含在层析区域内,常规层析方法仅采用有效射线来构建层析观测方程。

然而，层析区域内还存在大量从层析区域侧面穿过的射线（侧面射线），这种射线的斜路径湿延迟并非完全由层析区域引起，因此无法直接用于水汽层析。如果能够合理利用侧面射线，不仅将减少空值体元的数量，而且可以大大改善星-站几何结构，提升层析方程的稳定性，这对水汽层析是十分有利的。本小节将介绍一种通过扩大辅助层析区域来合理利用侧面射线的方法。

如图 4.3 所示，当把层析范围扩大后，从原层析区域（红色区域）侧面穿入的射线将从新层析区域（绿色区域）的顶层刺入，使侧面射线转化为有效射线。然后，利用新区域的有效射线去反演水汽密度/湿折射率，得到大区域内体元的水汽密度估值后，剔除原层析区域以外的体元，获得原层析区域内各体元的水汽密度。需要注意的是，层析区域扩大后，虽然部分侧面射线转化为有效射线并得以利用，但是体元数量也随之增加。如果扩大的层析区域导致空值体元的数量不减反增，就会进一步加剧层析方程的不适定性。因此，无差别地纳入所有侧面信号是不可取的，应平衡有效射线增量与空值体元数量之间的矛盾，合理确定层析区域的外扩范围。此外，在层析方程求解时也可以考虑采用空值体元剔除法（Yao et al.，2020），以减少待估参数的数量，提高层析方程的稳定性。待解算完成后，再采用合理的插值方法给定剔除体元的水汽密度。

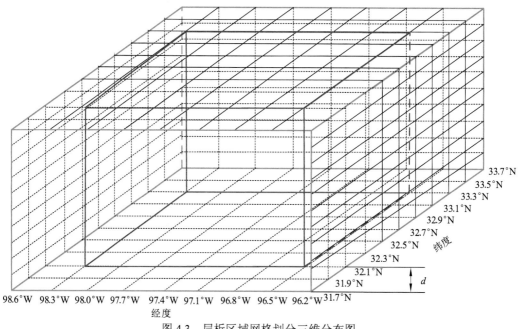

图 4.3　层析区域网格划分三维分布图

4.7.3　地表气象观测数据的引入

由于 GNSS 水汽层析的有效射线呈现倒锥形的分布特点，射线在底层逐渐集中于一点，这就决定了层析射线在底层分布不均匀，无射线穿过的网格比高层多；此外，低层水汽的垂向变化剧烈而 GNSS 水汽层析技术本身在垂向敏感性较差。以上两点决定了 GNSS 水汽层析技术在低层的精度要远差于高层，而水汽反演的关键在于获取低层水汽密度。为了解决这一矛盾，可以使用地表气象观测数据来计算湿折射率或水汽密度，进而用它们来约束

GNSS 水汽层析的底层解，Zhang 等（2017）已经证明该方法可以显著改善 GNSS 水汽层析结果在底层的精度，并且对改善水汽廓线的反演精度也有帮助。由于大部分用于气象监测的 GNSS 测站都配备有气象观测设备，通常具有温度、气压和相对湿度的观测能力，利用这些数据即可构建底层的水汽约束并纳入式（4.15）的第 5 式。

4.7.4　先进的反演算法

针对水汽层析的方程不适定问题，本小节介绍一种基于自适应平滑约束加赫尔默特方差分量估计的 GNSS 水汽层析方法（Zhang et al.，2017）。该方法通过构建自适应平滑约束来弥补观测方程的秩亏，同时尽量弱化约束对方程的影响。为了解决约束方程与观测方程之间的权重问题，利用赫尔默特方差分量估计（Helmert variance component estimation，HVCE）来自适应地确定方程间的权比关系。通过约束-权值-解的迭代调节过程，实现约束与解的协调、精度与稳定性的平衡。接下来，对这种先进的层析方法进行简要的介绍。

1. 拉普拉斯平滑约束的构建

通常，在 GNSS 水汽层析时，有限的中性大气空间被三组正交的平面切割成若干个长方体体元，这三组平面包括两组组内平行组间正交的竖直平面和一组组内平行的水平平面。在三组平面内分别施加拉普拉斯平滑，并且只考虑与当前体元最邻近的 4 个体元，这种约束的优点是仅利用水汽的空间连续性，不考虑水汽的物理分布规律，比较简单易行，不易引入人为误差，缺点是结果可能过度平滑。在边界严格限定的情况下，同一平面内拉普拉斯平滑会出现三种情况，如图 4.4 所示。

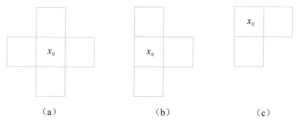

（a）　　　　　　　　　　（b）　　　　　　　　　　（c）

图 4.4　边界受限平面内拉普拉斯平滑的三种情形

假设 x_0 为平面内的一个网格的湿折射率，x_1、x_2、x_3、x_4 为 x_0 最邻近的 4 个网格内的湿折射率，那么按照拉普拉斯平滑算法，可以得到与上面三种情况对应的平滑方程：

$$x_1 + x_2 + x_3 + x_4 - qx_0 = 0 \qquad (4.18)$$

$$x_1 + x_2 + x_3 - qx_0 = 0 \qquad (4.19)$$

$$x_1 + x_2 - qx_0 = 0 \qquad (4.20)$$

式中：q 为平滑因子，在式（4.18）～式（4.20）中的初值分别为 4、3 和 2。利用上面三个式子逐平面逐网格地建立平滑约束，初始约束可能并不准确，因此需要通过迭代调节来协调约束与解的关系。

2. 自适应平滑约束迭代算法

传统的水汽层析算法大多采用固定约束，如果约束过强，会人为地引入系统偏差，最终导致解空间扭曲；如果约束过弱，方程状态难以改善，解与约束不协调。本小节采用一种约束-权值-解同步迭代的解算方法，使约束与解协调，精度与稳定性平衡，具体流程如下。

（1）利用式（4.18）～式（4.20）构建水平和垂直约束方程，同时初始化它们的权值 $\lambda_1 = \lambda_2 = 1$。边界约束 λ_3 设为任意大值，施加强约束，不参与迭代。先验约束 λ_4 的权值设为 1，与观测值等权，可根据实际情况调节，可不参与迭代，以免增大方差分量估计不收敛的风险。

（2）利用赫尔默特方差分量估计（或其他正则化方法）确定 λ_1 和 λ_2 的值，并利用式（4.16）计算方程的解。

（3）利用（2）中得到的解更新平滑因子：

$$q = \begin{cases} n, & 若 \quad x_0 \leqslant x_m \\ \dfrac{\sum\limits_{i=1}^{n} x_i}{x_0}, & 若 \quad x_0 > x_m \end{cases} \quad (4.21)$$

式中：n 的值与式（4.18）～式（4.20）对应，分别为 4、3 和 2。x_m 是更新阈值，主要是防止利用错误的解来更新平滑因子。x_m 的初值可设为解中最大值的一半，然后在每次迭代中按比例（如乘以 0.9）缩小，直至 x_m 不再大于解的均方差的三倍。

（4）利用（3）中更新的平滑因子重新构建水平和垂直约束，并重新执行（2）和（3），直至两次结果的差异小于预设的阈值。

将这种方法与地表少量气象观测数据相结合，通过强约束底层和顶层水汽，通过自适应平滑约束传递至其他体元，即可获得良好的水汽层析结果。

4.8　GNSS 水汽层析实验

4.8.1　格网划分对层析结果的影响

1. 实验设置

为了探究水平网格划分策略对层析解的影响，本小节选定香港地区（图 4.5）开展实验，选定 2013 年 5 月的 31 天为研究时段，并设计了如下的 A、B 两种方案进行对比分析。

（1）方案 A：均匀网格划分。

纬度方向（单位：°）：0.05、0.05、0.05、0.05、0.05、0.05、0.05。

经度方向（单位：°）：0.06、0.06、0.06、0.06、0.06、0.06、0.06。

（2）方案 B：不均匀网格划分。

纬度方向（单位：°）：0.07、0.05、0.04、0.03、0.04、0.05、0.07。

经度方向（单位：°）：0.08、0.07、0.05、0.04、0.04、0.05、0.07、0.08。

此外，在垂向网格划分方面，设置层析顶层边界为 8 km，垂向每 0.8 km 一层。

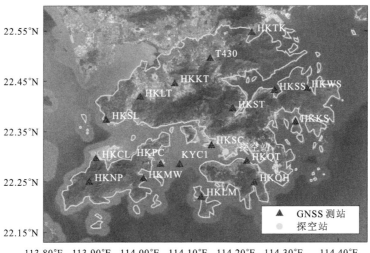

图 4.5　香港地区 GNSS 测站和探空站分布图

2. 实验结果

采用相同的水汽层析算法和不同的网格划分开展层析实验，并利用无线电探空数据对结果进行检验，统计结果见图 4.6 和表 4.1。总体而言，方案 A 和方案 B 均能得到可靠的水汽层析结果，平均 RMSE 分别为 1.80 g/m^3 和 1.48 g/m^3，方案 B 的 RMSE 在大多数时段中均小于方案 A，表明方案 B 反演的水汽结果优于方案 A，非均匀水平网格划分有利于三维水汽场的反演。

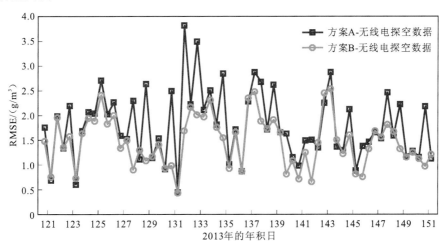

图 4.6　均匀（方案 A）和非均匀（方案 B）网格划分得到的水汽密度的 RMSE

以探空水汽密度为参考值

表 4.1　方案 A、B 的精度统计　　　　　　　　　　　（单位：g/m^3）

数据对比	RMSE	STD	MAE	Bias
无线电探空数据 vs. 方案 A	1.80	2.01	1.36	−0.06
无线电探空数据 vs. 方案 B	1.48	1.57	1.12	−0.02

4.8.2 侧面射线使用对层析结果的影响

1. 实验设置

为了探究使用侧面射线对层析结果的影响，本小节利用美国得克萨斯（Texas）地区 13 个 GNSS 测站（图 4.7）2015 年 5 月 10～31 日共 22 天的观测数据开展实验。设置了两组对比实验：实验方法 1，仅利用图 4.7 红色方框内从层析顶层穿出的射线开展实验；实验方法 2，扩大层析区域至黑色边框，利用红色区域侧面穿出的射线开展层析实验。两种实验方法得到的层析结果均通过无线电探空得到的水汽密度廓线进行检验。

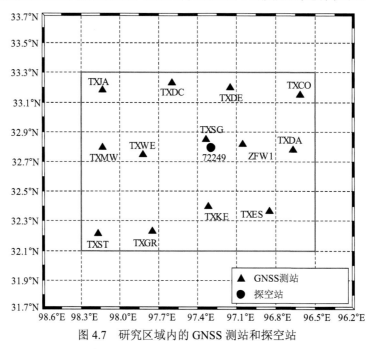

图 4.7 研究区域内的 GNSS 测站和探空站

2. 实验结果

1）射线利用率

表 4.2 列出两种方法的射线利用情况，方法 2 在射线使用数量和有射线穿过网格数方面均大于方法 1，射线使用数量提升了 18.8%，有射线穿过网格数增加了 7 个。

表 4.2　两种方法射线利用情况及有射线穿过网格数统计信息　　　　（单位：个）

方法	射线使用数量			有射线穿过网格数		
	平均值	最大值	最小值	平均值	最大值	最小值
1	676	786	655	292	307	277
2	803	905	776	299	312	284

2）水汽密度对比

图 4.8（a）展示了两种层析方法得到的水汽密度廓线与探空得到的水汽密度廓线在不

同高度的对比情况。图 4.8（b）则展示了相对于探空水汽密度，两种方法得到的水汽密度在不同高度上的 RMSE。结果显示：相对于方法 1，方法 2 得到的水汽密度廓线在不同高度上与探空水汽密度廓线具有更好的一致性；方法 2 得到的水汽密度廓线在任何高度上的精度都优于方法 1。以上结果表明，使用侧面射线可有效提升水汽层析结果的质量。

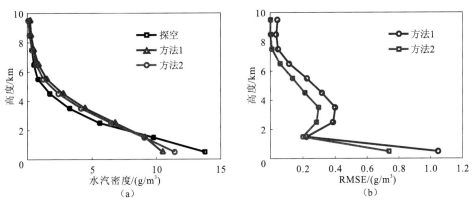

图 4.8　利用/不利用侧面射线两种方法得到的水汽密度廓线（a）及其 RMSE（b）

4.8.3　自适应平滑约束加赫尔默特方差分量估计的水汽层析实验

1. 实验设置

利用香港地区 SatRef Network 15 个 GNSS 测站的 2015 年 7 月 20～26 日共 7 天的数据开展层析实验，并利用探空数据进行检验，该时段内香港为阴雨天气，而且在 7 月 22 日经历了 2015 年的最大日降雨（约 190 mm）。层析网格划分：水平方向划分为 4×5 个网格，东西方向步长约 10 km，南北方向步长约 8 km，垂直方向划分为 13 层，每层高度为 800 m。层析网格划分及测站分布见图 4.9。层析方法为 4.7.4 小节中阐述的自适应平滑约束加赫尔默特方差分量估计方法。为了解决底层水汽反演精度低的问题，利用 GNSS 测站和探空站的气象观测数据计算了湿折射率来约束部分底层网格的结果。

2. 实验结果

图 4.10 展示了不同地表约束情况下，利用自适应平滑约束加赫尔默特方差分量估计算法（下文简称自适应算法）得到的湿折射率廓线。可以看出，在无任何气象数据约束的情况下，新算法也能得到不错的结果，这对 GNSS 水汽层析摆脱先验信息依赖，成为独立运行的水汽监测新技术具有重要意义。当引入轻度地表约束，如 GNSS 地表气象观测数据或探空的近地表观测数据约束底层湿折射率，自适应算法的精度进一步得到提升。表 4.3 统计了不同地表约束条件下层析结果的精度，可以直观地看出使用少量的地表气象约束，低对流层水汽反演精度从 13.8 mm/km 提升至 6.6 mm/km，整个对流层水汽反演精度从 10.5 mm/km 提升至 5.7 mm/km，提升幅度超过 45%。考虑到兼顾气象应用的 GNSS 观测站大多配备自动气象观测设备，这时仅需将简单的地表气象观测数据与自适应水汽层析算法结合就可以得到令人满意的三维水汽反演结果，这对 GNSS 水汽层析技术的独立运行和推广应用具有重要意义。

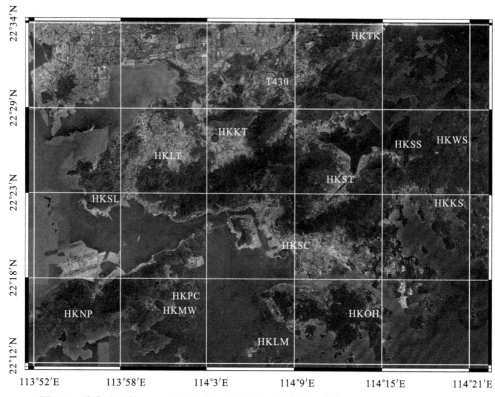

图 4.9　香港地区的 GNSS 测站（红色圆圈）、探空站（蓝色圆圈）及层析网格划分

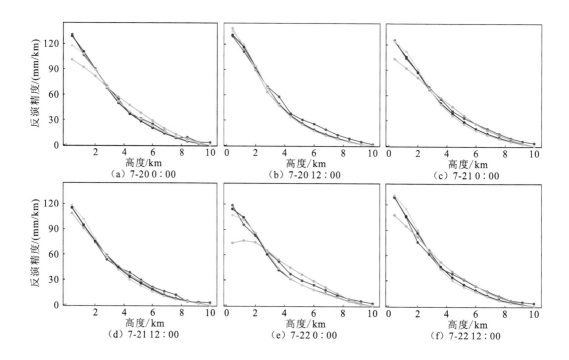

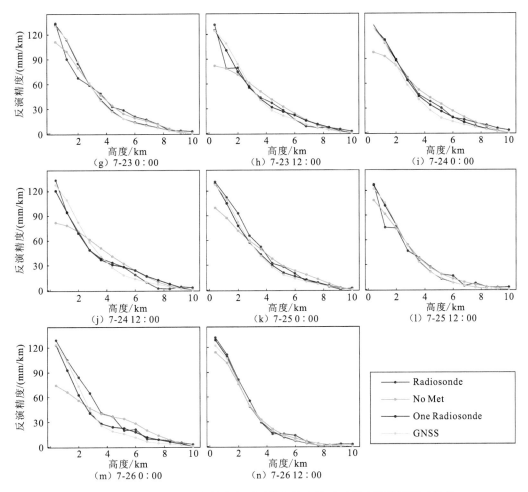

图 4.10　自适应平滑约束算法在不同地表约束情况下得到的湿折射率结果

Radiosonde 表示探空得到的湿折射率廓线，No Met 表示无地表气象数据约束，One Radiosonde 表示只用探空最下层观测数据来约束近地表的湿折射率，GNSS 表示利用 GNSS 测站气象观测数据约束近地表的湿折射率

表 4.3　不同地表气象数据约束下自适应算法在低对流层和整个对流层的精度统计（单位：mm/km）

范围	气象数据	Bias	STD	RMSE
低对流层 （<5.6 km）	无	−4.9	12.6	13.8
	探空最底层气象数据	−1.8	5.5	6.6
	GNSS 地表气象观测数据	−1.6	7.2	8.4
整个对流层	无	−2.5	10.0	10.5
	探空最底层气象数据	−1.9	4.9	5.7
	GNSS 地表气象观测数据	−2.3	5.9	6.8

第 5 章　多源水汽数据融合

5.1　概　　述

水汽是地球大气的重要组成部分，也是形成各种天气和气候现象的关键因素，精确监测水汽及其时空变化对天气预报和气候预警有着重要意义。传统的水汽监测手段包括无线电探空仪（RS）、水汽辐射计（WVR）、微波遥感等，但它们存在时空分辨率低、运行成本高、易受天气影响等缺点。近 20 年，现代对地观测技术的蓬勃发展使得水汽观测技术空前丰富，如 GNSS 和合成孔径雷达技术等，尤其是 GNSS 技术不仅具有与无线电探空同等的高精度，而且具有连续运行、时间分辨率高和不受天气影响等优点，在很大程度上弥补了传统观测手段的不足，也使水汽观测数据海量激增。此外，国际上多个机构的数值天气预报模型，如 ECMWF、NCEP 等，也可提供大气可降水量数据。对地观测数据和模型数据的空前丰富为水汽监测技术的发展提供了巨大契机，但也提出了新的挑战。不同技术得到的水汽值之间普遍存在多源异构（点状、面状和网状分布）、精度不等、分辨率不一致及严重的系统偏差等问题，这严重妨碍了多源数据的联合利用。

Li 等（2003）发现 GNSS PWV 与 RS PWV 能够很好地吻合，但与 MODIS 近红外（near infrared，NIR）算法得到的 PWV 吻合较差，主要体现在 MODIS NIR PWV 比 GNSS PWV 或 RS PWV 偏大。Prasad 和 Singh（2009）发现在印度地区，MODIS NIR PWV 与 GNSS PWV 的吻合性要优于 MODIS 红外（infrared，IR）算法得到的 PWV，并且发现 MODIS NIR 和 IR PWV 在无云条件下的估值偏大，NIR PWV 在有云条件下的估值偏小。Roman 等（2016）发现 MODIS IR PWV 可以捕获常态下的 PWV 变化，但在极端干燥或潮湿的情况下性能会衰减。Shi 等（2018）利用光度计评估了我国的 MODIS PWV 数据，发现 MODIS PWV 相对光度计 PWV 的数值偏大。综上所述，不同技术得到的观测结果之间存在不可忽视的不一致性，这大大降低了数据的可用性和研究结论的可靠性。由于 PWV 真值难以获取及不同技术共址观测的缺乏，不同技术获得的 PWV 间系统差难以评定和校准，这严重妨碍了多源数据的联合利用。多源数据融合是解决这一问题的有效途径，也是当前地球科学领域亟待发展的重要方向。探索高效普适的数据融合方法，融合多源水汽数据生成精度和分辨率统一且无系统偏差的高质量水汽数据产品，不仅可以消除不同观测技术之间的不一致性，而且可以大幅度提高数据的可用性，最终可为气象学、气候学及对地观测技术等相关研究和应用提供重要的基础方法与数据支撑。

地学数据融合方法一般可分为两类：一类是基于特定的数学或物理模型来逼近真实情形，通常通过拟合或内插实现数据融合，这类方法在本章称为传统方法；另一类是基于人工智能的方法，通常利用人工神经网络来实现数据融合。目前，学者已提出多种方法来融合多源 PWV 数据，实现了不同源数据的优势互补，生成了更高精度和分辨率的数据产品。Li（2004）基于 GNSS 数据发展了一套线性拟合方法用于校准 MODIS PWV 产品，然后利用校准后的数据结合反距离加权方法内插出 1 km×1 km 的 PWV 图像。Alshawaf 等（2015）提出了一种基于固定秩的克里金插值方法，实现了 GNSS PWV、InSAR PWV 和 WRF[①] PWV 的系统差校准和数据融合。Zhang 等（2019）提出了基于球冠谐模型和赫尔默特方差分量估计的数据融合方法，实现了 GNSS PWV、MODIS PWV 和 ECWMF ERA5 PWV 的系统差校准和数据融合。此外，人工智能方法也被用于数据融合，如广义回归神经网络（generalized regression neutral network，GRNN）、随机森林（random forest，RF）、 反向传播神经网络（back-propagation neural network，BPNN）等人工神经网络已成功应用于 PWV 数据融合（Yuan et al.，2019；Xu et al.，2018）。

本章将阐述两个非常具有代表性的水汽数据融合方法，一个是基于球冠谐模型的水汽数据融合方法，另一个是基于人工神经网络的水汽数据融合方法。通过原理阐述与实验分析，形成传统方法和人工智能方法的横向比较，从而发掘各类方法的优劣，以期为地学数据融合提供参考。

5.2 基于球冠谐模型的水汽数据融合方法

5.2.1 基本思想

基于球冠谐模型的 PWV 数据融合方法的基本思想是：①用球冠谐模型代表整个研究区域的 PWV 场，球冠谐函数是多源数据融合的载体和融合后的表现形式；②由于不同源 PWV 数据存在精度不等和系统偏差问题，融合过程需要首先校准系统偏差，然后利用方差分量估计等方法来确定不同源数据的权重和球冠谐模型的系数，最终实现以球冠谐模型代表多源数据融合后的区域 PWV 场。

5.2.2 球冠谐模型

为了解决在球冠范围内拟合地磁场的边值问题，Haines（1985）发展了基于球面坐标的拉普拉斯方程解算方法，并于 1988 年发表了适合一般场的球冠谐分析程序（Haines，1988）。此后，球冠谐分析方法常用于表达地磁场（Thébault et al.，2006；Haines and Torta，1994；De Santis，1991）、重力场（De Santis and Torta，1997；Li et al.，1995）、电离层总电子含量（Liu et al.，2011；De Franceschi et al.，1994）及海平面变化（Hwang and Chen，1997）等。一些学者也提出了改进的球冠谐分析方法，如 Hwang 和 Chen（1997）及 Thébault 等（2006）等。在本书中，球冠谐分析被用于 PWV 数据融合。

球冠谐函数展开的一般形式可以表示为

$$\text{PWV} = \sum_{k=0}^{N} \sum_{m=0}^{k} a \left(\frac{a}{r} \right)^{n_k(m)+1} \text{P}_{n_k(m)}^m (\cos\theta)[g_k^m \cos(m\lambda) + h_k^m \sin(m\lambda)] \tag{5.1}$$

式中：a 为地球半径，这里取值为 6 378 137 m；r、θ、λ 分别为地表某点在球面坐标系

---

① WRF 为气象研究与预报模式（weather research and forecasting）

下的向径、余纬和经度；$P_{n_k(m)}^m$ 为第一类边值问题的缔合勒让德函数；$n_k(m)$ 和 m 分别为球冠谐模型的阶数和次数，k 为整数，用于标识 $n_k(m)$ 的顺序。根据 Haines（1985）提出的边界条件，m 为整数，$n_k(m)$ 为实数，且 $k \geqslant m \geqslant 0$。$N$ 为球冠谐模型展开的最高阶次，g_k^m 和 h_k^m 为模型系数，表示谐波的振幅，是待定参数。由于 h_k^0 无法确定，这里忽略它们，最终会有 $(N+1)^2$ 个待定系数。在求解球冠谐模型系数之前，有三个关键问题需要解决：①坐标的转换；②$n_k(m)$ 的计算；③缔合勒让德函数的计算。

坐标转换包括椭球（大地）坐标与地心坐标的相互转换以及地心坐标与球面坐标的相互转换两个方面。假设任意一点的椭球坐标为 (B, L)，用式（5.2）将它转换为地心坐标 (φ, λ)：

$$\begin{cases} \tan \varphi = (1-e^2)\tan B \\ \lambda = L \end{cases} \tag{5.2}$$

式中：e^2 为 WGS-84 椭球的偏心率，取值为 0.006 694 380 02。用上面的方法将球冠谐的极点坐标转换为地心坐标，记为 (φ_N, λ_N)。用余纬形式表示为 $\theta = \pi/2 - \varphi$，$\theta_N = \pi/2 - \varphi_N$。然后，利用式（5.3）把地心坐标 (θ, λ) 转换到以 (φ_N, λ_N) 为极点的球冠坐标 (θ_c, λ_c)：

$$\begin{cases} \cos \theta_c = \cos \theta_N \cos \theta + \sin \theta_N \sin \theta \cos(\lambda_N - \lambda) \\ \sin \lambda_c = \dfrac{\sin \theta \sin(\lambda - \lambda_N)}{\sin \theta_c} \\ \cos \lambda_c = \dfrac{\sin \theta_N \cos \theta - \cos \theta_N \sin \theta \cos(\lambda - \lambda_N)}{\sin \theta_c} \end{cases} \tag{5.3}$$

θ_c 可以用方程组（5.3）中的第一个方程简单确定，但 λ_c 的确定必须同时满足方程组的后两个方程。

勒让德函数可以用超几何方程表示，定义（Hwang，1991）如下：

$$F(a, b; c; z) = \sum_{k=0}^{\infty} \frac{(a)_k (b)_k}{k!(c)_k} z_k, \quad |z| < 1 \tag{5.4}$$

式中：$(a)_k$、$(b)_k$ 和 $(c)_k$ 为阶乘计算，定义如下：

$$(a)_0 = 1, \quad (a)_n = a(a+1)\cdots(a+n-1), \quad n = 1, 2, \cdots \tag{5.5}$$

使用 Hwang 和 Chen（1997）的简化公式来计算 $n_k(m)$ 的值：

$$F(l, m, t_0) = 0 \tag{5.6}$$

$$lt_0 F(l, m, t_0) - (l-m)F(l-1, m, t_0) = 0 \tag{5.7}$$

式中：$F(l, m, t) = F\left(m-l, m+l+1; m+1; \dfrac{1-t}{2}\right)$，$t_0 = \cos \theta_0$，$\theta_0$ 为球冠半角，l 代表 $n_k(m)$。

为了求解 $n_k(m)$，可以用缪勒（Mueller）方法来搜索式（5.6）和式（5.7）的根。由于式（5.6）和式（5.7）不能同时成立，按照 Haines（1985）的方法，当 $k-m$ 为奇数时，令式（5.6）成立，采用它的根；当 $k-m$ 为偶数时，令式（5.7）成立，采用它的根。当 $n_k(m)$ 都确定后，就可以用它们来确定缔合勒让德函数的值。

Haines（1985）给出了计算缔合勒让德函数 $P_{n_k(m)}^m(\cos \theta)(-1 < \cos \theta \leqslant 1)$ 的方法，具体如下：

$$P_l^m(\cos \theta) = \sum_{k=0}^{\infty} A_k(m, l)\left(\frac{1-\cos \theta}{2}\right)^k \tag{5.8}$$

其中

$$A_0(m,l) = K_l^m \sin^m \theta \tag{5.9}$$

对于 $k>0$，有

$$A_k(m,l) = \frac{(k+m-1)(k+m)-l(l+1)}{k(k+m)} A_{k-1}(m,l) \tag{5.10}$$

K_l^m 是正则化因子，它的值取决于所用的正则化类型，本书使用施密特（Schmidt）正则化。当 $m=0$ 时，正则化因子为

$$K_l^m = 1 \tag{5.11}$$

当 $m \neq 0$ 时，则有

$$K_l^m = \frac{2^{1/2}}{2^m m!} \left[\frac{(l+m)!}{(l-m)!} \right]^{1/2} \tag{5.12}$$

利用式（5.8）～式（5.12），以递归的方式计算出缔合勒让德函数的值。

以上仅提供了计算 $n_k(m)$ 和缔合勒让德函数的核心公式，其推导过程及相关假设没有给出，有兴趣的读者可以参考 Hwang 和 Chen（1997）了解 $n_k(m)$ 的推算过程，参考 Haines（1985）了解缔合勒让德函数的推算过程。

当有足够多的 PWV 数据及它们的椭球坐标时，首先，将椭球坐标转换为球冠坐标，球冠的极点往往选择在研究区域的中心；然后，计算 $n_k(m)$ 和勒让德函数；最后，将球冠坐标、勒让德函数和 PWV 观测值代入式（5.1），构建以 g_k^m 和 h_k^m 为未知数的线性方程组，利用恰当的反演算法即可求得未知数的值。

5.2.3　赫尔默特方差分量估计

数据融合涉及不同来源的数据，它们的精度并不一致，那么它们在数据融合中的权重也应不同。由于数据的先验精度信息往往未知，需要用到后验方法来确定数据的权比关系（Koch and Kusche，2002）。方差分量估计技术不仅可以估计不同观测值的方差，还是一种正则化手段（Xu et al.，2006），因而在地学反演中得到了广泛应用。本小节采用赫尔默特方差分量估计法来确定不同观测值的权，并给出有三类观测值时赫尔默特方差分量估计的计算公式和过程，更多关于方差分量估计的信息可参考 Grafarend（1984）、Xu 等（2009）、Zhang 等（2017a）等。

假设三类观测值的观测向量分别为 $\boldsymbol{L}_1$、$\boldsymbol{L}_2$ 和 $\boldsymbol{L}_3$，并且它们已经表达成待定参数 $\boldsymbol{X}$ 的线性函数，表示为

$$\begin{cases} \boldsymbol{L}_1 = \boldsymbol{B}_1 X \\ \boldsymbol{L}_2 = \boldsymbol{B}_2 X \\ \boldsymbol{L}_3 = \boldsymbol{B}_3 X \end{cases} \tag{5.13}$$

式中：$\boldsymbol{B}_1$、$\boldsymbol{B}_2$ 和 $\boldsymbol{B}_3$ 为对应的设计矩阵。假设观测值的先验精度信息未知，并且同类观测值的精度相同，即同类观测值内部等权，那么可以指定 $\boldsymbol{L}_1$、$\boldsymbol{L}_2$ 和 $\boldsymbol{L}_3$ 的权重为 λ_1、λ_2 和 λ_3。此时，未知数的解为

$$X = (\lambda_1 B_1^T B_1 + \lambda_2 B_2^T B_2 + \lambda_3 B_3^T B_3)^{-1} (\lambda_1 B_1^T L_1 + \lambda_2 B_2^T L_2 + \lambda_3 B_3^T L_3) \qquad (5.14)$$

利用赫尔默特方差分量估计法确定 X 及 λ_1、λ_2 和 λ_3 的过程如下。

（1）令 λ_1、λ_2、λ_3 的初值都为 1，利用式（5.14）求得 X，利用式（5.15）计算观测值残差 V_i：

$$V_i = B_i X - L_i \qquad (5.15)$$

（2）令

$$W = [\lambda_1 V_1^T V_1 \quad \lambda_2 V_2^T V_2 \quad \lambda_3 V_3^T V_3]^T \qquad (5.16)$$

$$\hat{\theta} = [\hat{\sigma}_{01}^2 \quad \hat{\sigma}_{02}^2 \quad \hat{\sigma}_{03}^2]^T \qquad (5.17)$$

式中：$\hat{\sigma}_{01}^2$、$\hat{\sigma}_{02}^2$ 和 $\hat{\sigma}_{03}^2$ 分别为 L_1、L_2 和 L_3 的单位权中误差。

用式（5.18）和式（5.19）估计 $\hat{\theta}$：

$$S\hat{\theta} = W \qquad (5.18)$$

$$S = \begin{bmatrix} n_1 - 2\text{tr}(N^{-1}N_1) + \text{tr}((N^{-1}N_1)^2) & \text{tr}(N^{-1}N_1 N^{-1}N_2) & \text{tr}(N^{-1}N_1 N^{-1}N_3) \\ \text{tr}(N^{-1}N_2 N^{-1}N_1) & n_2 - 2\text{tr}(N^{-1}N_2) + \text{tr}((N^{-1}N_2)^2) & \text{tr}(N^{-1}N_2 N^{-1}N_3) \\ \text{tr}(N^{-1}N_3 N^{-1}N_1) & \text{tr}(N^{-1}N_3 N^{-1}N_2) & n_3 - 2\text{tr}(N^{-1}N_3) + \text{tr}((N^{-1}N_3)^2) \end{bmatrix}$$

$$(5.19)$$

式中：tr 为迹运算符号；$N = N_1 + N_2 + N_3$，$N_1 = \lambda_1 B_1^T B_1$，$N_2 = \lambda_2 B_2^T B_2$，$N_3 = \lambda_3 B_3^T B_3$。

（3）如果 $0.99 < \dfrac{\hat{\sigma}_{01}^2}{\hat{\sigma}_{0i}^2} < 1.01 \ (i = 2,3)$，计算终止，此时的 X 即为终值；否则，利用式（5.20）调整权比关系。由于只需要确定相对权比关系，将 L_1 的权设为 1，调整 L_2 和 L_3 的权。

$$\lambda_i = \frac{\hat{\sigma}_{01}^2}{\hat{\sigma}_{0i}^2} \lambda_i, \quad i = 2,3 \qquad (5.20)$$

利用更新后的 λ_2 和 λ_3 重新代入步骤（1），重复上述过程，直至不同类观测值的单位权中误差估值趋于一致。

赫尔默特方差分量估计迭代进行，是以不同观测分量的单位权重误差估值趋于一致为迭代终止准则，在每次迭代中同时估计解和方差分量，并据此调节权比关系，形成权值-解的动态调节机制。

5.3 基于人工神经网络的水汽数据融合方法

5.3.1 基本思想

基于人工神经网络的水汽融合方法的基本思想是：利用人工神经网络构建高精度 PWV 数据与低精度 PWV 数据之间复杂的非线性回归关系，基于构建的回归关系实现高精度数据对低精度数据的校准与优化。通过上述思想可以看出，该方法的特点是"一对一"的，需要共址同步观测的高精度数据与低精度数据形成数据对。要实现多源数据的融合，就需要用同一组高精度数据去分别校准和优化其他低精度数据，因此也就需要训练多个神经网络。当不同源的数据都校准和优化到接近高精度数据的精度水平时，就可以将其直接融合在一起。下面以广义回归神经网络模型为例来说明多源 PWV 数据的融合过程。

5.3.2　广义回归神经网络

广义回归神经网络（GRNN）是建立在数理统计基础上的径向基函数网络模型，其理论基础是非线性回归分析。GRNN 具有很强的非线性映射能力和学习速度，比径向基函数更有优势，样本数据少时的预测效果尤佳。GRNN 是一个前向传播的网络，不需要反向传播求模型参数，具有全局收敛速度快的优点。

GRNN 是一个 4 层结构，分别为输入层、模式层、求和层和输出层。

1. 输入层

输入层神经元的数量等于学习样本中输入向量的维数，各神经元是简单的分布单元，直接将输入变量传递给模式层。

2. 模式层

模式层神经元的数量等于学习样本的数量 n，各神经元对应不同的样本，模式层神经元传递函数为

$$P_i = \exp\left\{-\frac{(\boldsymbol{X} - \boldsymbol{X}_i)^{\mathrm{T}}(\boldsymbol{X} - \boldsymbol{X}_i)}{2\sigma^2}\right\}, \quad i = 1, 2, \cdots, n \tag{5.21}$$

式中：P_i 为模式层中神经元 i 的输出，等于输入变量与其对应的样本 $\boldsymbol{X}$ 之间欧氏距离平方的指数形式；$\boldsymbol{X}$ 为网络输入变量；$\boldsymbol{X}_i$ 为第 i 个神经元对应的学习样本；σ 为模型的超参数，需要提前设定，也可以通过寻优算法确定。

3. 求和层

求和层中使用两种类型神经元进行求和，其中一类的计算如下：

$$\sum_{i=1}^{n} \exp\left\{-\frac{(\boldsymbol{X} - \boldsymbol{X}_i)^{\mathrm{T}}(\boldsymbol{X} - \boldsymbol{X}_i)}{2\sigma^2}\right\}$$

它对所有模式层神经元的输出进行算术求和，其模式层与各神经元的连接权值为 1，传递函数为

$$S_D = \sum_{i=1}^{n} P_i \tag{5.22}$$

另一类计算如下：

$$\sum_{i=1}^{n} Y_i \exp\left\{-\frac{(\boldsymbol{X} - \boldsymbol{X}_i)^{\mathrm{T}}(\boldsymbol{X} - \boldsymbol{X}_i)}{2\sigma^2}\right\}$$

它对所有模式层的神经元进行加权求和，模式层中第 i 个神经元与求和层中第 j 个分子求和，神经元之间的连接权值为第 i 个输出样本 Y_i 中的第 j 个元素，传递函数为

$$S_{Nj} = \sum_{i=1}^{n} y_{ij} P_i, \quad j = 1, 2, \cdots, k \tag{5.23}$$

4. 输出层

输出层中的神经元数量等于学习样本中输出向量的维数 k，各神经元将求和层的输出相除，神经元 j 的输出对应估计结果 $\hat{Y}(\boldsymbol{X})$ 的第 j 个元素，即

$$y_j = \frac{S_{Nj}}{S_D}, \quad j = 1, 2, \cdots, k \qquad (5.24)$$

GRNN 模型的优点是没有模型参数需要训练，因此收敛速度快，此外，GRNN 以径向基函数为基础，具有良好的非线性逼近性能。GRNN 的缺点是计算复杂度高，所有测试样本要与全部的训练样本一起进行计算；其次，空间复杂度高，因为没有模型参数，对于每一个测试样本，所有训练样本都要参与计算，所以需要存储全部的训练样本。

5.3.3 基于广义回归神经网络的水汽数据融合

1. 数据预处理

（1）数据配准：将高分辨率数据内插到低分辨率数据的采样时刻和采样点，实现高精度 PWV 与低精度 PWV 的配对。内插方法的选择对结果有着重要影响，因此，需要测试不同方法，找到最优的内插方法，比较有代表性的方法有球冠谐函数、克里金插值等。

（2）精度评定：经过（1）的内插后，以高精度 PWV 为参考，计算低精度 PWV 的 Bias、STD、RMSE 及两种 PWV 的相关系数 R，并以它们作为评定 PWV 精度的指标。

（3）样本筛选：根据（2）中得到的 R、Bias、STD 和 RMSE，设定质量控制准则，筛选出质量较高的 PWV 数据对，用于下一步人工神经网络模型的训练和检验。

2. GRNN 网络结构设计

本小节输入层样本集维度设为 5，分别是经度、纬度、高程、时间和 MODIS（ERA5）PWV，记作 $x_1, x_2, \cdots, x_5$。输出层的数据集维度为 1，即优化后的 PWV。假设有 m 个样本，第 i 个输入样本记作 $\boldsymbol{X}^i = [x_1^i \quad x_2^i \quad \cdots \quad x_5^i]$，对应的第 i 个输出集记作 $\boldsymbol{Y}^i = [y^i]$。设样本集中第 i 个训练样本记作 $\mathrm{tr}x_i$，第 j 个测试样本记作 $\mathrm{te}x_j$，模式层计算每一个测试样本与全部训练样本的高斯函数取值，可用式（5.21）计算。模式层中的 σ 为模型的唯一待定参数，将通过后面的寻优算法确定。求和层的节点个数等于输出层数据集的维度加 1，这里等于 2。求和层的输出分两部分，一个节点为模式层输出的算术和，另外一个节点为模式层输出与预期结果的加权和，可用式（5.22）和式（5.23）求得。输出层利用求和层的输出计算输出值，可用式（5.24）计算。

适用于 PWV 融合的 GRNN 模型结构见图 5.1，其中输入层的 PWV 为 MODIS（ERA5）PWV，输出层的 PWV 则是优化后的 PWV。

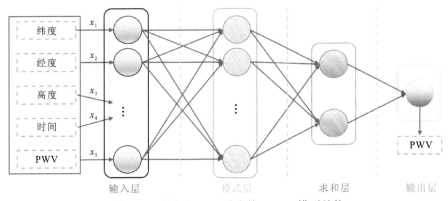

输入层   模式层   求和层   输出层

图 5.1 适用于 PWV 融合的 GRNN 模型结构

利用高质量的样本数据来训练图 5.1 的 GRNN 模型，其中 ERA5（MODIS）PWV 及对应时间和空间信息作为输入数据，目标数据是对应位置的 GNSS PWV，经过训练使优化后的 PWV 在全局上与 GNSS PWV 整体差异最小。通过在输入数据中附加 ERA5（MODIS）PWV，在目标数据中设置 GNSS PWV，等于潜在增加了一个数据校准过程，巧妙解决了系统偏差的校准问题，实现了无偏的数据融合。

在确定模型训练是否达到最优时，除考察内符合（拟合）精度外，还将采用十倍交叉验证法来检验模型的外符合精度及是否存在过拟合问题。模型训练达到最优且无过拟合情况的标志是：具有最高的内外符合精度且内外符合精度相当。参数 σ 的值采用后验 RMSE 最小的方式确定，通常，σ 的取值在 0.01～1（Del Rosario Martinez-Blanco et al.，2016），因此，对 σ 在 0.01～1 或更大范围内按照一定步长（如 0.01）采样，然后利用交叉验证法获取不同 σ 对应的检验结果，以验后 RMSE 最小的 σ 为最优超参数。

值得注意的是，由于 ERA5 和 MODIS PWV 相对于 GNSS 存在不同的系统偏差（Zhang et al.，2019），分别针对 ERA5 和 MODIS PWV 训练 GRNN 模型，最终得到两个 GRNN 模型，这样方能取得最优结果。两个 GRNN 模型都是以 GNSS 数据为参考值，因此，理论上输出数据不存在系统偏差且精度相近，由此可实现 ERA5、MODIS 和 GNSS PWV 数据的有效融合。

5.4 PWV 数据融合实验

5.4.1 实验区域和数据

在 30°N～50°N 和 126°W～102°W 的区域内开展实验，该区域内有 178 个可用的连续运行 GNSS 测站和丰富的 MODIS 数据，这为开展实验提供了便利。此外，实验区域海拔在 0～4 000 m，海拔起伏较大，同时又濒临太平洋，致使这里的水汽变化较为剧烈，这又给数据融合提出了挑战。综上所述，该实验区域既有便利又有挑战，是一个较为理想的研究区域，可以很好地检验本章所提的方法。图 5.2 展示的是 GNSS 测站的分布和实验区域地形。

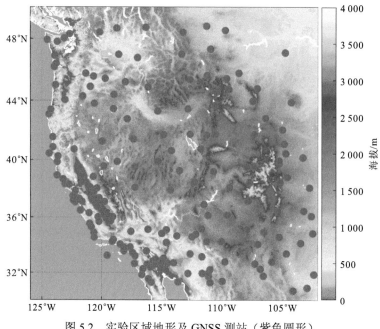

图 5.2 实验区域地形及 GNSS 测站（紫色圆形）

白色实线表示海岸线

实验涉及三类 PWV 数据，即 GNSS PWV 数据、MODIS PWV 数据和 ERA5 PWV 数据，下面分别进行简要介绍。

1. GNSS PWV

SuomiNet Network 是美国的一个用于实时大气遥感的 GNSS 网络（Ware et al.，2000），它的测站都配备了测量级的双频 GNSS 接收机和天线，并且大部分测站都配备了地表气象观测设备，这为精确获取对流层延迟参数（ZHD、ZWD）和 PWV 提供了必要的地表气象观测数据。

GNSS 数据被切割成小时数据，进而利用 Bernese 软件进行处理。为了估计 PWV，测站坐标不再估计，用单天解固定，卫星位置由 IGS 超快速预报星历给出，估算 PWV 参数的时间间隔为 30 min。更多关于 GNSS 数据处理的技术细节可参考 https://www.unidata.ucar.edu/data/suominet/。为了统一不同数据的高程系统，本实验均采用正高，并利用 EGM2008 的大地水准面差距实现 GNSS 椭球高向正高的转换。

2. MODIS PWV

MODIS 提供了 PWV 数据产品，包括高精度的近红外 PWV 产品和次高精度的红外 PWV 产品。在白天，近红外传感器可以获取全球无云陆地上的 PWV 及有云情况下云层上方的 PWV（Gao，2015；Gao and Kaufman，1998）。红外传感器则可以获取白天和晚上任意天气条件下的 PWV。近红外和红外 PWV 产品的分辨率分别为 1 km 和 5 km，近红外 PWV 的精度要优于红外 PWV（Roman et al.，2016；Prasad and Singh，2009）。

本节利用 MOD05_L2 的近红外 PWV 产品开展实验，并获取了 2018 年研究区域内所有的 MODIS 近红外 PWV 数据，这些数据在时间上主要分布在 16:00～21:00 UTC。1 km

分辨率的 PWV 数据被重采样为 5 km，以此来减小 MODIS PWV 与 GNSS PWV 及 ERA5 PWV 的数量差异，因为观测数量差异过大会影响数据融合效果，这将在后面讨论。由于 MODIS PWV 易受云雨影响而且自身质量较差，需要执行必要的质量控制措施。首先，与 MODIS PWV 一起提供的质量控制信息被用于筛选出无云晴朗天气下的 PWV（Hubanks，2017）；然后，移除负的 PWV 及异常大的 PWV，将前 0.1%大的数据当作异常大数据，这个简单步骤能够有效抑制异常值。经过上述步骤筛选出的 PWV 将用于后续的数据融合。MODIS PWV 的高程信息由 USGS/NASA SRTM DEM（version 4.1）（Jarvis et al.，2008；Reuter et al.，2007）内插得到。

3. ERA5 PWV

ERA5 是 ECMWF 的第五代也是最新的全球气候再分析资料（ECMWF，2017），与此前的 ERA-Interim 产品（Dee et al.，2011）相比，空间分辨率从约 80 km 提升至约 31 km，时间分辨率从 6 h 提高到 1 h。目前，自 1979 年开始的 ERA5 再分析资料也可以从 ECMWF 官网免费下载。ERA5 PWV 的高程也由 USGS/NASA SRTM DEM（version 4.1）内插得到。本次实验所用 PWV 数据的基本信息见表 5.1。

表 5.1 三类 PWV 数据的基本信息

水汽数据	时间分辨率	空间分辨率
GNSS PWV	30 h	平均站间距 135 km
MODIS NIR PWV	每天 16:00～21:00	重采样至 5 km
ERA5 PWV	1 h	31 km

5.4.2 基于球冠谐模型的数据融合实验

1. 仿真验证

1）实验基本设置

PWV 观测值总是存在或多或少的误差，因此无法获得真值。为了检验方法的正确性和有效性，非常有必要开展仿真实验，这也是检验反演算法有效性不可或缺的一步。利用 ERA5 在 2018 年第 209 天 18:00 UTC 的 PWV 数据来拟合球冠谐模型，然后用这个模型生成仿真数据。为了避免边缘效应，将实验区域的边界往外扩展 2°，最后在实验区域的陆地上得到了 7 450 个 PWV 观测值。球冠的极点设在（40.125°N，114.125°W），球冠半角为 20°，计算出的 $n_k(m)(0 \leqslant k \leqslant 12)$ 的值如表 5.2 所示。

表 5.2 球冠半角 $\theta_0 = 20°$ 时 $n_k(m)$ 的值

k	0	1	2	3	4	5	6	7	8	9	10	11	12
0	0												
1	6.38	4.84											
2	10.49	10.49	8.36										

k	0	1	2	3	4	5	6	7	8	9	10	11	12
3	15.31	14.79	14.26	11.69									
4	19.60	19.60	18.75	17.86	14.93								
5	24.29	23.97	23.64	22.53	21.36	18.13							
6	28.65	28.65	28.09	27.52	26.20	24.79	21.29						
7	33.28	33.04	32.81	32.05	31.28	29.78	28.18	23.73					
8	37.67	37.67	37.25	36.83	35.91	34.97	33.30	31.52	27.55				
9	42.27	42.09	41.90	41.32	40.74	39.68	38.58	36.78	34.83	30.65			
10	46.69	46.69	46.35	46.01	45.30	44.57	43.38	42.15	40.21	38.11	33.74		
11	51.27	51.12	50.96	50.49	50.02	49.19	48.33	47.03	45.68	43.61	41.37	36.82	
12	55.70	55.70	55.41	55.13	54.54	53.95	53.01	52.05	50.64	49.17	46.98	44.62	39.89

理论上球冠谐模型的阶数和次数越高，模型的精度和分辨率越好，但是由于观测数据本身的分布及密度有限，过高的阶次会导致方程秩亏，在设置球冠谐模型的阶次时需要平衡精度与方程稳定性间的矛盾。为了找出最佳的阶数（次数与阶数相同），使 k 从 0 开始不断增大，用不同阶次的球冠谐模型来拟合 PWV 数据，统计拟合残差的 RMSE，以 RMSE 最小时的阶数为模型最佳阶数，图 5.3 所示为 RMSE 随球冠谐模型阶次的变化。由图可以看出，RMSE 在 k 小于 9 时，随着 k 的增大而减小，在 k 大于 9 时，随着 k 的增大而增大，这说明针对当前的 PWV 数据，球冠谐模型截断在 $k=9$ 时为最优，当 k 大于 9 时，方程已经开始不稳定。因此，在后续的实验中，球冠谐模型的阶次截断在 9，这样球冠谐模型有 100 个系数。将该球冠谐模型视为参考模型，并用它在 7 450 个点上计算 PWV 作为真值。

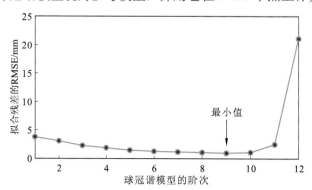

图 5.3 拟合残差的 RMSE 随球冠谐模型阶次的变化

2）理想情况下的仿真实验

首先在理想情况下进行一个仿真实验，这里的理想情况是指不同类观测值数量一致。首先，将 PWV 真值随机地分为 3 组，分别为 G1、G2 和 G3，每组含有 2 483 个观测值；然后，将虚拟标准差为 5 mm、10 mm 和 15 mm 的白噪声分别附加给 G1、G2 和 G3 的观测值。如此，得到三组具有不同精度的虚拟观测值，然后用这些观测值去求解球冠谐模型的系数，球冠谐模型的设置与参考模型相同。

这里假定三种应用场景：①三组观测值的先验精度信息未知，视它们为等权；②三组观测值的先验精度信息已知，按照先验精度定权；③三组观测值的先验信息未知，采用后验方法定权。

以上三种场景在现实数据处理中普遍存在，对应地分别采用最小二乘（LS）法、加权最小二乘（weighted least square，WLS）法和赫尔默特方差分量估计（HVCE）进行求解。当 HVCE 方法准确确定权值时，HVCE 方法将与 WLS 方法等价，二者的不同之处主要在于权值的获取方式，即后验与先验的差别。

虚拟噪声 300 次，每次都将噪声附加给真值，然后利用上述三种方法求解球冠谐模型的系数，这样将得到 300 组球冠谐模型的解。将 300 次解的均值视为最终结果，并利用最终结果计算 PWV。图 5.4 显示的是 PWV 的真值、估值及它们的差值。可以看出 PWV 估值与 PWV 真值非常相近，无论哪种方法计算的 PWV 与真值的差值的平均绝对误差（MAE）都小于 0.6 mm，这表明三种方法都能很好地反演 PWV 场。图 5.5 为三种方法拟合残差 RMSE 的分布直方图，可以看到不同方法的 RMSE 分布都类似正态分布。表 5.3 展示了基于 300 次仿真实验得到的拟合残差 RMSE 及权比关系的统计结果。由该表可以看出，WLS 和 HVCE 方法的平均 RMSE 相同（0.9 mm），并且都小于 LS 方法的 RMSE（1.2 mm），表明恰当地考虑观测值的权值能够得到更好的解。

由于 WLS 方法事先已准确知道观测值的精度信息，它取得最优结果也在预期之中。在本实验中，WLS 和 HVCE 方法具有近乎相同的 RMSE 和权比关系，表明在观测值总数足够多且各类观测值的数量相当时，HVCE 方法能够取得与 WLS 方法相同的效果。

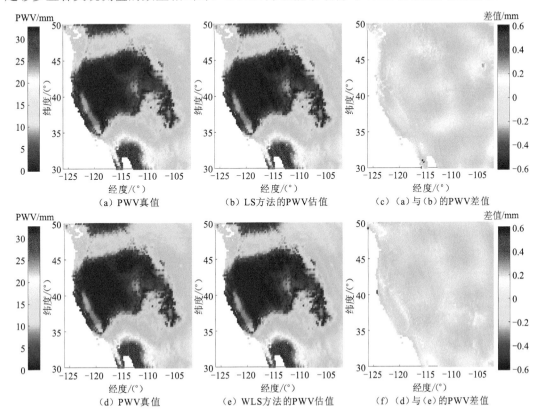

（a）PWV真值　　　　　　（b）LS方法的PWV估值　　　　　　（c）（a）与（b）的PWV差值

（d）PWV真值　　　　　　（e）WLS方法的PWV估值　　　　　　（f）（d）与（e）的PWV差值

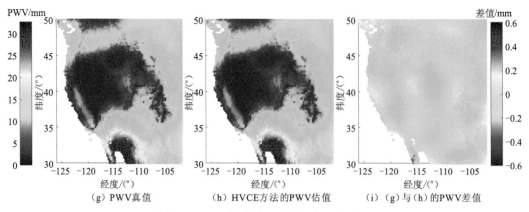

（g）PWV真值　　　　　（h）HVCE方法的PWV估值　　　　（i）（g）与（h）的PWV差值

图 5.4　PWV 的真值和估值及它们的差值

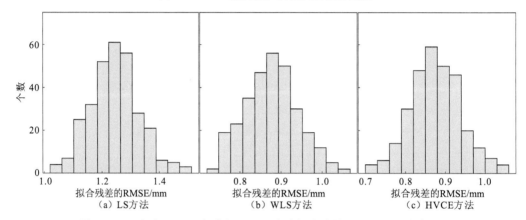

（a）LS方法　　　　　　　（b）WLS方法　　　　　　　（c）HVCE方法

图 5.5　LS 方法、WLS 方法和 HVCE 方法拟合残差 RMSE 的分布直方图

表 5.3　三种方法基于 300 次仿真实验得到的拟合残差的 RMSE 及权比关系　　　（单位：mm）

方法	RMSE			权比关系
	平均值	最小值	最大值	G1：G2：G3
LS	1.2	1.0	1.5	1：1：1
WLS	0.9	0.7	1.1	4：1：0.44
HVCE	0.9	0.7	1.1	4：1：0.45

3）模拟实际情况的仿真实验

在本仿真实验中观测值依然被分为三组（G1、G2 和 G3），G1 具有 150 个观测值，观测值的中误差为 ±5 mm；G2 具有 1 500 个观测值，观测值的中误差为 ±10 mm；G3 具有 5 800 个观测值，观测值的中误差为 ±15 mm。此外，G3 的观测值在图 5.6 的方框范围内具有 -5 mm 的系统偏差。与之前的仿真实验相比，本仿真实验的不同之处在于三组观测值的数量差异较大，并且部分观测值存在局部系统偏差。之所以设置本仿真实验，主要是因为这样的情形与实际情况非常相似，可以有效检验新方法在实际应用中的效果。

由于不同类观测值的数量差距很大，HVCE 方法和 WLS 方法受观测值数量影响很大，HVCE 方法难以合理地确定各类观测值的权值，WLS 方法的权比关系虽然正确但最终结果更多地由大数量观测值确定而非高精度数据决定，这是上述方法的局限性。在本次仿真实验中，理论上任何一组观测值都足以确定最终的解（因为三类观测值的数量都大于未知数的个数），因此更希望最终的结果由精度较高的观测值决定而非数量最多的观测值决定。为了实现这一目标，人为地给 G1 观测值施加强约束（即设置足够大权值，如本实验采用 50），然后利用 HVCE 方法自适应地确定 G2 和 G3 的权比关系。如此设置实际上是把最高精度的 G1 观测值当作了参考值，以此来削弱低精度观测值的影响。按照上述设置，进行 300 次仿真实验，并统计获得的解和权比关系。表 5.4 显示了拟合残差的 RMSE 及估计的权比关系。G2 和 G3 的平均权比关系为 1∶0.45，与实际的权比关系（即 $1/10^2∶1/15^2=1∶0.44$）非常接近。以上结果表明，G2 和 G3 的权比关系已经被正确确定。但也可以看出 HVCE 方法得到残差的 RMSE 比 WLS 方法的大，这可能与 HVCE 方法破坏了 G1 与 G2、G3 的权比关系有关。

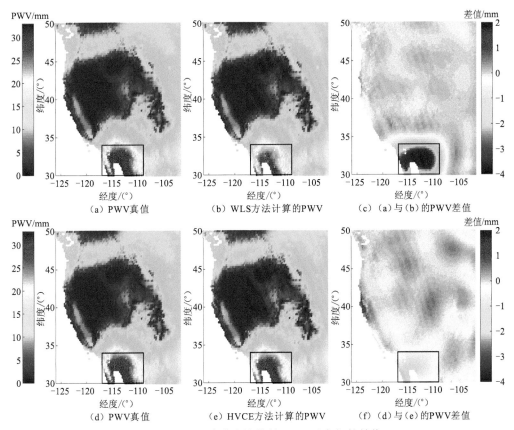

图 5.6　PWV 真值和计算的 PWV 及它们的差值

黑色方框区域具有-5 mm 的系统偏差

表 5.4　基于 300 次仿真实验的拟合残差的 RMSE 及权比关系　　　（单位：mm）

方法	RMSE			权比关系
	均值	最小值	最大值	G1∶G2∶G3
WLS	1.6	1.3	1.9	4∶1∶0.44
HVCE	2.3	1.8	2.7	50∶1∶0.45

用 300 次实验的平均解来计算 PWV 并与真值进行比较，结果如图 5.6 所示。总体而言，WLS 方法和 HVCE 方法在小方框外的结果较为一致，并且都与 PWV 真值吻合得较好。但在小方框内，两个方法得到的结果显然不同［图 5.6（c）和（f）］。在方框内，WLS 方法得到的 PWV 明显比 PWV 真值小，偏差约为 4 mm，表明 WLS 方法不能抑制局部系统偏差。不同的是，HVCE 方法在方框内与真值吻合得较好，明显优于 WLS 方法的结果。鉴于 WLS 方法和 HVCE 方法的 G2 和 G3 具有近似的权比关系，唯一的不同在于 G1 的权值，因此可以认为给 G1 观测值施加的强约束在抑制局部系统偏差中起到了重要作用。

通过本次仿真实验可以看出，通过提高高精度观测值的权重，降低低精度观测值的权重，HVCE 方法的表现优于 WLS 方法，尤其在抑制系统偏差方面，这为后面真实实验提供了很好的参考。

2. 真实实验

对 5.4.1 小节中的 GNSS PWV、MODIS PWV 和 ERA5 PWV 数据进行融合，不同数据间的获取时间差在 30 min 以内的认为是同时刻的观测值，同时刻的观测值将被融合为一张 PWV 图像。在融合之前，需要进行系统差校准，这也是所有数据融合必须执行的一步。由于 GNSS PWV 的精度高达 1~2 mm 并且常被当作参考值来校准其他 PWV 数据（Chang et al.，2015；Prasad and Singh，2009；Chen et al.，2008；Li et al.，2004），GNSS PWV 在本小节被当作参考值并用于校准 MODIS PWV 和 ERA5 PWV。校准过程按照如下步骤进行，这里以 MODIS 数据为例，但同样适用于 ERA5 数据。

（1）用 MODIS PWV 拟合一个 4 阶的球冠谐模型，选择 4 阶是因为 MODIS 数据覆盖范围有限，无法确保任何时候都能拟合更高阶次的球冠谐模型。此外，这里只需要得到一个全局的系统偏差，故无需过高阶次的球冠谐模型。

（2）使用拟合的球冠谐模型计算 GNSS 测站位置处的 PWV，并与 GNSS PWV 求差。

（3）对 PWV 差值取平均，将均值视为系统偏差。

（4）利用得到的系统偏差去校准 MODIS PWV，同一时刻观测值共用一个系统偏差，因此该方法只校准了全局偏差。

接着，用 GNSS PWV 和校准后的 MODIS PWV 及 ERA5 PWV 来拟合 8 阶的球冠谐模型，这里选用 8 阶而不是仿真实验中的 9 阶是因为在批量融合时 9 阶模型不能保证所有时刻都适用，而 8 阶则可以。采用与仿真实验相同的方法，融合实验区域内 2018 年的 GNSS PWV、MODIS PWV 和 ERA5 PWV，排除数据缺失时段后，最后得到了 344 张融合 PWV 图像。

然后，用十倍交叉验证法对原始的 MODIS PWV、ERA5 PWV 进行检验，将 GNSS PWV 减去 MODIS（ERA5）PWV 的差值的平均值当作系统偏差，同时也计算差值的 STD 和 RMSE，统计结果如表 5.5 所示。结果表明，ERA5 PWV 具有较小的平均偏差（0.1 mm）和 RMSE（1.9 mm），MODIS PWV 具有较大的平均偏差（−2.1 mm）和 RMSE（3.5 mm）。融合 PWV 的平均偏差、STD 和 RMSE 分别为 0.2 mm、1.9 mm 和 2.0 mm，精度显著优于 MODIS PWV。从上面的结果也可以看出，MODIS PWV 存在显著的系统偏差，MODIS PWV

倾向于比 GNSS PWV 大；ERA-5 PWV 不存在明显的系统偏差，且具有较高的精度。表 5.5 中的 STD 可以反映各类数据系统差校准后的精度情况，可以看出融合 PWV 的 STD 比 MODIS PWV 的 STD 小 0.9 mm，表明数据融合改善了 MODIS PWV 的精度，证明了融合方法的有效性。总体而言，当以 RMSE 来表征 PWV 的总体精度时，精度提升主要来源于系统偏差改正（削弱了系统误差），其次来源于数据融合（削弱了随机误差）。因此，对不同源的 PWV 数据进行融合时，系统差改正是非常关键的一步，应该首先进行系统差改正，然后进行数据融合，由此才能最大限度地提高融合数据的精度。

表 5.5　利用 GNSS PWV 对 MODIS PWV、ERA5 PWV 和融合 PWV 的统计结果　（单位：mm）

项目	平均偏差	平均 STD	平均 RMSE	观测值数量	权比
MODIS PWV	−2.1	2.8	3.5	平均约 40 600	1
ERA5 PWV	0.1	1.9	1.9	7 450	1.08
融合 PWV	0.2	1.9	2.0	—	—

表 5.5 展示了观测值的数量及 MODIS 和 ERA5 的权比关系。MODIS PWV 的平均数量约为 40 600 个，ERA5 PWV 的平均数量为 7 450 个，两类观测值的数量差距较大。MODIS 和 ERA5 PWV 的权比关系估值为 1∶1.08，非常接近它们的 STD 的倒数之比，即 1∶1.51，这进一步说明新方法有效确定了观测值的权比关系。

下面用图 5.7 和图 5.8 中的两个具体例子来直观地说明进行 PWV 融合的其他好处。在图 5.7（d）中，融合 PWV 包含了图 5.7（a）～（c）中 PWV 的大部分特征。在图 5.7（a）中，MODIS PWV 在蓝色方框中明显表现出有别于 GNSS PWV 和 ERA5 PWV 的系统偏差，但是在融合的 PWV 图像 [图 5.7（d）] 中，并未出现如此显著的系统偏差，这说明融合的 PWV 图像不仅包含不同源 PWV 的特征，还抑制了异常情况。

在图 5.8（d）中，融合 PWV 展现出 MODIS PWV、GNSS PWV 和 ERA5 PWV 的综合特征。在图 5.8（c）中，ERA5 PWV 在蓝色方框中显示出明显小于 MODIS PWV 和 GNSS PWV 的结果，说明 ERA5 PWV 可能偏离了真值，即存在负的系统偏差。当经过数据融合后，蓝色方框内的 PWV 不再表现出明显有别于 MODIS PWV 和 GNSS PWV 的结果，再次证实了该方法可以有效地抑制局部异常。

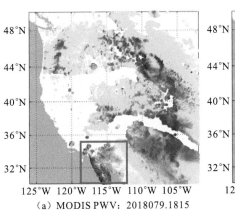

（a）MODIS PWV：2018079.1815

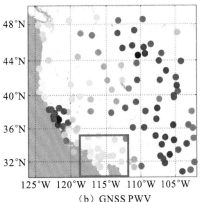

（b）GNSS PWV

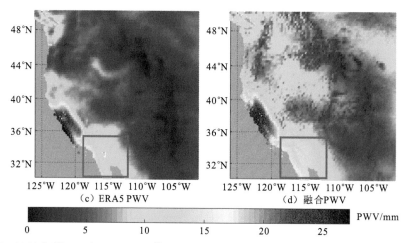

图 5.7　2018 年第 79 天 18:15 UTC 的 MODIS PWV、GNSS PWV、ERA5 PWV 和融合 PWV

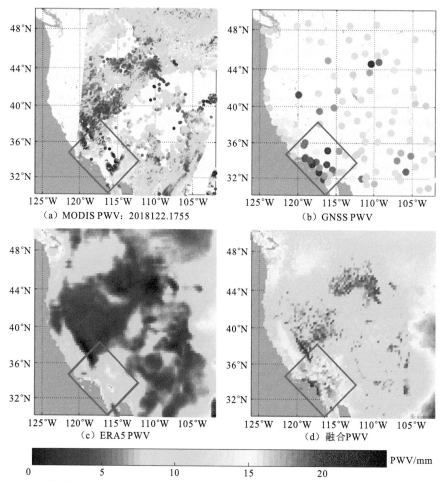

图 5.8　2018 年第 122 天 17∶55 UTC 的 MODIS PWV、GNSS PWV、ERA5 PWV 和融合 PWV

　　为了进一步测试新的融合方法在融合两组数据时的可行性，又进行 GNSS+ERA5 PWV 和 GNSS+MODIS PWV 的融合实验。使用与三组数据融合时相同的权比关系，即 GNSS PWV∶MODIS（ERA5）PWV=50∶1。由于权比关系是事先确定的，平差方法就退化成了加权最小二乘法，球冠谐模型的阶数和次数依然是 8。结果显示，GNSS+ERA5 PWV 融合后的 RMSE 为 2.3 mm，GNSS+MODIS 融合后的 RMSE 为 2.8 mm，以上两个结果都比三种数据融合时的精度差。图 5.9 显示的是不同数据组合的融合结果，在这三种组合中，GNSS+ERA5+MODIS 的 RMSE 最小，GNSS+MODIS 的 RMSE 最大。

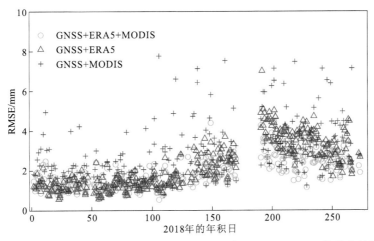

图 5.9　GNSS+ERA5+MODIS、GNSS+ERA5 和 GNSS+MODIS 的融合结果

5.4.3　基于广义回归神经网络的数据融合实验

1. 实验设置

在训练神经网络前，需要筛选出高质量的 GNSS-MODIS（ERA5）PWV 数据对。由于 GNSS PWV 与 MODIS（ERA5）PWV 具有不同的时空分布，为了形成数据对，需要对数据进行配准。时间上，由于 GNSS PWV 和 ERA5 PWV 本身具有较高的时间分辨率，时间上的配准通过简单的线性内插即可实现，具体做法是将高分辨率的数据内插到低分辨率数据的采样点。空间上的配准，通过球冠谐拟合来实现（也可采用其他三维内插方法，如克里金插值等），具体做法是用高分辨率数据拟合球冠谐模型，然后用球冠谐模型得到稀疏数据点上的 PWV。通过数据配准后，得到 2018 年 36 976 对 GNSS+MODIS PWV 数据和 56 291 对 GNSS-ERA5 数据。

由于劣质样本会影响模型训练的精度，还需要执行必要的质量控制，以筛选出高质量的样本数据。首先，移除所有负的 GNSS PWV 和 MODIS PWV；然后，比较 GNSS PWV 与 MODIS（ERA5）PWV 的差值（图 5.10、图 5.11），经测试这些差值符合正态分布，基于此用三倍中误差作为剔除数据对的依据；最终，得到 36 299 个 GNSS-MODIS PWV 样本对和 55 509 个 GNSS-ERA5 PWV 样本对，并利用它们进行模型训练。

2. GRNN 模型训练

利用筛选的样本数据来训练如图 5.1 所示的 GRNN 模型，由于需要用 GNSS PWV 分别去优化 MODIS PWV 和 ERA5 PWV，所以需要构建两个 GRNN 模型，分别称为 GNSS-MODIS 模型和 GNSS-ERA5 模型。在训练 GRNN 模型前，首先将输入数据进行归

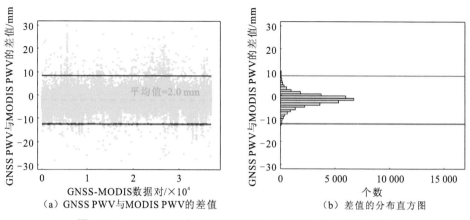

（a）GNSS PWV与MODIS PWV的差值   （b）差值的分布直方图

图 5.10　GNSS PWV 与 MODIS PWV 的差值及其分布直方图

红色水平线对应均值加减三倍中误差的位置，超出红线的数据将被视作粗差剔除；绿色水平线对应的是差值的均值

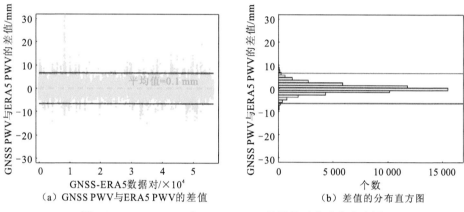

（a）GNSS PWV与ERA5 PWV的差值   （b）差值的分布直方图

图 5.11　GNSS PWV 与 ERA5 PWV 的差值及其分布直方图

一化处理，然后采用后验方式确定超参数 σ 的值。具体方法如下：用不同的 σ 和归一化后的输入数据去训练 GRNN 模型，每次训练都采用 M-fold 交叉验证（cross-validation，CV）的方法去检验训练效果，即对于某个 σ 值，将全部样本等分成 M 份，每次用 $M-1$ 份数据训练 GRNN 模型，用 1 份数据检验模型，这个过程进行 M 次，确保所有数据都参与了检验，统计检验值与模型输出值差值的 Bias、STD 和 RMSE。用 M-fold CV 检验 σ 以 0.01 为步长、从 0.01 递增到 0.3 时的训练精度，并且测试训练结果受 M 的影响情况。图 5.12 显示的是用 2-fold、5-fold 和 10-fold CV 检验不同 σ 下 GRNN 模型的训练精度。

从图 5.12 可以看出，10-fold CV 的 RMSE 均小于 5-fold CV，而 5-fold CV 的 RMSE 又均小于 2-fold CV，这表明较大的 M 会产生较小的 RMSE，这一结论与 Rodriguez-Alvarez 等（2009）的实验结果吻合。考虑模型最终会由所有数据训练得到，较大的 M 则意味着更多的数据参与训练，有利于得到接近实际情况的精度估值，因此采用 10-fold CV 的结果作为最终结果。对于 GNSS-MODIS 模型，当 $\sigma = 0.11$ 时得到最佳的训练精度；对于 GNSS-ERA5 模型，当 $\sigma = 0.06$ 时得到最佳的训练精度，因此，0.11 和 0.06 被认为是最优的超参数并将用于训练最终的 GNSS-MODIS（ERA5）模型。

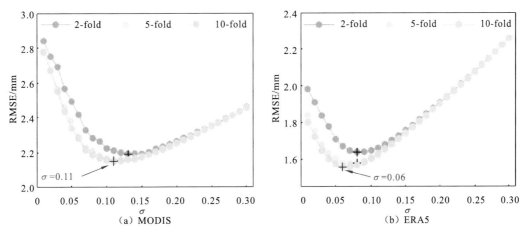

图 5.12   不同 σ 下 M-fold CV 检验 GRNN 模型训练结果的均方根误差

确定了超参数后，所有的 GNSS-MODIS（ERA5）PWV 数据对连同它们的观测时间、经度、纬度和高程一起用于训练图 5.1 所示的 GRNN 模型。由于图 5.1 所示的模型暗含了数据校准过程，经过上述模型优化后的 MODIS PWV 与 ERA5 PWV 理论上都将向 GNSS PWV 对齐，即它们三者之间将不存在系统性偏差，这样就可以将优化后的数据直接合并得到融合 PWV。图 5.13 给出了 GRNN 模型实现数据融合的流程。

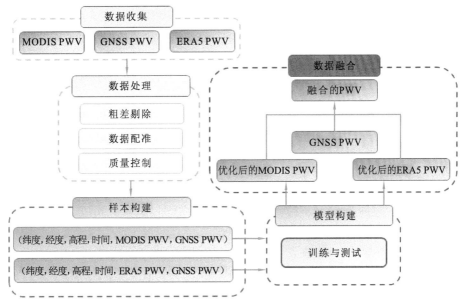

图 5.13   利用 GRNN 模型实现 GNSS PWV、MODIS PWV 和 ERA5 PWV 数据融合的流程

3. GRNN 模型检验

表 5.6 展示了经 10-fold CV 检验得到的优化后的 MODIS（ERA5）PWV 和原始 MODIS（ERA5）PWV 的精度信息。由表 5.6 可以看出，原始 MODIS 数据具有-2.1 mm 的偏差，表明 MODIS PWV 在研究区域内偏大；原始 ERA5 PWV 则具有非常小的偏差（0.1 mm），表明在研究区域内 ERA5 PWV 与 GNSS PWV 几乎不存在系统偏差。优化后，MODIS PWV

和 ERA5 PWV 的系统偏差得以消除。通过对比优化前后的 MODIS（ERA5）PWV 的 STD 可以看到，优化后的 PWV STD 明显减小，这表明模型提升了数据精度。以 RMSE 来表征数据的总体精度，优化后 MODIS PWV 的 RMSE 为 2.2 mm，精度提升了 37.1%；优化后 ERA5 PWV 的 RMSE 为 1.6 mm，精度提升了 15.8%。考虑 GNSS PWV 的精度为 1～2 mm，表 5.6 中的精度改善是十分显著的。此外，优化后 MODIS（ERA5）PWV 与 GNSS PWV 的相关性也得到了提升。图 5.14 显示的是优化后的 MODIS（ERA5）PWV 与 GNSS PWV 的对比图及它们的线性回归结果，可以看出二者呈现很好的线性关系。与 5.4.2 小节基于球冠谐模型的融合结果比较，二者的精度相当，但是基于 GRNN 模型的数据融合方法可以更好地改善局部系统偏差。

表 5.6　优化前后的 MODIS PWV 和 ERA5 PWV 的精度信息　　　（单位：mm）

项目	检验精度			拟合精度		
	优化后 MODIS PWV	原始 MODIS PWV	优化后 ERA5 PWV	原始 ERA5 PWV	MODIS	ERA5
Bias	0.0	−2.1	0.0	0.1	0.0	0.0
STD	2.1	2.8	1.6	1.9	1.9	1.2
RMSE	2.2	3.5	1.6	1.9	1.9	1.2
R	0.96	0.95	0.98	0.97	0.97	0.99

注：系统偏差是基于 GNSS PWV 减去 MODIS（ERA5）PWV 的值计算得到

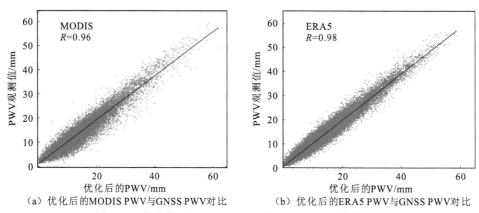

（a）优化后的MODIS PWV与GNSS PWV对比　　　　（b）优化后的ERA5 PWV与GNSS PWV对比

图 5.14　优化前后 MODIS PWV 和 ERA5 PWV 的精度比较

　　图 5.15 给出了 MODIS PWV、GNSS PWV、ERA5 PWV 和融合 PWV 的示例。可以看出，图 5.15（d）的融合数据图像不仅具备了单一数据图像的所有特征，而且消除了单一数据的局部偏差。图 5.15（a）红色方框中的 MODIS PWV 明显大于 GNSS PWV 和 ERA5 PWV，但融合数据图像中的 PWV 非常接近 GNSS PWV 和 ERA5 PWV，表明融合模型很好地改正了局部偏差。

　　为了比较优化前后 PWV 数据精度的空间分布特征，计算各个 GNSS 测站上 MODIS PWV 和 ERA5 PWV 的 Bias、STD 和 RMSE，如图 5.16～图 5.18 所示。对比图 5.16（a）和（b），可以看出原始的 MODIS PWV 具有明显的负偏差，并且东南方向大，西北方向小，经 GRNN 模型校准后，系统偏差显著减小且呈均匀分布。对比图 5.16（c）和（d），可以

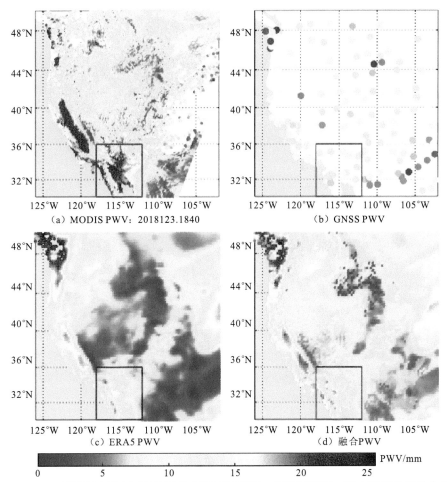

图 5.15　2018 年第 123 天 18:40 UTC 的 MODIS PWV、GNSS PWV、ERA5 PWV 和融合 PWV

看出原始的 ERA5 PWV 具有分布不均匀的正负偏差，正偏差多于负偏差，但偏差的绝对值大多在 2 mm 以内，经 GRNN 模型校准后，偏差显著减小且分布变得均匀。

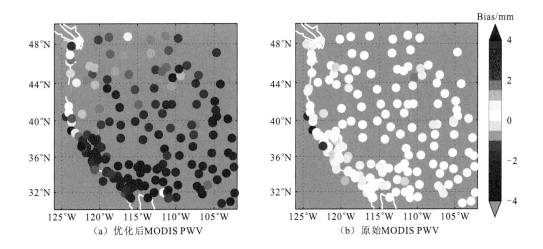

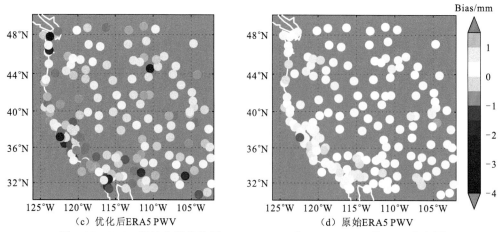

（c）优化后ERA5 PWV　　　　　　（d）原始ERA5 PWV

图 5.16　GNSS 测站上优化前后 MODIS PWV 和 ERA5 PWV 的 Bias 分布图

对比图 5.17（a）和（b）以及（c）和（d），可以看出经 GRNN 模型优化后，MODIS PWV 的 STD 有比较明显的减小，ERA5 PWV 的 STD 略微减小，这表明 GRNN 模型不仅可以校准系统偏差，还能优化数据的精度。

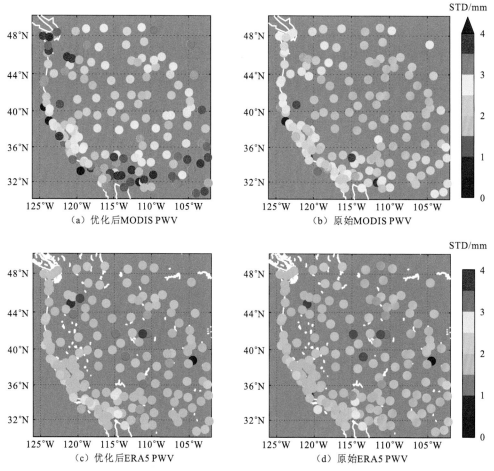

（a）优化后MODIS PWV　　　　　　（b）原始MODIS PWV

（c）优化后ERA5 PWV　　　　　　（d）原始ERA5 PWV

图 5.17　GNSS 测站上优化前后 MODIS PWV 和 ERA5 PWV 的 STD 分布图

图 5.18 给出了 RMSE 的分布, 通过该图可以看出优化前后 MODIS PWV 和 ERA5 PWV 的总体精度分布情况, MODIS PWV 和 ERA5 PWV 都呈现西南沿海误差大, 东北部内陆误差小的特点, 优化后这一现象依然存在, 但精度分布的均匀性明显增强。

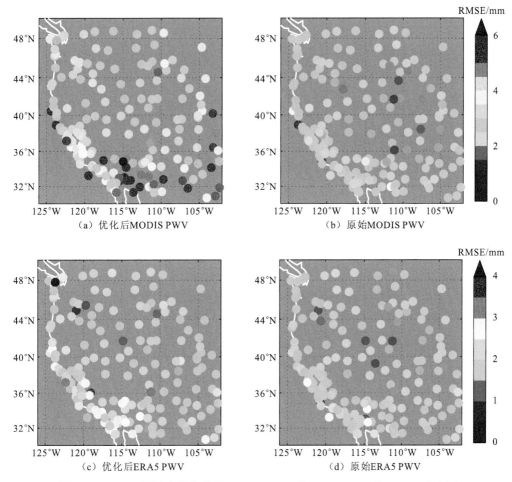

图 5.18 GNSS 测站上优化前后 MODIS PWV 和 ERA5 PWV 的 RMSE 分布图

为了研究数据精度的时间分布特征, 计算优化前后同一时间不同 GNSS 测站上 MODIS PWV 和 ERA5 PWV 的 Bias、STD 和 RMSE, 如图 5.19～图 5.21 所示。图 5.19 更加直观地表明原始 MODIS PWV 具有明显的负偏差, 并且在从年积日第 0 天到第 200 天左右是负向递增, 此后则是正向递减, 优化后偏差基本在 0 附近且保持稳定。原始 ERA5 PWV 的系统偏差很小, 优化后略有改善。图 5.20 直观地显示 MODIS PWV 和 ERA5 PWV 的 STD 具有明显的季节性变化, 且在第 200 天左右取得最大值, 经 GRNN 模型优化后, 季节变化依然存在但有所减弱, STD 则明显减小。图 5.21 显示的 RMSE 时间序列直观地表明经过 GRNN 模型优化, MODIS PWV 和 ERA5 PWV 的总体精度得到显著提升, 精度在时间上的分布也更加均匀。

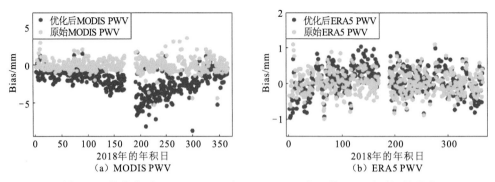

图 5.19　优化前后 MODIS PWV 和 ERA5 PWV 每天的 Bias 随时间的分布

180 天前后的数据缺失源于原始 GNSS 数据缺失

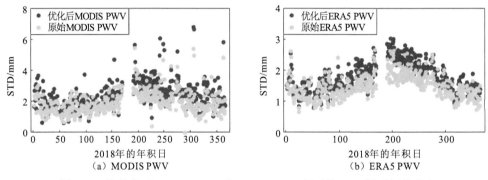

图 5.20　优化前后 MODIS PWV 和 ERA5 PWV 每天的 STD 随时间的分布

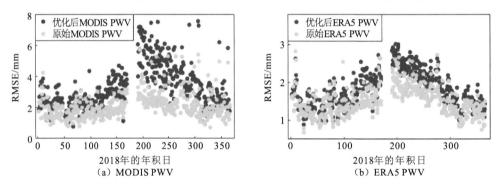

图 5.21　优化前后 MODIS PWV 和 ERA5 PWV 每天的 RMSE 随时间的分布

第6章　GNSS 数据同化

6.1　概　　述

数值天气预报（numerical weather prediction，NWP）模型是当前最重要的大气状态模拟和天气预报技术，NWP 模型的模拟和预报精度取决于两方面因素，其一为 NWP 模型中描述大气物理过程的方程，其二为初始场的精度，数据同化（data assimilation，DA）可有效改善初始场的精度。WRF 模型是目前广泛使用的一种 NWP 模型，其同化系统 WRF DA 可同化包括 GNSS ZTD/PWV 数据、探空数据、气象站观测数据等在内的多种实测数据。除 WRF 模型之外，常见的 NWP 模型还包括区域气候模型（regional climate model，RCM）、通用地球系统模型（community earth system model，CESM）等。

自 2000 年开始，诸多学者开展了 GNSS ZTD/PWV 的同化实验，证实了同化 GNSS 数据对改善数值天气预报的作用。Pacione 等（2001）将欧洲的 GNSS PWV 同化入 MM5 模型，结果表明该方法对气象分析具有积极影响，尤其是改善了风和温度的模拟精度。Smith 等（2007）发现同化 GNSS PWV 能改善短期相对湿度的预报精度，并且这种积极影响会伴随季节和地理位置变化。Benjamin 等（2010）将 GNSS PWV 同化入 Rapid Update Cycle 模型，同样发现了其对相对湿度的积极影响。赵润华等（2013）将 GNSS PWV 和空基掩星数据分别同化入 WRF 模型以研究它们对强降雨的影响，结果表明同化 GNSS PWV 能取得比同化空基掩星数据更好的效果，并且对降雨落区、强度和范围的预报有一定改善。Sharifi 等（2016）将伊朗北部的 GNSS PWV 同化入 WRF 模型，改善了降雨预报的效果。Mateus 等（2016）使用 WRF 模型的三维变分模块同化 InSAR PWV，结果发现同化 9 h PWV 后小雨及中雨的预报精度显著提高。Saito 等（2017）将 GNSS PWV 同化入 Japan Meteorological Agency Operational Mesoscale 模型，结果显示对天气预报有积极的改善作用。Rohm 等（2019）发现将 GNSS PWV 同化入 WRF 模型可显著改善湿度场和降雨量的预报精度，尤其是 1 mm/h 以上的降雨预报。除了将 PWV 同化入数值天气预报模型，很多学者还尝试直接同化 ZTD（Lindskog et al.，2017；Bennitt and Jupp，2012；Faccani et al.，2005；Cucurull et al.，2004），也取得了与同化 PWV 类似的效果。与同化 PWV 相比，同化 ZTD 更为直接，避免了 ZTD 向 PWV 转换过程中的精度损失，而且 ZTD 包含了比 PWV 更多的大气信息。

接下来，本章将阐述数据同化的一般概念和原理，并以 WRF 模型为例叙述如何同化 GNSS ZTD/PWV。此外，在我国香港地区开展了一次基于 WRF 模型的 GNSS ZTD 同化实验，将同化实验得到的湿折射率（wet refractivity，WR）与层析结果进行对比，形成数据同化与 GNSS 水汽层析方法的横向比较，从而发掘各种方法的优势。

6.2 同化概念与原理

大气中的数据同化是指将观测数据与数值天气模型相结合，通过一系列统计方法和算法，以最优的方式估计大气系统的状态。它是气象学领域中常用的技术手段，用于改进天气预报和气候模拟的准确性。大气数据同化的目标是通过融合观测数据和数值天气模型的信息，提高对大气状态的估计精度，并通过对初始条件的修正来改善天气预报的质量。Lorenc（1986）提出了可以将数据同化问题转化为对标量目标函数求极小值的问题，根据贝叶斯原理：

$$p(\boldsymbol{x} = \boldsymbol{x}_t \mid \boldsymbol{y} = \boldsymbol{y}_0) = \frac{p(\boldsymbol{y} = \boldsymbol{y}_0 \mid \boldsymbol{x} = \boldsymbol{x}_t) p(\boldsymbol{x} = \boldsymbol{x}_t)}{p(\boldsymbol{y} = \boldsymbol{y}_0)} \tag{6.1}$$

式中：$\boldsymbol{x}$ 为大气状态待估量；$\boldsymbol{x}_t$ 为大气真实状态；$\boldsymbol{y}$ 为观测值；$\boldsymbol{y}_0$ 为 $\boldsymbol{x} = \boldsymbol{x}_t$ 时的理论观测值。观测值 $\boldsymbol{y}$ 与 $\boldsymbol{x}_t$ 之间的关系可描述为

$$\boldsymbol{y}_0 = \boldsymbol{H}\boldsymbol{x}_t + \boldsymbol{\varepsilon} \tag{6.2}$$

式中：$\boldsymbol{H}$ 为观测算子；$\boldsymbol{\varepsilon}$ 为观测误差，假定其服从高斯分布，则其概率密度函数为

$$p(\boldsymbol{\varepsilon}) = N(0, \boldsymbol{R}) = \frac{1}{(2\pi \mid \boldsymbol{R} \mid)^{1/2}} \exp\left(-\frac{1}{2} \boldsymbol{\varepsilon}^\mathrm{T} \boldsymbol{R}^{-1} \boldsymbol{\varepsilon}\right) \tag{6.3}$$

式中：$\boldsymbol{R}$ 为观测误差协方差矩阵。由此，

$$
\begin{aligned}
p(\boldsymbol{y} = \boldsymbol{y}_0 \mid \boldsymbol{x} = \boldsymbol{x}_t) &= p(\boldsymbol{\varepsilon} = \boldsymbol{y}_0 - \boldsymbol{H}\boldsymbol{x}) \\
&= \frac{1}{(2\pi \mid \boldsymbol{R} \mid)^{1/2}} \exp\left(-\frac{1}{2}(\boldsymbol{y}_0 - \boldsymbol{H}\boldsymbol{x})^\mathrm{T} \boldsymbol{R}^{-1}(\boldsymbol{y}_0 - \boldsymbol{H}\boldsymbol{x})\right)
\end{aligned}
\tag{6.4}
$$

数据同化中通常基于历史资料及物理规律为真值 $\boldsymbol{x}_t$ 提供估计值 $\boldsymbol{x}_b$，$\boldsymbol{x}_b$ 也被称为背景场。假设背景场 $\boldsymbol{x}_b$ 为真值 $\boldsymbol{x}_t$ 的有效估计，则 $\boldsymbol{x}_b$ 可表示为

$$\boldsymbol{x}_b = \boldsymbol{x}_t + \boldsymbol{\eta} \tag{6.5}$$

其中，$\boldsymbol{\eta}$ 为背景场误差，假设其满足高斯正态分布：

$$p(\boldsymbol{\eta}) = N(0, \boldsymbol{B}) = \frac{1}{(2\pi \mid \boldsymbol{B} \mid)^{1/2}} \exp\left(-\frac{1}{2} \boldsymbol{\eta}^\mathrm{T} \boldsymbol{B}^{-1} \boldsymbol{\eta}\right) \tag{6.6}$$

式中：$\boldsymbol{B}$ 为背景场误差协方差矩阵。将式（6.5）代入式（6.6）可得

$$p(\boldsymbol{x} = \boldsymbol{x}_t) = p(\boldsymbol{\eta} = \boldsymbol{x}_b - \boldsymbol{x}) = \frac{1}{(2\pi \mid \boldsymbol{B} \mid)^{1/2}} \exp\left(-\frac{1}{2}(\boldsymbol{x}_b - \boldsymbol{x})^\mathrm{T} \boldsymbol{B}^{-1}(\boldsymbol{x}_b - \boldsymbol{x})\right) \tag{6.7}$$

联立式（6.1）、式（6.4）和式（6.7），可以获得 $p(\boldsymbol{x} = \boldsymbol{x}_t \mid \boldsymbol{y} = \boldsymbol{y}_0)$，即

$$p(\boldsymbol{x} = \boldsymbol{x}_t \mid \boldsymbol{y} = \boldsymbol{y}_0) = \frac{\exp\left[-\dfrac{1}{2}(\boldsymbol{x}_b - \boldsymbol{x})^\mathrm{T} \boldsymbol{B}^{-1}(\boldsymbol{x}_b - \boldsymbol{x}) - \dfrac{1}{2}(\boldsymbol{y}_0 - \boldsymbol{H}\boldsymbol{x})^\mathrm{T} \boldsymbol{R}^{-1}(\boldsymbol{y}_0 - \boldsymbol{H}\boldsymbol{x})\right]}{(2\pi) p(\boldsymbol{y} = \boldsymbol{y}_0)(\mid \boldsymbol{B} \parallel \boldsymbol{R} \mid)^{1/2}} \tag{6.8}$$

由于实际观测值已知，即 $p(\boldsymbol{y} = \boldsymbol{y}_0)$ 已知，且不依赖大气状态待估量 $\boldsymbol{x}$，对两边取 $\ln$ 对数，则有

$$-\ln p(\boldsymbol{x} = \boldsymbol{x}_t \mid \boldsymbol{y} = \boldsymbol{y}_0) = \frac{1}{2}(\boldsymbol{x} - \boldsymbol{x}_b)^{-1} \boldsymbol{B}^{-1}(\boldsymbol{x} - \boldsymbol{x}_b) + \frac{1}{2}[(\boldsymbol{y}_0 - \boldsymbol{H}(\boldsymbol{x})]^{-1} \boldsymbol{R}^{-1}[(\boldsymbol{y}_0 - \boldsymbol{H}\boldsymbol{x})] + C \tag{6.9}$$

其中，C 为常量。当 $p(\boldsymbol{x} = \boldsymbol{x}_t \mid \boldsymbol{y} = \boldsymbol{y}_0)$ 取极大值时，$\ln p(\boldsymbol{x} = \boldsymbol{x}_t \mid \boldsymbol{y} = \boldsymbol{y}_0)$ 取得极小值，因此定

义目标函数 $J(\boldsymbol{x})$ 为

$$J(\boldsymbol{x}) = \frac{1}{2}(\boldsymbol{x} - \boldsymbol{x}_b)^{-1}\boldsymbol{B}^{-1}(\boldsymbol{x} - \boldsymbol{x}_b) + \frac{1}{2}[(\boldsymbol{y}_0 - \boldsymbol{H}(\boldsymbol{x})]^{-1}\boldsymbol{R}^{-1}[(\boldsymbol{y}_0 - \boldsymbol{H}(\boldsymbol{x})] \qquad (6.10)$$

当目标函数 $J(\boldsymbol{x})$ 取得极小值时，即可得到大气状态的最佳估值，也被称为分析值：

$$\frac{\partial J}{\partial \boldsymbol{x}} = \boldsymbol{B}^{-1}(\boldsymbol{x} - \boldsymbol{x}_b) - \boldsymbol{H}^{\mathrm{T}}\boldsymbol{R}^{-1}[\boldsymbol{y}_0 - \boldsymbol{H}(\boldsymbol{x})] = 0 \qquad (6.11)$$

式中：$\boldsymbol{H} = \dfrac{\partial \boldsymbol{H}}{\partial \boldsymbol{x}}$ 为观测算子 $\boldsymbol{H}(\boldsymbol{x})$ 的切线性算子。

6.3 基于 WRF 模型的数据同化过程

WRF 模型是一种广泛应用于天气和气候研究的数值大气模式（Carvalho et al.，2012；Jankov et al.，2005），是由美国国家大气研究中心（National Center for Atmospheric Research，NCAR）和其他合作伙伴开发并维持的一种先进的非静力学模式。下载地址为 https://www2.mmm.ucar.edu/wrf/src/。WRF 模型基于动力学、热力学和湍流参数化等基本方程，对大气运动、能量传递及水循环等过程进行数值模拟和预测，它可以用来模拟各种时间尺度和空间尺度下从小范围的对流系统到大尺度的天气系统等的天气现象。WRF 模型具有灵活的配置和可扩展性，可以根据研究需要进行模型设置和参数调整，它支持多种物理参数化方案，包括边界层参数化、云微物理参数化、辐射传输参数化等，这确保了它可以适应不同的气象事件和区域特征。WRF 模型的输入数据包括初始条件、边界条件和地形数据等，初始条件通常来自观测数据或其他数值模型的输出结果，边界条件则通过与其他模型或观测数据进行嵌套的方式获取，地形数据则用于模拟地表和地形对气象过程的影响。

WRF DA 模型是基于 WRF 模型的数据同化系统，它的主要目标是利用观测数据来修正 WRF 模型的预报结果，以获得更准确、更可靠的初始条件。通过融合多种类型的观测数据，如卫星观测、雷达观测和地面观测等，WRF DA 模型可以提供高分辨率、时空连续的大气分析场。WRF DA 模型采用了多种数据同化方法，包括三维变分同化、四维变分同化和集合卡尔曼滤波等。这些方法通过优化统计算法和数值算法，将观测数据与 WRF 模型的预报结果相结合，以产生更准确的大气分析场。在 WRF DA 模型中，首先，需要对观测数据进行质量控制和处理，去除不准确或异常的数据；然后，将观测数据与 WRF 模型的预报结果进行匹配和比较，通过统计技术和数值优化方法，更新模型的初始条件和边界条件，从而得到更准确的大气状态。

图 6.1 所示为 WRF 模型及数据同化系统的流程架构，整个框架包括 WRF 预处理系统（WRF preprocessing system，WPS）和数据同化（DA）系统两部分。三维变分同化（3-dimension variation，3DVAR）系统是 WRF DA 最常用的同化系统之一，它的目标函数表达式如式（6.10）所示，被定义为分析值与背景值及分析值与观测值之间加权距离的平方和（Sasaki，1970）。驱动 WRF DA 需要背景场、背景场误差信息及观测值三类文件。WRF DA 提供了 OBSPROC 模块对观测值文件进行质量控制和观测误差确定，但是在 OBSPROC 模块处理前，需要将 GNSS ZTD/PWV 等实际观测值组织成 Little_R 格式。

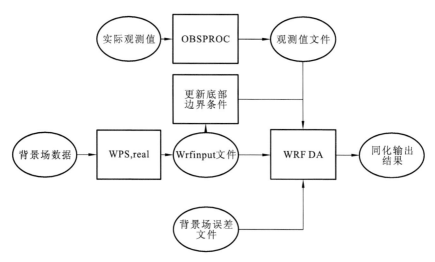

图 6.1　WRF 模型及数据同化系统流程架构图

6.3.1　观测值文件的准备

由于同化的实际观测值种类众多、格式各异，需要将多源观测数据统一为 Little_R 格式。Little_R 格式是一种基于 ASCII 以报告形式组织的文件，由若干条包括观测值信息的记录构成，如图 6.2 所示。每条记录分为头文件、数据记录、结尾记录及结尾标记 4 部分。将多源数据组织成 Little_R 格式的工作需要研究者自行完成，以供 WRF DA 的 OBSPROC 模块处理。

```
22.36790          114.31194                      123456789
SurfaceObservationFromHK   FM-12 SYNOP
NameLocationTimeinFromWH      44.69200        1    -888888    -888888
890    -888888      T       F       F    -888888    -888888
20150801000001-888888.00000    0-888888.00000    0-888888.00000
0-888888.00000     0-888888.00000    0-888888.00000    0-888888.00000    头文件
0-888888.00000     0-888888.00000    0-888888.00000    0-888888.00000
0-888888.00000     0-888888.00000    0
100630.00000    0   44.69200    0   302.25000    0-888888.00000
0-888888.00000     0-888888.00000    0-888888.00000    0-888888.00000    数据记录
0   78.60000     0-888888.00000
-777777.00000     0-777777.00000    0-888888.00000    0-888888.00000
0-888888.00000     0-888888.00000    0-888888.00000    0-888888.00000    结尾记录
0-888888.00000     0-888888.00000    0-888888.00000
39       0       0                                                     结尾标志
```

图 6.2　Little_R 格式文件示例

头文件通常包括位置、数据类型、观测日期等信息，其内部各变量组织形式如表 6.1 所示。在表 6.1 的格式栏中，F20.5 代表该变量为小数形式，占 20 个字符，含有 5 位有效数字；I7 代表该变量为整数形式，占 7 个字符；L10 代表该变量为长整型，占 10 个字符；A40 代表该变量为字符串，占 40 个字符；其余变量及表 6.2 中各变量可以此类推。在 Little_R 文件中，通常使用 FM 代码区分观测值类型，具体代码解释可参见网址 http://box.mmm. ucar.edu/wrf/users/wrfda/OnlineTutorial/Help/littler.html。

表 6.1　Little_R 格式头文件格式

次序	变量名	格式	次序	变量名	格式
1	Latitude	F20.5	17	Julian day	I10
2	Longitude	F20.5	18	Date	A20
3	ID	A40	19	SLP，QC	F13.5，I7
4	Name	A40	20	Ref Pressure，QC	F13.5，I7
5	Platform（FM-Code）note	A40	21	Ground Temp，QC	F13.5，I7
6	Source	A40	22	SST，QC	F13.5，I7
7	Elevation	F20.5	23	SFC Pressure，QC	F13.5，I7
8	Valid fields	I10	24	Precip，QC	F13.5，I7
9	Num. errors	I10	25	Daily Max T，QC	F13.5，I7
10	Num. warnings	I10	26	Daily Min T，QC	F13.5，I7
11	Sequence number	I10	27	Night Min T，QC	F13.5，I7
12	Num. duplicates	I10	28	3hr Pres Change，QC	F13.5，I7
13	Is sounding?	L10	29	24hr Pres Change，QC	F13.5，I7
14	Is bogus?	L10	30	Cloud cover，QC	F13.5，I7
15	Discard?	L10	31	Ceiling，QC	F13.5，I7
16	Unix time	I10	32	Precipitable water，QC	F13.5，I7

数据记录部分主要包括气压、温度、露点温度、风速、风向、相对湿度及其误差等信息，其组织形式如表 6.2 所示。

表 6.2　Little_R 格式数据记录部分格式

次序	变量名	格式	次序	变量名	格式
1	Pressure（Pa）	F13.5	11	Pressure QC	I7
2	Height（m）	F13.5	12	Height QC	I7
3	Temperature（K）	F13.5	13	Temperature QC	I7
4	Dew point（K）	F13.5	14	Dew point QC	I7
5	Wind speed（m/s）	F13.5	15	Wind speed QC	I7
6	Wind direction（°）	F13.5	16	Wind direction QC	I7
7	Wind U（m/s）	F13.5	17	Wind U QC	I7
8	Wind V（m/s）	F13.5	18	Wind V QC	I7
9	Relative humidity（%）	F13.5	19	Relative humidity QC	I7
10	Thickness（m）	F13.5	20	Thickness QC	I7

在 Little_R 格式中，GNSS ZTD/PWV 的主要信息储存于头文件中，单位为 cm。此外，GNSS PWV/ZTD 的误差信息 QC 被要求为整数，单位为 mm 的 1/10，因此 2.3 mm 在 Little_R 格式中需要写为 23。值得注意的是，WRF DA 只能同化 GNSS ZTD 或 PWV，二者不能同

时同化。

Little_R 格式的结尾部分通常被写成如图 6.2 所示的固定格式，另外需要三个整数作为 Little_R 格式的结尾标志，每个整数占 7 个字符。在图 6.2 中，第一个数字 39 代表在整个记录中有 39 个变量的值有效，第二个数字为错误变量数，第三个数字为警告数。更详细的内容可参见 http://www2.mmm.ucar.edu/wrf/users/wrfda/OnlineTutorial/Help/littler.html。

6.3.2　观测值文件的预处理

多源数据被组织成 Little_R 格式后才能被 OBSPROC 模块处理，OBSPROC 为 OBServation PROCessor 的缩写，即观测值处理器。OBSPROC 从时间和空间两方面对观测值进行检测，以剔除研究区域和研究时段以外的观测值，也能从时空两方面对观测值重排序，同时检验数据完整性。对于三维变分同化，所有在时间窗口内的观测值都被认为有效，当固定测站在时间窗口内存在多个有效观测值时，仅最接近分析时刻的观测值被同化。

运行 OBSPROC 模块至少需要三种文件，其一为误差信息文件，其二为 Little_R 格式的观测值文件，其三为控制文件，即 namelist.obsproc。当文件准备齐全后，运行 OBSPROC 将会生成名如"obs_gts_YYYY-MM-DD_hh:mm:ss.GGG"的文件。其中 YYYY 代表年份，MM 代表月份，DD 代表日期，hh、mm 和 ss 分别代表时、分和秒，GGG 则是用于同化的方法，如 3DVAR 代表三维变分同化，4DVAR 代表四维变分同化，OBSPROC 的输出文件将被用于 WRF DA 的数据同化。

6.3.3　观测值文件的同化

运行 WRF DA 前，需要将 NetCDF 格式的背景场文件、OBSPROC 处理过的 ACSII 码格式的观测值文件、二进制格式的背景场误差文件、土壤类型文件 LANDUSE.TBL 以及相应的控制文件拷贝在同一路径下，设置相应参数后运行 WRF DA 即可得到目标结果 wrfvar_output。

由于 WRF DA V4.1 默认关闭 GPS ZTD/PWV 的同化开关，同化 GPS ZTD 或 PWV 前，应在控制文件 namelist.input 的&wrfvar4 部分中设置以下参量：

use_gpsztdobs=.true./ .false.

use_gpspwobs=.false. /.true.

6.4　数据同化实验

利用 WRF V3.7 模型在我国香港地区开展 GNSS ZTD 同化实验，实验范围位于 113.75°E～114.5°E 及 22°E～22.6°N。实验区域内分布着 1 个无线电探空站和 15 个 GNSS 测站（平均站间距为 10 km），测站分布与图 4.9 相同。GNSS 测站都配备了 Leica 接收机和天线以及地表气象观测设备（可记录温度、湿度和压强）。

本次实验中使用 WRF DA 默认的物理参数，即积云参数化方案设置为 the Kain-Fritsch scheme（Kain and Fritsch，1990），微物理过程设置为 WRF Single-Moment（WSM）5-class scheme（Hong et al.，2004），行星边界层方案被设置为 Yonsei University PBL scheme（Hong et al.，2006）。WRF DA 输出产品的水平分辨率被设置为 3 km × 3 km，垂直方向上划分为 45 层。实验使用空间分辨率为 0.75°×0.75° 的 ECMWF ERA-Interim pressure levels 和 surface 数据作为背景场。不同的天气状况可能会导致不同的同化效果，为此，在潮湿天气和干燥天气分别开展同化实验。潮湿天气的实验时段为 2015 年 7 月 20～26 日，该时段内香港遭受了 2015 年严重的暴雨袭击，特别是在 7 月 22 日的降雨量达到了 191.3 mm；干燥天气的实验时段为 2015 年 8 月 1～7 日。背景场误差信息采用 WRF DA 默认的 be.dat，GNSS ZTD 作为 WRF DA 待同化的观测值。基于上述设置，利用 WRF DA 模型同化了 GNSS ZTD 数据，得到了水平分辨率为 3 km 的大气再分析产品。同时设置了未同化任何实际观测值的空白组作为对照实验，空白组的结果直接使用 WPS 的输出结果。

利用探空数据分别检验同化组及对照组输出的温度、气压及相对湿度等气象参数的精度。在潮湿的 7 月反演时段，同化 ZTD 对气压的改善程度不大，同化组及对照组的 RMSE 均为 0.43 mbar[①]，而在干燥的 8 月反演时段内二者都为 0.30 mbar。相较于对照组，两种不同天气状况下同化 ZTD 对温度的影响不大，7 月和 8 月的 RMSE 分别为 0.88 K 和 0.96 K。在潮湿的 8 月，同化 ZTD 后，相对湿度的 RMSE 从 14.99% 降低到 14.69%，而在干燥的 7 月，变化不大，均为 16.05%。

基于 WRF DA 模型输出的温度、气压和相对湿度等气象参数，可以计算大气湿折射率（WR），其计算方式如式（6.12）所示。同化 GNSS ZTD 得到的湿折射率、对照实验得到的湿折射率和探空数据反演的湿折射率依次被标注为 Output1、Output2 和 Radiosonde。

$$WR = \frac{P_w}{T}\left(k_1 + \frac{k_2}{T}\right) \tag{6.12}$$

式中：P_w 为每个格点内的水汽压；T 为每个格点的温度；$k_1 = 2.21 \times 10^{-7}$ K/Pa，$k_2 = 3.73 \times 10^{-3}$ K^2/Pa。

P_w 可以利用式（6.13）来计算：

$$P_w = \frac{pq}{0.622} \tag{6.13}$$

式中：p 为气压；q 为比湿。

6.5 数据同化与层析技术的比较与结合

6.5.1 数据同化与层析技术获取湿折射率的比较

利用三维水汽层析技术在相同的时间段内开展三维水汽反演实验，得到湿折射率的空间分布，该结果被标注为 Tomography。尽管数据同化技术与三维水汽层析技术分属不同领域，但都能够获取大气湿折射率，在不同天气条件下对比这两种方法反演湿折射率的效果，并探讨二者结合的可能性。

利用香港探空站每日 00：00 UTC 和 12：00 UTC 的观测数据对数据同化结果和层析结

---

① 1 mbar= 100 Pa

果进行比较，即比较 Output1、Output2 和 Tomography。由于数据同化技术给出的高程为位势高，水汽层析技术使用的高程系统为大地高，需要统一高程系统。正常高转换为大地高的方法可参考 Li 等（2020），正常高与位势高之间的偏差忽略不计。在 0～10 km 的垂直范围内，香港探空数据平均有 23 层观测结果，Output1 及 Output2 包含 43 个等压层，而层析仅有 13 层结果，层析得到的湿折射率垂向分辨率相对较低。为了进行结果间的比较，首先，将垂向分辨率相对较高的探空、Output1 和 Output2 的湿折射率结果内插到层析结果所在高度，进行垂向的空间配准；然后，利用双线性内插法将垂向配准的探空、Output1 和 Output2 的湿折射率内插到 GNSS 层析网格中心处；最后，以探空湿折射率结果为参考，对空间配准的数据同化湿折射率和层析结果进行比较和统计。

图 6.3 和图 6.4 分别显示了 Radiosonde、Output1、Output2 及 Tomography 的垂直剖面。Output1、Output2 及 Tomography 在垂直方向上都能与 Radiosonde 结果吻合得很好，这表明数据同化和水汽层析方法都较好地反演了湿折射率的垂直结构。此外，Output1、Output2 及 Tomography 在潮湿实验时段获得的湿折射率结果要优于干燥实验时段的结果，这可能与湿折射率的垂直结构有关。尽管在潮湿时段，香港遭受了暴雨袭击，但是湿折射率相对平滑地分布于 0～10 km 的高度范围内；但在干燥时段，湿折射率高度集中于 6 km 以下的低对流层，它的垂直变化更加剧烈。湿折射率在垂向的剧烈变化可能降低了这两种方法获

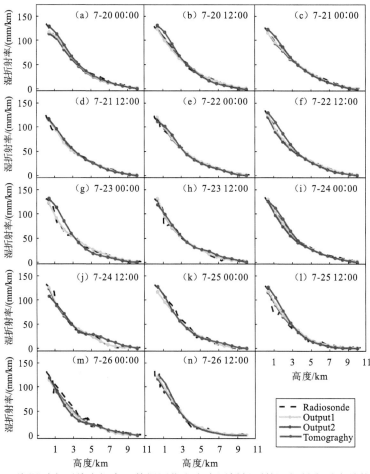

图 6.3　潮湿时段无线电探空、数据同化和水汽层析得到的湿折射率垂直结构

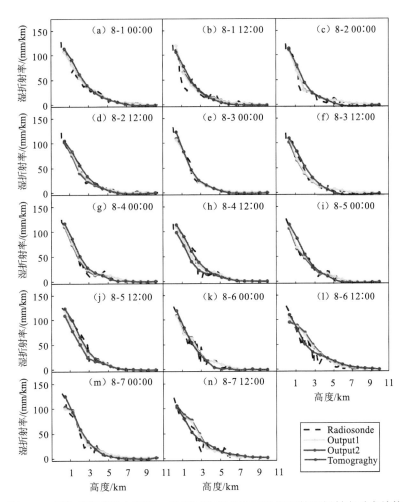

图 6.4　干燥时段无线电探空、数据同化和水汽层析得到的湿折射率垂直结构

取湿折射率垂直结构的性能。与 Output2 对比，Output1 有所改善，其平均绝对误差（MAE）降低了 1.25 mm/km。干燥时段的某些时期（如 8 月 4 日和 5 日的 12 点），Output1 比 Tomography 更接近探空结果，表明层析方法在对流层底部具有较大的精度提升空间。

图 6.5 显示了经过 Radiosonde 检验的 Tomography、Output1 及 Output2 的 Bias、STD 及 RMSE 在不同高度上的统计值。在两个反演时段，Output1 及 Output2 之间的差别不明显。在潮湿的 7 月反演时段内，Tomography 的 Bias、STD 及 RMSE 在绝大部分时候大于 Output1。但是在干燥的 8 月时段，在低对流层中，Tomography 的 STD 及 RMSE 比 Output1 小，但是 Bias 较大。总体而言，在绝大多数情况下同化的效果比层析效果好，Output1 和 Tomography 的平均 RMSE 分别为 5.25 mm/km 和 6.76 mm/km，但是在 400 m、1 600 m 及 2 400 m 的高度上层析结果稍优于同化结果，结果如图 6.5（f）所示。

表 6.3 统计了利用探空湿折射率检验 Output1、Output2 及 Tomography 的 Bias、STD 及 RMSE。三个精度指标均显示了同化 GNSS ZTD 对反演对流层底部及高层的湿折射率的积极影响。Output1 的 RMSE 指标小于 Tomography，表明同化 GNSS ZTD 能获得精度优于层析的湿折射率，说明层析算法仍具有精度提升的潜力。此外，低对流层的统计结果显示，Tomography 结果的 Bias 在低对流层是正的，在高对流层是负的，这可能与施加的垂直约束有关。

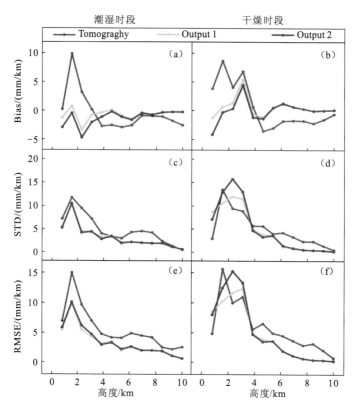

图 6.5　层间统计结果

表 6.3　以探空数据为真值的统计结果　　　　　　　　　（单位：mm/km）

项目		潮湿时段			干燥时段		
		Bias	STD	RMSE	Bias	STD	RMSE
总体精度	Output1	−0.64	4.11	4.15	0.63	6.34	6.35
	Output2	−1.19	4.15	4.31	0.10	7.28	7.26
	Tomography	−0.31	6.51	6.50	0.63	7.01	7.02
低层精度 (<5.6 km)	Output1	−0.74	5.37	5.40	0.77	8.62	8.61
	Output2	−1.73	5.37	5.62	−0.19	9.90	9.85
	Tomography	0.80	8.20	8.19	2.52	8.83	9.13
高层精度 (≥5.6 km)	Output1	−0.51	1.75	1.81	0.47	0.86	0.97
	Output2	−0.55	1.77	1.84	0.45	0.91	1.01
	Tomography	−1.60	3.26	3.62	−1.57	2.63	3.05

　　以 RMSE 表征总体精度时，层析结果在对流层底部的效果优于数据同化，在对流层上部则相对较差。总体而言，将 GNSS ZTD 同化入 WRF DA 模型能稍微改善湿折射率的反演精度（RMSE 仅减少了 0.2 mm/km），而且数据同化与水汽层析技术都能获得较好的大气湿折射率，但两种技术获取的湿折射率在低对流层都有着相对较大的 Bias、STD 和 RMSE，这表明两种方法在反演对流层底部的湿折射率方面仍有提升的空间。

6.5.2 数据同化与水汽层析技术的结合

在利用 WRF DA 模型同化 GNSS ZTD 的过程中，仅垂直方向的水汽总量信息被利用，水汽的垂直剖面信息并未被利用，这可能限制了数据同化的效果。为了改善 WRF DA 模型的数据同化效果，也为了丰富 GNSS 数据同化的形式，尝试将水汽层析技术得到的三维湿折射率同化入 WRF DA 模型。然而，当前的 WRF DA 模型并不能直接同化湿折射率，但是能同化包括相对湿度、温度及气压等基本气象参数。这为同化湿折射率提供了思路，即将湿折射率提取的相对湿度与外源温度和气压信息组合，将湿折射率转换为温度、湿度和气压的组合，以方便同化。

由式（6.12）可知，湿折射率 WR 与水汽压 P_w 和温度 T 紧密相关。同时 P_w 与相对湿度 RH 之间的关系如式（6.14）所示：

$$RH = \frac{P_w}{P_s} \tag{6.14}$$

式中：P_s 为饱和水汽压，与温度相关，可利用 Wexler 公式（Wexler，1977，1976）计算得到；P_w 能通过式（6.13）获得，温度和气压可从 Output2 中获取。

在将湿折射率转换为温度、湿度和气压组合的过程中，首先利用 Output2 的温度和气压将湿折射率转化为相对湿度，然后将 RH 与 Output2 的温度及气压数据构成温度、湿度和气压组合作为探空数据参与 WRF DA 模型的同化。由于 Tomography 低对流层的结果在 2015 年 8 月 6 日 12：00 UTC 及 8 月 7 日 12：00 UTC 有着较好的精度，将这两个时刻的层析结果转化为相对湿度、温度和气压组合后同化入 WRF DA 模型，由此得到的湿折射率结果记为 Output3。Output3、Output1 和 Tomography 与 Radiosonde 之间的差值分别记为 DA-Tomo、DA-ZTD 和 Tomo，并计算了差值的平均绝对误差（MAE），MAE 的垂向分布如图 6.6 所示。

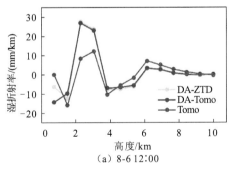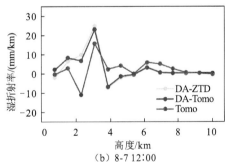

图 6.6　不同方法测得的 WR 值与无线电探空 WR 值之间的差异

图 6.6 所示的 DA-Tomo 十分接近 DA-ZTD，DA-Tomo 的 MAE 为 5.92 mm/km，DA-ZTD 的 MAE 为 6.04 mm/km，二者精度相当，这表明将层析得到的湿折射率同化入 WRF DA 模型对改善湿折射率的模拟效果作用有限。导致这种情况的原因可能是：层析湿折射率在低对流层存在较大的不确定性（8.35 mm/km），而且在湿折射率向相对湿度、温度和气压组合转换的过程中也引入了较大误差。

第 7 章　电离层探测

7.1　概　　述

随着 GNSS 技术的快速发展和地面基站的密集布设，地基 GNSS 全球电离层总电子含量（TEC）监测与建模已成为当前的研究热点。目前，现阶段主要进行全球电离层模型建立的机构是电离层工作组，工作组由 IGS 于 1998 年 6 月建立，电离层工作组使用来自 IGS 的全球跟踪观测站的数据，进行全球电离层模型的建立。目前，工作组下设 7 个电离层分析中心，分别是欧洲定轨中心（Center for Orbit Determination in Europe，CODE）、美国喷气推进实验室（Jet Propulsion Laboratory，JPL）、欧洲航天局（European Space Agency，ESA）、西班牙加泰罗尼亚理工大学（Universitat Politècnica de Catalunya，UPC）、美国马萨诸塞大学洛厄尔分校（University of Massachusetts，Lowell，UML）、中国科学院（Chinese Academy of Sciences，CAS）和武汉大学（Wuhan University，WHU）。不同分析中心建立全球电离层模型的策略也有所不同，表 7.1 给出了各分析中心 GIM 产品的相关信息。

表 7.1　各电离层分析中心 GIM 产品的相关信息

分析中心	原始 TEC 获取方法	TEC 建模方法	电离层模型	时间分辨率/h
CODE	载波相位平滑伪距	球谐函数	改正的单层模型	1/2
UPC	载波相位观测值	样条层析	双层层析	1/2
JPL	载波相位平滑伪距	样条球面三角	三层电离层层析模型	2
ESA	载波相位平滑伪距	球谐函数	SLM	2
WHU	载波相位平滑伪距	球谐函数	SLM	1/2
CAS	载波相位平滑伪距	球谐函数和广义三角函数	SLM	0.5/1/2
IGS	对各分析中心 GIM 产品加权得到最终产品			2

注：SLM 为单层模型（single layer model）

7.2　GNSS 二维电离层模型

7.2.1　电离层单层假设

电离层单层假设通常假定电离层所有自由电子集中在固定高度的无限薄层上，忽略自由电子在垂直方向的分布。单层模型（SLM）简化了电离层 TEC 数据处理，应用较为广泛。图 7.1 给出了电离层单层模型的示意图，将信号传播路径与单层电离层的交点称为电离层穿刺点（ionospheric pierce point，IPP）。

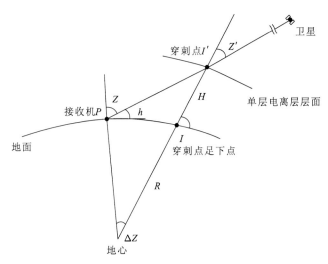

图 7.1　单层模型假设示意图

R 为地球半径，P 为接收机位置，H 为单层薄层假设高度，Z 和 Z' 分别为接收机和穿刺点处卫星的天顶距

电离层薄层高度一般为电离层等效平均高度，通常选择电子密度的质心高度，而这个高度可利用如下经验公式计算：

$$H = h_mF_2 + 80 \tag{7.1}$$

式中：h_mF_2 为 F2 层电子密度 N_e 最大值的高度。F2 层的电子密度在整个电离层中占比最大，因此，F2 层的变化对整个电离层的影响较大，故薄层假设高度一般选在 F2 层。一个太阳活动周期内，h_mF_2 的变化范围一般为 220～370 km，故单层假设的高度通常取值为 300～450 km。

通常，电离层薄层高度选为一固定值（Hernández-Pajares et al.，2009；Birch et al.，2002），但实际上电离层峰值高度在全球范围内并不一致，可能存在数百千米的差异（Hernández-Pajares et al.，2005）。不同纬度、不同太阳活动条件、不同季节下的电离层薄层理想高度也并不相同。尽管不同学者在计算电离层延迟时采用的薄层高度不尽相同，但基本在 300～450 km。GPS 和北斗 Klobuchar 模型采用的薄层高度分别为 350 km 和 375 km。CODE 等电离层分析中心在进行全球电离层建模时，一般将单层薄层高度设为 450 km。

电离层穿刺点（IPP）的位置计算方法如下：

$$\varphi_m = \arcsin(\sin\varphi_u \cos\phi + \cos\varphi_u \sin\phi \cos A) \tag{7.2}$$

$$\lambda_m = \lambda_u + \arcsin\left(\frac{\sin\phi \sin A}{\cos\varphi_m}\right) \tag{7.3}$$

式中：φ_m 和 λ_m 分别为 IPP 的地理纬度与地理经度；φ_u 和 λ_u 分别为接收机的地理纬度和地理经度；A 为卫星方位角；ϕ 为接收机和 IPP 的地心张角，表达式为

$$\phi = z - \arcsin\left(\frac{R}{R+H}\sin z\right) \tag{7.4}$$

为了更直观地反映 GNSS 电离层建模时穿刺点的空间分布，图 7.2 给出了 GPS/GLONASS 地面基站在 2017 年 1 月 1 日世界时 00：00～02：00 和全天的穿刺点空间分布。由图可知，GPS 和 GLONASS 基站均分布广泛，二者的穿刺点都能较好地覆盖陆地地区，

也可以看出 GPS 穿刺点的分布和密度要优于 GLONASS。

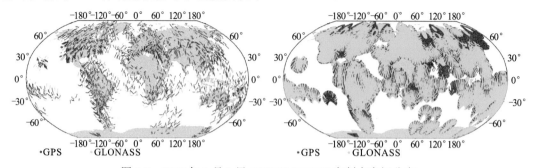

图 7.2 2017 年 1 月 1 日 GPS/GLONASS 穿刺点空间分布

左图为两小时（世界时 00：00～02：00），右图为全天

7.2.2 电离层投影函数

GNSS 直接获得的是信号传播路径上的总电子含量（slant total electron content，STEC），STEC 随着卫星高度角的变化而变化。在二维电离层建模时主要使用天顶方向的总电子含量（vertical total electron content，VTEC），因此，需要利用投影函数将信号传播路径上的总电子含量转换到天顶方向。

目前常用的电离层投影函数包括：单层模型（SLM）投影函数（Zus et al.，2017）、改进的单层模型（MSLM）投影函数（Schaer，1999）、Klobuchar 投影函数（Klobuchar，1975）、GPS 广播星历投影函数（Klobuchar，1987）、多项式投影函数（Clynch et al.，1989）、Smith 投影函数（Smith et al.，2008）、Lear 投影函数（Lear，1987）和 F&K 投影函数（Foelsche and Kirchengast，2002）等，大多数投影函数都是基于单层模型假设，其中 Lear 投影函数和 F&K 投影函数被建议用于低地球轨道（low earth orbit，LEO）卫星的 TEC 计算（Yue et al.，2011；Lear，1987），此外，国内外学者研究了基于人工智能算法构建投影函数模型。各投影函数的表达式见表 7.2。

表 7.2 不同投影函数表达式

投影函数	表达式	备注
SLM	$\dfrac{1}{\sqrt{1-\left(\dfrac{R}{R+h}\right)^2\cos^2 E}}$	R 为地球半径；h 为单层高度；E 为卫星高度角
MSLM	$\dfrac{1}{\sqrt{1-\dfrac{R^2}{(R+h)^2}\sin^2\left[\alpha\left(\dfrac{\pi}{2}-E\right)\right]}}$	α 为常数（0.978 2）；h 为单层高度（506.7 km）；E 和 R 与 SLM 中含义相同
Klobuchar	$1+2\left(\dfrac{96-E}{90}\right)^3$	E 与 SLM 中含义相同
GPS 广播星历	$1+16(0.53-E)^3$	E 与 SLM 中含义相同

投影函数	表达式	备注
多项式	$a_0 + a_1 x^2 + a_2 x^4 + a_3 x^6$	$a_0 = 1.0206$；$a_1 = 0.4663$；$a_2 = 3.5055$；$a_3 = -1.8415$；$x = 2Z/\pi$，Z 为天顶距
Smith	$\dfrac{1}{\left(1 - \dfrac{P}{100}\right)\cos(Z')}$	P 是百分比误差，仅取决于 SLM 的高度和 Z'；Z' 为穿刺点处天顶距
Lear	$\dfrac{2.037}{\cos Z + \sqrt{1.076 - (\sin Z)^2}}$	Z 为天顶距
F&K	$\dfrac{1 + (R+h)/(R+H)}{\sin E + \sqrt{\left(\dfrac{R+h}{R+H}\right)^2 - \cos^2 E}}$	H 为 LEO 卫星高度；R、h 和 E 与 SLM 中含义相同

7.2.3　电离层二维建模

二维电离层建模是将 GNSS 基准站得到的离散的电离层 VTEC 观测值进行模型化。按建模范围大小，电离层数学模型可分为全球模型和区域模型。全球建模时，常采用球谐函数模型和三角格网方法；区域建模时，常采用多项式、广义三角级数、球冠谐模型及三角级数等。下面介绍几种最常用的全球和区域电离层电子含量模型。

1. 球谐函数模型

1999 年，Schaer 采用 15 阶球谐函数建立了全球电离层电子含量模型，并对建模原理与方法做了系统介绍。目前 CODE、ESA、WHU 和 CAS 等电离层分析中心均采用该模型，球谐模型的球面表达式为

$$\text{VTEC}(\beta, s) = \sum_{n=0}^{N} \sum_{m=0}^{n} P_{nm}(\sin\beta)[C_{nm}\cos(ms) + S_{nm}\sin(ms)] \tag{7.5}$$

式中：β 为 IPP 的地磁纬度；$s = \lambda - \lambda_0$ 为 IPP 的日固经度；λ 和 λ_0 分别为穿刺点和太阳的地磁经度；N 为球谐模型展开的最高阶数；C_{nm} 和 S_{nm} 为球谐系数；$P_{nm}(\sin\beta)$ 为完全规格化的 n 阶 m 次 Legendre 函数，可用下式计算：

$$\tilde{P}_{nm}(\sin\varphi) = MC(n,m) \tag{7.6}$$

$$MC(n,m) = \sqrt{(n-m)!(2n+1)(2-\delta_{om})/(n+m)} \tag{7.7}$$

式中：δ_{om} 为 Kronecker 的 δ 函数，计算公式为

$$\delta_{om} = \begin{cases} 0, & m = 0 \\ 1, & m \neq 0 \end{cases} \tag{7.8}$$

球谐系数的个数计算公式为

$$N = (n_{\max} + 1)^2 - (n_{\max} - m_{\max})(n_{\max} - m_{\max} + 1) \tag{7.9}$$

式中：$n_{\max}$、$m_{\max}$ 分别为球谐函数的最高阶数与最高次数。利用 $n_{\max}$、$m_{\max}$ 可以计算出模型

相应的空间分辨率，计算公式为

$$\Delta\beta = 2\pi/n_{\max} \tag{7.10}$$

$$\Delta s = 2\pi/m_{\max} \tag{7.11}$$

2. 三角格网模型

Mannucci 等（1993）提出将电离层薄层球面平均分成等边三角形，并利用三角形顶点处的 TEC 表征全球电离层的变化，STEC 通过其穿刺点所在等边三角形的三个顶点处的 VTEC 内插后投影求得，电离层分析中心 JPL 就是基于该方法计算 GIM。利用该方法计算 STEC 的具体公式为

$$\text{STEC}(\varphi,\lambda) = M(Z) \sum_{i=A,B,C} W(\varphi,\lambda,i) \cdot \text{VTEC}_i \tag{7.12}$$

$$\begin{cases} W(\varphi,\lambda,A) = \dfrac{ED}{AD} \\[2mm] W(\varphi,\lambda,B) = \dfrac{AE \cdot DC}{AD \cdot BC} \\[2mm] W(\varphi,\lambda,C) = \dfrac{AE \cdot BD}{AD \cdot BC} \end{cases} \tag{7.13}$$

利用图 7.3 对式（7.12）和式（7.13）进行解释，其中 A、B 与 C 为等边三角形的顶点，E 为交叉点，D 为 AE 的延长线和 BC 边的交点。其中，VTEC_i 为球面三角顶点 i 处的 VTEC，$W(\varphi,\lambda,C)$ 为与距离相关的权函数，$M(Z)$ 为投影函数。

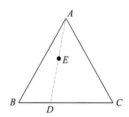

图 7.3　三角格网模型计算电离层 TEC 示意图

3. 多项式模型

Komjathy（1997）利用多项式建立 GPS 电离层模型，该方法将 VTEC 视为纬差 $(\varphi-\varphi_0)$ 和太阳时角差 $(S-S_0)$ 的函数，主要用于区域电离层模型的建立，其计算公式为

$$\text{VTEC} = \sum_{i=0}^{n} \sum_{j=0}^{m} E_{ij} (\varphi-\varphi_0)^i (S-S_0)^j \tag{7.14}$$

式中：n 和 m 分别为多项式函数的最大阶数；E_{ij} 为待估计的多项式模型的系数；φ_0 为测量区域中心点的地理纬度；S_0 为测区中心点 (φ_0,λ_0) 在该时段中心时刻 t_0 的太阳时角；S 为观测时刻穿刺点太阳时角；φ 为穿刺点的地理纬度。

4. 三角级数模型

多项式模型是对日固坐标系下的电子含量进行拟合，无法描述电离层的周日变化，

Georgiadou（1994）提出将三角级数和多项式模型相结合来解决电离层的周日变化问题。Yuan 和 Ou（2004）针对三角级数模型参数不可调导致无法最优描述电离层变化的缺陷，提出了参数可调的广义三角级数模型，并给出了各类参数的物理意义，其表达式为

$$\text{VTEC}(\varphi,h)=\sum_{n=0}^{n_{\max}}\sum_{m=0}^{m_{\max}}\{E_{nm}(\varphi-\varphi_0)^n h^m\}+\sum_{k=0}^{k_{\max}}\{C_k\cos(k\cdot h)+S_k\sin(k\cdot h)\} \tag{7.15}$$

$$h=\frac{2\pi(t-14)}{T},\quad T=24\,\text{h}$$

式中：$n_{\max}$ 和 $m_{\max}$ 分别为多项式的最大阶数和次数；φ 和 φ_0 分别为穿刺点和建模区域中心点的地理纬度；$k_{\max}$ 为三角级数的最大阶数；h 为与 IPP 处地方时（local time，LT）有关的函数；E_{nm}、C_k、S_k 为广义三角级数函数模型待求参数。

5. 球冠谐模型

球冠谐函数是由球谐函数演变而来，球谐函数是针对整个球面建模，而球冠谐函数只是针对局部球面建模，这样能更精细地反映电离层 TEC 的小区域变化。球冠谐模型展开的一般形式可以表示为

$$\text{VTEC}=\sum_{k=0}^{N}\sum_{m=0}^{k}a\left(\frac{a}{r}\right)^{n_k(m)+1}\text{P}_{n_k(m)}^{m}(\cos\theta)[g_k^m\cos(m\lambda)+h_k^m\sin(m\lambda)] \tag{7.16}$$

式中：a 为地球半径，这里取值 6 378 137 m；r、θ、λ 分别为地表某点在球面坐标系下的向径、余纬和经度；VTEC 数据将在半径等于 r 的球面展开；$\text{P}_{n_k(m)}^{m}$ 为第一类边值问题的缔合勒让德函数；$n_k(m)$ 和 m 分别为球冠谐模型的阶数和次数，k 为整数，用于标识 $n_k(m)$ 的顺序。根据 Haines（1985）提出的边界条件，m 为整数，$n_k(m)$ 为实数，且 $k\geqslant m\geqslant 0$；N 为球冠谐模型展开的最高阶次；g_k^m 和 h_k^m 为模型系数，表示谐波的振幅，是待定参数。

7.2.4　电离层参考系统

电离层电子密度的时空分布结构与变化受到不同太阳活动与地球磁场的影响，电子密度的分布也会随着太阳方位而不断变化，因此在选择坐标系时需考虑其影响。常用的电离层参考系统主要分为以下 4 种。

（1）地固地理坐标系：电离层 TEC 建模以 IPP 的地理经度与纬度为模型变量。

（2）地固地磁坐标系：电离层 TEC 建模以 IPP 的地磁经度与纬度为模型变量。

（3）日固地理坐标系：电离层 TEC 建模以 IPP 的地理经度与太阳地理经度的差值和地理纬度为模型变量。

（4）日固地磁坐标系：电离层 TEC 建模以 IPP 的地磁经度与太阳地磁经度的差值和地磁纬度为模型变量。

对于小区域的电离层 TEC 建模，地磁场对模型的影响相对较小，常采用地固地理坐标系或日固地理坐标系，对于全球或较大区域的电离层 TEC 建模，常采用日固地磁坐标系。

7.3 多源数据融合的二维电离层模型

目前，全球电离层模型主要是利用地基 GNSS 观测值建立，虽然多频、多模 GNSS 很大程度上增加了观测值数量，有利于电离层精细化地建模与监测，但地基 GNSS 基准站在全球分布仍不均匀，表现为北半球中纬地区分布密集，南半球和极区分布稀疏，尤其在广阔的海洋地区存在观测空白的现象。虽然通过一定的约束和模型优化可弥补观测数据在海洋区域的不足，但不能从根本上解决 GIM 在海洋区域精度和可靠性较低的问题。

20 世纪 90 年代起，空基电离层探测技术得到了快速发展。空基电离层探测具有精度高、全球覆盖均匀、不受地理限制等优点，利用空基技术探测电离层成为一个重要的研究方向，国际上也相继发射了 Orsted、CHAMP、SAC-C、GRACE 和 COSMIC 等卫星星座。目前，海洋测高卫星、LEO 掩星和多里斯（DORIS）系统的数据预处理方法都比较成熟，可获得高精度的电离层观测数据。

海洋测高卫星的轨道覆盖大部分海洋地区，可以得到轨道星下点处的 VTEC 信息，LEO 卫星的掩星观测也可获得大量的全球均匀分布的电离层信息。DORIS 系统是法国研制的一种基于多普勒测量的轨道确定和无线电定位系统。目前，全球共有超过 70 个均匀分布的永久信标站，由于信标站只需要发布信号而无须接收信号，更易于布设在边远地区和海岛之上。因而，将空基电离层数据与地基 GNSS 观测数据进行融合，可以有效提高电离层模型在海洋地区的精度和可靠性。

提高全球电离层模型整体精度和可靠性的关键在于弥补地基 GNSS 观测数据在海洋地区的缺失问题。近年来的研究结果表明，将海洋测高卫星和 DORIS 数据融合到二维电离层模型中能够有效提高全球电离层模型的精度。

7.3.1 多源 VTEC 计算

测高卫星、LEO 掩星和 DORIS 系统获取电离层 VTEC 的方法不尽相同，本小节将对三种系统获取电离层 VTEC 的方法进行简单介绍。

1. 测高卫星 VTEC 计算

测高卫星的主要目的是获得海平面变化信息，为大洋和区域性海洋潮汐研究提供基础数据。下面以 Jason 系列卫星为例说明测高卫星 VTEC 的计算方法。Jason 系列卫星轨道高度为 1 336 km，星载雷达高度计为双频发射，主频为 Ku 波段（13.575 GHz），辅频为 C 波段（5.3 GHz）。电离层对电磁波路径的影响与自由电子的密度成正比，与电磁波的频率平方成反比，其计算公式为

$$VTEC = -\frac{dR \cdot f^2}{40.3} \tag{7.17}$$

式中：f 为测高卫星观测值频率；Jason 系列卫星的雷达高度计可以直接获得发射信号的差分群路径 dR，从而得到电离层范围内的校正 dR 并将其转换为 VTEC。差分群路径是指从卫星发射信号到地面再返回卫星的信号路径的相位延迟。这种延迟可以由电离层的电子

含量引起，因此差分群路径的变化可以用来推断电离层中电子含量的变化。电离层中的电子含量越高，微波信号的相位延迟就越大。通过测量差分群路径的变化，可以推断电离层中的电子含量变化，然后进行相应的校正。但 Jason 系列卫星获得的 VTEC 不包含卫星轨道以上电子含量，可以将测高卫星轨道以上的 VTEC 在一个解算时段内看作常数和模型参数一起进行求解。

2. LEO 掩星 VTEC 计算

目前在轨运行的掩星系统主要是 COSMIC 和 COSMIC2，是用于天气、气候和电离层观测的空基 GNSS 掩星观测系统，该系统每天可提供全球数千次掩星观测数据。掩星探测技术具有高精度、高垂直分辨率、全球覆盖等优势。COSMIC 数据分析与管理中心（COSMIC Data Analysis and Archive Center，CDAAC）的 level2 "ionprf" 产品提供了由掩星观测数据直接获得的卫星轨道以下部分的 VTEC0 和利用经验模型外推得到的卫星轨道以上部分的 VTEC1。同时需要注意，COSMIC/COSMIC2 卫星提供的 VTEC 同地基 GNSS 数据得到的 VTEC 之间存在一个系统偏差，数据处理时需要将每一颗 COSMIC/COSMIC2 卫星在一个解算时段内的偏差看作一个常数进行求解。

3. DORIS 系统 VTEC 计算

DORIS 系统的主要目的是卫星精密定轨，但也是研究电离层的一种有效手段。为消除信号从地面信标传播到达卫星过程受到的电离层延迟影响，DORIS 系统采用了与 GPS 系统相似的双频信号，通过两个频率（$f_1 = 2\ 036.25\ \text{MHz}$ 和 $f_2 = 401.25\ \text{MHz}$）观测量组合的方式消除观测数据中电离层延迟影响，因此也可以使用 GNSS 同样的方法获得信号传播路径上的 STEC，再通过投影函数获得 VTEC。

在 Jason-2 卫星上首次配备了新一代 DORIS 接收机 DGXX，不仅能输出与前两代接收机相同的多普勒数据，同时还能输出与 GPS 观测数据相似的 RINEX 格式的双频伪距和相位观测数据。DORIS 相位观测值精度为几个毫米，非常适用于建立高精度的电离层模型。目前已有 Jason-2、Cryosat-2、SARAL 和 HY-2A 等多颗卫星搭载了新一代 DORIS DGXX 接收机，可以直接获得两个频率的相位观测值。

由于 DORIS 伪距观测值的精度仅为 $1 \sim 5\ \text{km}$，精度较低，所以建立电离层模型时只能采用相位观测值，而相位观测值存在整周模糊度，利用相位观测值得到的 TEC 与实际的 TEC 之间存在系统偏差（与 GPS 系统类似），只能利用外部数据对其进行校正。DORIS 系统双频相位观测方程为

$$\begin{cases} \lambda_1 \phi_1 = D + c(\tau_r - \tau_e) + I_p + V_{tro} + \lambda_1 N_1 + \varepsilon_1 \\ \lambda_2 \phi_2 = D + c(\tau_r - \tau_e) + \gamma I_p + V_{tro} + \lambda_2 N_2 + \varepsilon_2 \end{cases} \tag{7.18}$$

式中：λ_1 和 λ_2 分别为地面信标站发射 L1 和 L2 信号的波长；$I_p = -\dfrac{40.3\text{TEC}}{f^2}$ 为 L1 上的相位观测值受到的电离层延迟；$\gamma = f_1^2 / f_2^2$；V_{tro} 为对流层延迟；N_1 和 N_2 分别为 L1 和 L2 上的整周模糊度；ε_1 和 ε_2 为观测噪声；D 为地面信标站相位中心到卫星天线相位中心的几何距离；

τ_r 和 τ_e 分别为接收机接收时间误差和信标发射时间误差。将式（7.18）中两式相减，并顾及 I_p 得

$$\text{TEC} = \frac{f_1^2 f_2^2}{40.3(f_1^2 - f_2^2)}[(\lambda_1\phi_1 - \lambda_2\phi_2) - (\lambda_1 N_1 - \lambda_2 N_2)] \qquad (7.19)$$

忽略整周模糊度的影响，得到含有系统偏差的 TEC_{Bias}：

$$\text{TEC}_{\text{Bias}} = \frac{f_1^2 f_2^2 (\lambda_1\phi_1 - \lambda_2\phi_2)}{40.3(f_1^2 - f_2^2)} \qquad (7.20)$$

DORIS 数据处理时采用与 GNSS 相同的单层模型假设，通过投影函数将信号传播路径上的 TEC 投影到天顶方向上。

对 DORIS TEC 进行校正时需利用外部电离层模型，一种有效的处理办法是首先仅使用 GNSS 数据建立电离层模型，得到模型参数，然后利用所得到模型计算每个 DORIS 观测弧段内相位观测值对应穿刺点处的 VTEC，将模型得到的 TEC 与 DORIS 计算得到的 TEC 求差，获得一个弧段内的平均偏差，将弧段内每一个计算值加上平均偏差值即可实现对 DORIS VTEC 的校正。

7.3.2　基于球谐模型的多源数据融合

GNSS 数据是建立全球电离层模型的主要数据源，但是 GNSS 跟踪站分布不均匀且海洋区域缺乏数据，而测高卫星、LEO 掩星和 DORIS 系统的电离层观测数据在海洋地区有着更好的分布，对不同手段获取的电离层数据进行组合将改善电离层数据的全球分布，有望构建精度更高、适用性更强的电离层模型。目前最常用的全球电离层模型为 15×15 阶的球谐函数模型。为了顾及不同系统电离层估计值之间的系统偏差，可与模型系数和硬件延迟一起进行解算。考虑各类观测值之间的精度差异，采用赫尔默特方差分量估计的方法精确定权。需要求解的参数依次为球谐函数系数、接收机硬件延迟、卫星硬件延迟、系统偏差等。多源数据融合的法方程系数阵为 GNSS、海洋测高卫星、LEO 掩星和 DORIS 系统的法方程系数阵之和，如下所示：

$$\begin{aligned}
N_{\text{COMB}} &= \sigma_{\text{GNSS}}^2 N_{\text{GNSS}} + \sigma_{\text{ALT}}^2 N_{\text{ALT}} + \sigma_{\text{COSMIC}}^2 N_{\text{COSMIC}} \\
&= \sigma_{\text{GNSS}}^2 (A_{\text{GNSS}}^T P_{\text{GNSS}} A_{\text{GNSS}}) + \sigma_{\text{ALT}}^2 (A_{\text{ALT}}^T P_{\text{ALT}} A_{\text{ALT}}) \\
&\quad + \sigma_{\text{COSMIC}}^2 (A_{\text{COSMIC}}^T P_{\text{COSMIC}} A_{\text{COSMIC}})
\end{aligned} \qquad (7.21)$$

式中：N 为法方程矩阵；A 为设计矩阵；P 为权阵；σ 为观测值的方差。

为了减少资源占用、提高建模的效率，建模时采用法方程叠加法。图 7.4 为多源数据融合建模时法方程叠加示意图，叠加之后的法方程为对角矩阵，图中不同的颜色和分块代表需要求解的各种参数（球谐模型系数、硬件延迟和系统偏差等）所处的位置，且法方程中存在大量的零元素（图中绿色表示的部分），计算时仅对非零元素进行运算，以进一步提高建模的效率。

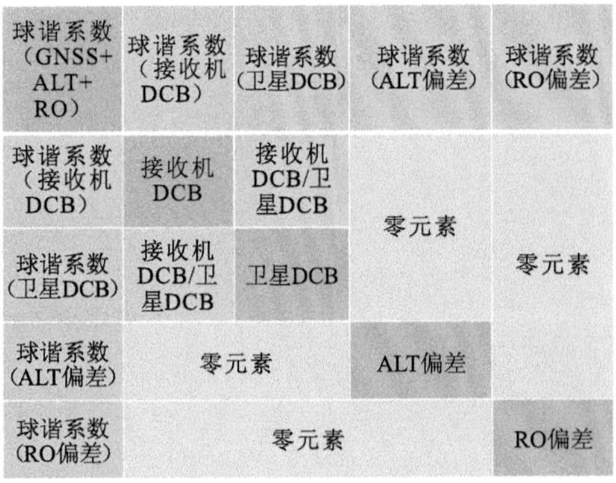

球谐系数（GNSS+ALT+RO）	球谐系数（接收机DCB）	球谐系数（卫星DCB）	球谐系数（ALT偏差）	球谐系数（RO偏差）
球谐系数（接收机DCB）	接收机DCB	接收机DCB/卫星DCB	零元素	零元素
球谐系数（卫星DCB）	接收机DCB/卫星DCB	卫星DCB	零元素	零元素
球谐系数（ALT偏差）	零元素		ALT偏差	零元素
球谐系数（RO偏差）	零元素		零元素	RO偏差

图 7.4 多源数据融合建模时法方程叠加示意图

7.3.3 方差分量估计

构建多源数据融合的全球电离层 TEC 模型时，需要考虑不同系统之间的精度差异，如何对不同数据合理定权是数据融合的关键问题之一。为了合理和准确地确定各系统观测值的权重，采用赫尔默特方差分量估计方法。

7.3.4 数据实验

本小节给出利用多源数据融合建立全球电离层模型的实例，分析多源数据融合相对仅采用地基 GNSS 观测数据建模的优势。

1. 数据介绍

使用 2013 年 5 月共 31 天的数据来验证多源数据融合对提高海洋区域模型精度和可靠性的作用。其中，GNSS 数据的时间间隔为 30 s，截止高度角为 15°。DORIS 数据的时间间隔为 10 s，截止高度角为 10°。Jason-1/-2 数据的原始时间间隔为 1 s，本小节使用滑动窗口法对原始数据进行平滑去噪，窗口长度为 180 s，并以 10 s 的时间间隔对数据进行重采样。

图 7.5 展示了使用的全球 233 个 IGS 基准站的全球分布情况，其中 144 个站可以同时获得 GPS 和 GLONASS 两个系统的观测数据。

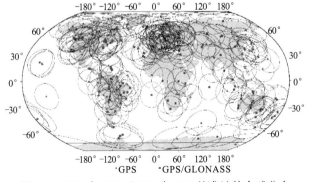

图 7.5 2013 年 121 天 233 个 IGS 基准站的全球分布

三角形表示 GPS 跟踪站，正方形表示 GPS/GLONASS 观测站，黑色圆圈表示各基准站探测到的电离层区域

Jason-1/-2 在 2013 年 121 天的轨迹如图 7.6 所示,Jason-1/-2 的 VTEC 主要覆盖 66°S~66°N 的海洋区域,可以弥补海洋地区地基 GNSS 观测数据的不足。

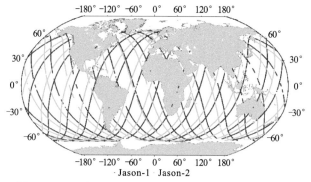

图 7.6　2013 年 121 天 Jason-1/-2 的 VTEC 数据分布图

图 7.7 展示了 COSMIC 无线电掩星数据的全球分布,2013 年 121 天共有 1 051 次 COSMIC 电离层掩星事件。COSMIC 掩星事件一般在±75°之间的海洋和陆地区域均匀分布,加入 COSMIC 无线电掩星得到的 VTEC 数据有助于提高海洋区域的精度和可靠性。

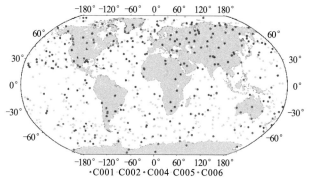

图 7.7　2013 年 121 天 COSMIC 所得到的 VTEC 数据分布图

图 7.8 展示了 2013 年 121 天 DORIS 卫星获得的 VTEC 观测值分布,当天可以获得 Jason-2、HY-2A、CryoSat-2 和 SARAL 4 颗低轨卫星的 DORIS 观测数据。可以看出 DORIS 获取的 VTEC 观测值在海洋区域分布较为密集,特别是在太平洋东南部、大西洋南部、印度洋南部及南极地区,这些地区恰好是地基 GNSS 跟踪站分布最稀疏的地区。因此,将 DORIS VTEC 数据纳入电离层建模,模型的精度和可靠性有望进一步提高。

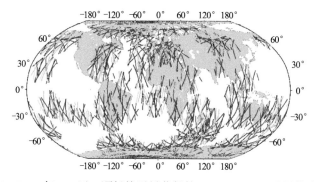

图 7.8　2013 年 121 天 4 颗低轨卫星获得的 DORIS VTEC 观测值分布图

2. 结果分析

本小节比较使用地基 GNSS VTEC、GNSS VTEC+卫星测高 VTEC、GNSS VTEC+无线电掩星 VTEC、GNSS VTEC+DORIS VTEC 及地基 GNSS VTEC+卫星测高 VTEC+无线电掩星 VTEC+DORIS VTEC 5 种方法所得到的 GIM，分析加入卫星测高、无线电掩星和 DORIS 数据后对 GIM 的影响。

1）仅采用地基 GNSS 数据得到的 GIM

图 7.9 展示了仅使用 GNSS 数据得到的 2013 年 121 天 10∶00 UT 的 GIM、估计误差以及 09∶00～11∶00 UT 2 h 内地基 GNSS VTEC 观测分布图。可以看出，电离层 VTEC 的全球

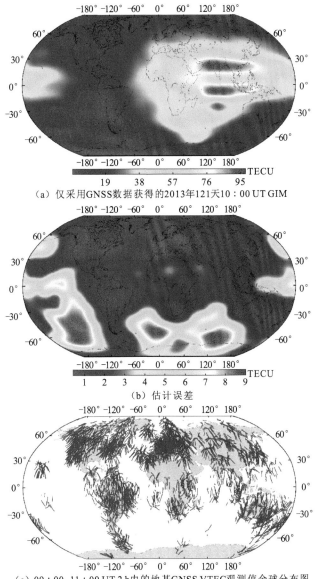

（a）仅采用GNSS数据获得的2013年121天10∶00 UT GIM

（b）估计误差

（c）09∶00～11∶00 UT 2 h 内的地基GNSS VTEC观测值全球分布图

图 7.9　仅采用 GNSS 数据获得的 2013 年 121 天 10∶00 UT GIM、估计误差

以及 09∶00～11∶00 UT 2 h 内的地基 GNSS 观测值全球分布图

分布和变化得到了很好的表现，也清晰地显示了电离层赤道异常。大部分地区的估计误差较低，但在一些 GNSS 跟踪站分布稀疏的地区，误差明显偏大，说明模型精度与观测数据分布密切相关。陆地区域的精度较高，海洋区域的精度较低，特别是太平洋北部和东南部、大西洋以南及印度洋以南靠近南极点的区域。这些区域的估计误差甚至达到了 8.5 TECU。因此，如果仅使用 GNSS 数据构建 GIM，站点分布不均的问题会导致海洋区域的准确性和可靠性不足。图 7.9（c）显示了 09：00～11：00 UT 2 h 内 GNSS VTEC 观测值的全球分布，可以看出，海洋和陆地区域存在较大的穿刺点差距，这些区域缺乏观测数据直接导致估计误差明显高于其他区域。

2）地基 GNSS、卫星测高、无线电掩星、DORIS 数据融合的 GIM

根据上述分析，将地基 GNSS、卫星测高、无线电掩星和 DORIS 数据融合进行建模，将会得到更密集的全球观测数据，尤其是在海洋区域。融合多源数据可以发挥其优势，获得更准确和更可靠的 GIM。图 7.10 显示了仅使用 GNSS 数据的模型与使用多源数据融合的模型之间的 VTEC 和估计误差的差异。多源数据融合后，VTEC 发生了-11.0～5.0 TECU的变化，GIM 的准确性显著提高，估计误差最大减少了 5.5 TECU。比较表明，融合地基 GNSS、卫星测高、无线电掩星和 DORIS 数据对 GIM 进行建模，可使模型精度得到最大程度的提高。这也说明，融合来自更多不同技术的电离层数据有助于在更大范围内构建高精度、高分辨率和高可靠性的电离层模型。

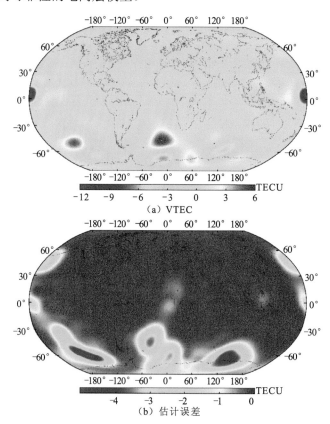

图 7.10　2013 年 121 天 10：00 UT 的仅使用 GNSS 数据建模与 GNSS、卫星测高、
无线电掩星和 DORIS 数据融合建模的 VTEC 和估计误差的差异

3. 权重分析

在使用方差分量估计确定不同类型观测值的权重时,将 GPS 观测值的权重设为常数 1,再进一步确定其他类型电离层观测值的权重。2013 年 5 月不同卫星观测值的权重统计结果见表 7.3。GLONASS 的权重最低,平均值仅为 0.37,标准差为 0.03。Jason-1/-2 和 5 颗 COSMIC 卫星的平均权重均接近 0.5,但 DORIS 获得的 VTEC 精度最高。Cryosat-2 和 HY-2A 的平均权重接近 0.9,而 DORIS 和 Saral 的平均权重均大于 1。

表 7.3 2013 年 5 月(121~151 天)的不同卫星观测值的权重

卫星	最大值	最小值	平均值	标准差
GLONASS	0.41	0.31	0.37	0.03
Jason-1	0.66	0.39	0.48	0.07
Jason-2	0.63	0.38	0.48	0.06
C001	0.76	0.27	0.46	0.11
C002	0.58	0.32	0.43	0.07
C004	0.79	0.37	0.51	0.10
C005	0.51	0.33	0.40	0.05
C006	0.69	0.33	0.44	0.09
Cryosat-2	1.17	0.66	0.87	0.13
HY-2A	1.13	0.61	0.86	0.14
DORIS	1.59	0.84	1.11	0.20
Saral	1.48	0.73	1.07	0.17

7.4 等离子体层电子含量二维模型

由稠密的具有较低能量的等离子体所构成的等离子体层,是地球外层大气的重要组成部分,其内部包含大量的 H^+(约 80%)、He^+(10%~20%)和少量的 O^+(5%~10%),高度范围为地球半径的 3~5 倍。虽然等离子体层的电子密度要比电离层小几个数量级,但是在夜晚,等离子体层电子含量相对二者的总电子含量占有相当大的比例。此外,等离子体层与电离层之间存在离子交换和耦合。因此,研究等离子体层的结构和时空分布,不仅有助于揭示等离子体层与电离层离子交换和耦合的物理机制,而且可据此建立模型对卫星信号的延迟进行更加精确的改正,从而提高卫星导航定位的精度。

7.4.1 等离子体层研究进展

鉴于等离子体层在卫星定位、电离层与等离子体层耦合机制等方面的重要作用,国内外众多学者对此开展了广泛而深入的研究。Richards 等（2000）通过惠斯勒观测研究了地磁活动平静时期美国东部等离子体层电子密度的变化特征，结果表明等离子体层的电子密度呈现明显的年周期变化，并指出导致这一变化的因素是等离子体层自身的热结构。Balan 等（2002）利用日本 GPS 观测网络的数据和谢菲尔德大学等离子体层模型（Sheffield University plasmasphere ionosphere model，SUPIM）计算出太阳活动剧烈时期和地磁活动平静时期等离子体层电子含量，结果表明日本地区等离子体层电子含量（plasmaspheric electron content，PEC）随着季节和地磁纬度变化明显，PEC 随纬度的增加而降低，下降幅度最大的季节为冬季，最小的为夏季，一天中 PEC 变化微小，但其对 TEC 的贡献却随时间变化明显。Belehaki 等（2004）利用电离层测高仪和 GPS 观测数据研究了雅典地区等离子体层的电子含量及其相对贡献，结果表明太阳活动平静时期该地区 PEC 呈现周期性变化，早晨具有最小值，夜晚具有最大值，PEC 占 TEC 的比重与季节相关，冬季夜晚 PEC 的相对贡献达到 50%，其他季节为 20%～30%。McKinnel 等（2007）利用南非格雷厄姆斯敦（Grahamstown）站 2005 年 3～6 月的电离层测高仪数据和 GPS 观测数据研究了南非地区的 PEC 变化特征，表明在太阳活动平静时期南非 Grahamstown 地区的 PEC 对总电子含量的贡献在夜间约为 65%，白天为 10%。Yizengaw 等（2008）利用不同太阳活动水平下的 Jason-1 卫星和 GPS 卫星的同步观测数据，分析了不同太阳活动时期不同纬度 PEC 对 TEC 的贡献，表明 PEC 对总电子含量的贡献与地磁纬度相关且呈周期性变化，PEC 的相对贡献随纬度降低而增加，赤道地区的 PEC/TEC 最大，PEC 的相对含量在不同太阳强度下量级不同，表明 PEC 的相对含量不仅与地方时相关，还与太阳活动相关。Vryonides 等（2012）采用 2007～2010 年的 GPS 卫星数据和 COSMIC 掩星资料对欧洲地区的 PEC 进行了研究分析，结果表明 PEC 随着地磁纬度的升高而减小，太阳活动平静时期欧洲地区 PEC 对 TEC 的贡献白天为 20%，夜晚为 60%。Klimenko 等（2015）利用 GSM TIP 模型来估计不同纬度地区等离子体层电子含量对总电子含量的贡献，结果表明地磁赤道附近的 PEC 贡献最高，夜晚可以达到 85%，白天约为 40%，PEC 随着高度的增加而减小，主要分布于等离子体层底部。Chen 和 Yao（2015）研究了 PEC 随地方时、地理纬度、季节的变化规律，结果表明全球范围内 PEC 平均值为 4.02 TECU，PEC 存在周期性变化特征，白天 PEC 值要高于夜晚；PEC 随季节变化且夏季半球高于冬季半球，PEC 对 TEC 的贡献冬季半球要高于夏季半球。张满莲等（2016）利用 COSMIC 低轨卫星对 GPS 信号的顶部观测值直接建模获得 2008 年太阳活动低年的 PEC，发现 PEC 主要分布在磁赤道环地球的区域，PEC 在 12～16 磁地方时（magnetic local time，MLT）达到最大值，不同经度链上的 PEC 存在不同季节变化特征。

7.4.2　等离子体层电子含量提取方法

目前，提取等离子体层电子含量 PEC 的方法主要有两种。

（1）采用导航卫星与低轨卫星同步观测求差的方法。低轨卫星可以观测到轨道高度以下的电离层电子含量，将这部分从 GNSS TEC 中进行扣除，即可得到顶部电离层电子含量。但这种方法中两种卫星的轨道高度差区间不一定是等离子体层的高度区间，而且低轨卫星高度也不尽相同。

（2）低轨卫星顶部测量直接获取等离子体层的电子含量。采用低轨卫星的导航天线可直接估计顶部电离层电子含量，此时可将低轨卫星近似为布设在轨道高度上的一个动态地面基站，该方法可以较好地获取全球范围内的等离子体层电子含量，时间分辨率高，误差小，但同样存在不同低轨卫星轨道高度不同的问题。

7.4.3　全球等离子体层电子含量模型建立

为了得到不同地球物理情况下等离子体层的电子含量，需要根据全球范围内高时空分辨率的海量资料建立全球等离子体层 PEC 模型，以此来研究全球等离子体层的变化规律，并对等离子体层电磁信号延迟影响进行改正。由于低轨卫星顶部测量获得的电子含量具有高时空分辨率、覆盖范围广等诸多优点，可以利用 COSMIC 和 MetOp-A 卫星顶部测量获得的信号传播路径上的 TEC 数据，建立全球等离子体层模型。

COSMIC 是 2006 年 4 月中旬发射的 6 颗卫星无线电掩星任务。在发射后的 17 个月里，卫星逐渐运动到高度约 800 km 的最终轨道上，相邻轨道平面之间的夹角为 30°。每颗卫星使用 4 根 GPS 接收天线，两根 50 Hz 的掩星天线用于大气剖面分析，两根 1 Hz 的定轨天线用于轨道确定和电离层剖面分析。2006 年 10 月 19 日，欧洲第一颗极轨气象卫星 MetOp-A 成功发射，2007 年 5 月中旬宣布全面投入运行。卫星轨道倾角为 98.7°，卫星高度为 817 km，绕地球运行一周需 101 min。

由于 COSMIC 和 MetOp-A 卫星的高度约为 800 km，可将 COSMIC 和 MetOp-A 卫星得到的 TEC 近似看作等离子体层的总电子含量 PEC。COSMIC 数据分析与管理中心 CDAAC 除提供原始的 GPS 载波相位观测值和伪距观测值之外，还提供相位平滑伪距得到的 TEC 产品 podTec（https://cdaac-www.cosmic.ucar.edu/cdaac/cgi_bin/fileFormats.cgi?type＝podTec），由于 podTec 给出的是信号传播路径上的总电子含量，需将其转换为天顶方向的总电子含量 PEC：

$$PEC = podTec \cdot mf \tag{7.22}$$

$$mf = \frac{\sin e + \sqrt{(R_{pp}/R_{orb})^2 - \cos^2 e}}{1 + R_{pp}/R_{orb}}$$
$$R_{pp} = R_e + H_{pp}$$
$$R_{orb} = R_e + H_{orb} \tag{7.23}$$

式中：e 为信号传播路径的高度角；R_e 为地球半径；H_{pp} 为 LEO-GPS 卫星连线在等离子体层中的穿刺点高度；H_{orb} 为低轨卫星的轨道高度。H_{pp} 可选为几百到几千千米，本书选取 H_{pp} 值为 2 000 km。

利用合适的模型将天顶方向的总电子含量 PEC 进行拟合，可得到全球等离子体层模型，球谐函数模型是电离层研究领域最常用的模型，可将其应用于全球等离子体层电子含量建模。由于等离子体层的 TEC 量级较小且结构复杂性小于电离层，采用 9×9 阶的球谐函数模型即可较好地反映全球等离子体层电子含量的分布和变化。

7.4.4　全球等离子体层电子含量模型算例分析

以 2009 年 COSMIC 提供的 podTec 产品为基础，建立全球等离子体层电子含量模型，并将模型与 MetOp-A 卫星的 TEC 观测值进行比较，验证模型的精度。然后联合使用 COSMIC 和 MetOp-A TEC 观测值，进一步提高模型的精度和可靠性。建模时观测数据的采样率为 5 s，截止高度角为 5°，单层等离子体层的高度为 2 000 km，解算时段为 6 h。此外，为了进一步验证模型的精度，将估计的卫星和接收机的 DCB 分别与 CODE 和 CDAAC 提供的结果进行比较。最后利用联合 COSMIC 和 MetOp-A 观测值建立的全球等离子体层模型分析 PEC 随纬度、地方时和季节的变化规律。

1. 仅采用 COSMIC 数据的全球等离子体层模型

本小节给出仅采用 COSMIC 观测值得到的全球等离子体层模型，以 2009 年 001 天 09：00 和 15：00 UT 为例，分析 PEC 及其 RMSE 全球分布，并得出全球等离子体层 PEC 分布特征。

图 7.11 为 06：00～12：00 UT 和 12：00～18：00 UT 2 个时段内 COSMIC 卫星和 GPS 卫星的连线在 2 000 km 高度的穿刺点分布图。由图可知，6 h 内穿刺点的分布基本覆盖整个地球，而且在陆地和海洋地区不存在明显差异，这为建立全球等离子体层格网模型提供了可能。

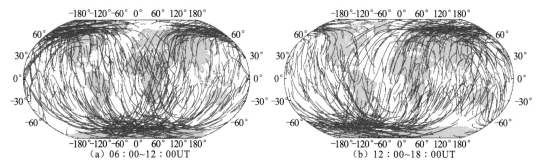

(a) 06：00～12：00UT　　　　　　　　(b) 12：00～18：00UT

图 7.11　2009 年 001 天 06：00～12：00 UT 和 12:00～18：00 UT 6 h 内 COSMIC 卫星和 GPS 卫星连线在 2 000 km 高度上的投影

图 7.12 为 09：00 UT 和 15：00 UT PEC 及其 RMSE 全球分布图。由图可知，PEC 主要分布在赤道两侧±60°以内的区域内，而±60°以外区域的 PEC 接近零。PEC 峰值出现在赤道附近，峰值约为 10 TECU，远小于电离层 TEC。峰值随时间变化发生移动，峰值出现的地方时为 12～13 时，表明模型具有很高的内符合精度。比较图 7.11 与图 7.12 可以发现，RMSE 较小的区域为观测值分布较密集的区域，而 RMSE 较大的区域恰好是观测值稀少且靠近赤道的区域。

2. 卫星和接收机 DCB 精度验证

DCB 是验证模型精度的重要指标，图 7.13 为 2009 年 GPS 卫星的 DCB 估计值与 IGS 提供的 DCB 的对比图。从图中可以看出，DCB 估计值与 CODE 的结果符合度较好，年内

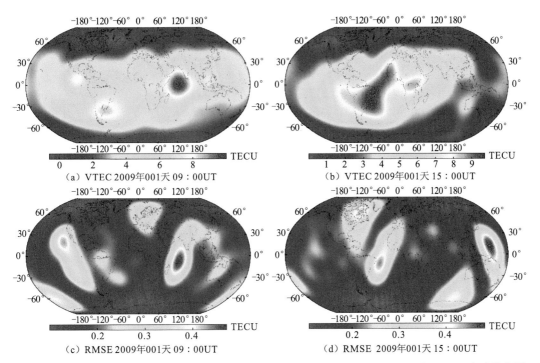

图 7.12　仅采用 COSMIC 数据得到的 2009 年 001 天 09：00 和 15：00 UT PEC 和 RMSE 全球分布图

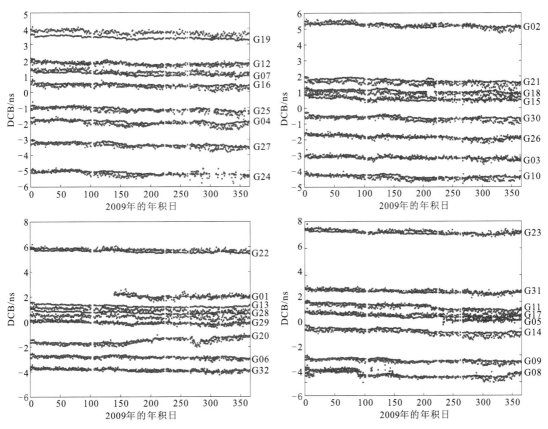

图 7.13　2009 年 GPS 卫星 DCB 估计值与 CODE 结果的对比图

变化趋势也一致。作为模型解算参数的一部分，卫星 DCB 的符合度较好地验证了建立的全球电离层模型的可靠性。CODE 给出的 DCB 年内稳定性高于本例估计的结果，原因在于 CODE 估计 DCB 时采用了全球超过 300 个 GNSS 测站的数据，数据量远远大于使用 6 颗 COSMIC 卫星的观测量。

表 7.4 给出了 2009 年 GPS 卫星的 DCB 估计值和 CODE 结果之差的年平均值和 RMSE。由表可知本例估计的 DCB 与 CODE 结果符合度很好，大部分卫星的年平均值接近 0 ns，大部分卫星的 RMSE 小于 0.2 ns。

表 7.4　2009 年 GPS 卫星 DCB 估计值与 CODE 结果之差的年平均值和 RMSE 统计 （单位：ns）

卫星号	年平均值	RMSE	卫星号	年平均值	RMSE
1	0.01	0.15	17	0.12	0.15
2	0.01	0.14	18	−0.12	0.15
3	0.04	0.11	19	0.33	0.34
4	−0.10	0.16	20	−0.08	0.15
5	0.01	0.12	21	−0.19	0.22
6	−0.07	0.11	22	0.15	0.18
7	0.15	0.18	23	0.10	0.15
8	−0.06	0.12	24	−0.07	0.16
9	−0.10	0.13	25	−0.10	0.15
10	−0.11	0.16	26	−0.02	0.10
11	−0.11	0.15	27	−0.10	0.14
12	−0.03	0.10	28	−0.34	0.36
13	−0.30	0.32	29	0.02	0.11
14	−0.19	0.21	30	−0.12	0.16
15	0.08	0.14	31	0.08	0.14
16	−0.11	0.15	32	0.06	0.11

图 7.14 为本例 2009 年 COSMIC 接收机 DCB 估计值与 CDAAC 提供的结果的对比图。由图可知，2009 年所有 COSMIC 卫星均在运行，各个天线的 DCB 虽有一定差异，但是均小于 0 ns。估计的结果与 CDAAC 提供的结果非常接近，这也验证了 CDAAC 估计 DCB 方法的可靠性。此外，pod1 数据的完整性较好，而 pod0 中有 4 颗卫星的数据缺失非常严重。相对于卫星的 DCB，接收机的 DCB 在一年之内的波动性较大，变化幅度为 2 ns。

表 7.5 给出了 2009 年 COSMIC 接收机 DCB 估计值与 CDAAC 之差的年平均值和 RMSE。由表可知平均值接近 0 ns，除 COSMIC 3 之外均在 ±0.25 ns 以内，表明了本小节估计结果的精确性。除 COSMIC 5 pod1 和 COSMIC 1 pod1 之外，其他卫星的年平均值均小于 0 ns，表明本例的 DCB 估计值小于 CDAAC 的结果。RMSE 大多在 0.4 ns 以内，只有 COSMIC 5 pod0 和 COSMIC 3 超过了 0.5 ns，最大值为 0.63 ns。对照图 7.14 可知，COSMIC 5 pod0 和 COSMIC 3 pod0 观测数据严重缺失，天线工作状态不稳定，从而导致 RMSE 差异过大。

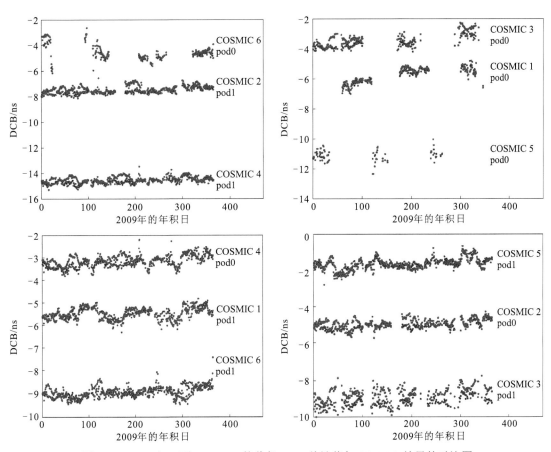

图 7.14 2009 年 6 颗 COSMIC 接收机 DCB 估计值与 CDAAC 结果的对比图

表 7.5 **2009 年 COSMIC 接收机 DCB 估计值与 CDAAC 之差的年平均值和 RMSE** （单位：ns）

卫星	天线	平均值	RMSE
COSMIC 1	0	−0.04	0.23
	1	0.06	0.22
COSMIC 2	0	−0.21	0.31
	1	−0.23	0.35
COSMIC 3	0	−0.40	0.50
	1	−0.55	0.63
COSMIC 4	0	−0.15	0.28
	1	−0.18	0.32
COSMIC 5	0	−0.13	0.52
	1	0.05	0.23
COSMIC 6	0	−0.24	0.36
	1	−0.07	0.29

3. MetOp-A 观测值的精度检核

本小节将不参与建模的 MetOp-A TEC 观测值作为外部检核数据，通过比较 MetOp-A TEC 观测值和全球等离子体层模型 TEC 的差值来验证仅采用 COSMIC TEC 建立的全球等离子体层模型的精度。图 7.15（a）为 2009 年 001 天 MetOp-A 卫星 TEC 观测值的全球分布图，由图可知观测值在高纬度地区较小，在纬度大于 50° 的区域仅为 1 TECU 左右，在赤道附近较大，最大值接近 10 TECU。由于观测误差，印度洋西南部靠近南极洲地区部分 TEC 小于零。图 7.15（b）给出了由 COSMIC 卫星观测值建立的模型内插得到的 MetOp-A 卫星观测值相同位置处的 TEC，由图可知，模型计算值和观测值在大部分地区非常接近，很好地反映了 TEC 的全球分布特征。仅在南美地区 TEC 峰值附近略有差异，且模型计算值小于观测值。此外，模型计算值没有出现负值。图 7.15（c）给出了图 7.15（a）和（b）中计算值和观测值求差的结果，由图可知大部分地区二者差异接近 0 TECU，仅在南美部分地区达到-4 TECU，而在非洲南部和印度洋西南靠近南极地区 TEC 观测值小于 0 TECU，二者之差接近 2 TECU。图 7.15（d）给出了误差的直方图，由图可知模型计算值整体上小于 MetOp-A 卫星观测值，平均值为-0.8 TECU，RMSE 为 1.34 TECU，84.3%的误差在-2～1 TECU，表明模型的精度较高。

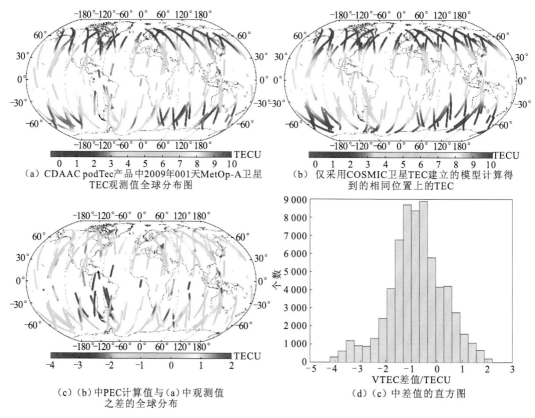

（a）CDAAC podTec产品中2009年001天MetOp-A卫星
TEC观测值全球分布图

（b）仅采用COSMIC卫星TEC建立的模型计算得
到的相同位置上的TEC

（c）（b）中PEC计算值与（a）中观测值
之差的全球分布

（d）（c）中差值的直方图

图 7.15　2009 年 001 天 MetOp-A 观测的 TEC 与模型计算的 TEC 对比图

图 7.16 为 2009 年 MetOp-A 卫星 TEC 观测值与仅采用 COSMIC 卫星观测值建立的全球等离子体层模型计算值之差的 RMSE 时间序列图，其中蓝色曲线为高度角大于 60° 的

PEC 观测值与对应的模型计算值之差的 RMSE, 红色曲线为高度角大于 70° 的观测值与模型计算值之差的 RMSE。由图可知, RMSE 的平均值分别为 1.40 TECU 和 1.12 TECU, 均小于 1.8 TECU。此外, 高度角大于 60° 的观测值的 RMSE 大于高度角大于 70° 的观测值的 RMSE, 可见低高度角的观测值与模型计算值之间的差异更大, 这是因为电离层投影函数在低高度角时误差较大, 且模型建立时低高度角的观测值权值较低, 对最终结果的影响相对较小。

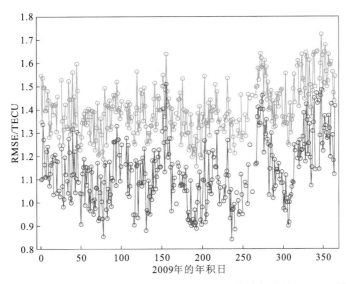

图 7.16 2009 年 MetOp-A 卫星 TEC 观测值与模型计算值之差的 RMSE 时间序列图

4. 联合 COSMIC 和 MetOp-A 数据的全球等离子体层模型

本小节联合使用 COSMIC 和 MetOp-A 数据建立全球等离子体层模型, 增加观测值的数量, 进一步提高模型的精度和可靠性。为了减少未知参数的数量, 本例在联合 COSMIC 和 MetOp-A 数据建模时不再估计卫星和接收机的 DCB, 而直接使用 CDAAC 提供的 podTec 文件中已经校正了 DCB 的 TEC 观测值。

图 7.17 为 MetOp-A 卫星与 GPS 卫星的连线在 2 000 km 处的穿刺点分布图, 由图可知尽管 MetOp-A 卫星的数据量在 6 h 内小于 COSMIC 卫星, 但是可以增加有效观测值的数量, 尤其在一些 COSMIC 卫星数据比较稀少的时段和地区。比如, 09∶00 UT 时 MetOp-A 观测值在欧洲和南太平洋有大量分布, 15∶00 UT 时 MetOp-A 观测值在北美东北部和东南印度洋也有大量分布, 而 COSMIC 观测值在这些地区分布得相对较少。

图 7.18 为联合使用 COSMIC 和 MetOp-A 数据得到的 2009 年 001 天 09∶00 UT 和 15∶00 UT PEC 及 RMSE 全球分布图。与图 7.18 相比, PEC 整体上一致, 但也有一定变化。PEC 在 09∶00 UT 的峰值从 9.62 TECU 降低到 8.70 TECU, 15∶00 UT 的峰值则从 9.70 TECU 增加到 10.03 TECU。RMSE 大于 0.3 TECU 的范围明显减小, 09∶00 UT 时欧洲和北大西洋及南太平洋地区的 RMSE 显著降低, 15∶00 UT 时美洲东北部和东南印度洋地区 RMSE 降低得最明显, 而 RMSE 降幅最大的地区恰好是 MetOp-A 观测值有大量分布而 COSMIC 观测值相对较少的地区。

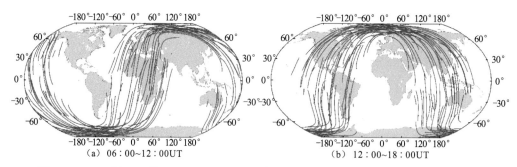

(a) 06：00～12：00UT (b) 12：00～18：00UT

图 7.17　2009 年 001 天 06：00～12：00 UT 和 12：00～18：00 UT 6 h 内 MetOp-A 卫星和 GPS 卫星连线在 2 000 km 高度处的穿刺点分布图

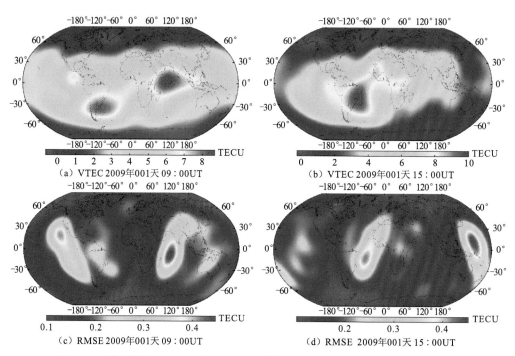

（a）VTEC 2009年001天 09：00UT　（b）VTEC 2009年001天 15：00UT

（c）RMSE 2009年001天 09：00UT　（d）RMSE 2009年001天 15：00UT

图 7.18　联合使用 COSMIC 和 MetOp-A 数据得到的 2009 年 001 天 09：00 UT 和 15：00 UT 全球 PEC 和 RMSE 分布图

为了更加清晰地显示加入 MetOp-A 数据之后全球 PEC 和 RMSE 变化。图 7.19 给出了联合 COSMIC 和 MetOp-A 观测值得到的 2009 年 001 天 09：00 UT 和 15：00 UT PEC 及 RMSE 与仅采用 COSMIC 观测值得到的 PEC 及 RMSE 之差。由图可知，加入 MetOp-A 之后 RMSE 整体减小，表明加入 MetOp-A 数据之后模型的内符合精度提高，RMSE 之差的最大值为-0.3 TECU，而 RMSE 降低的地区恰好是 MetOp-A 数据分布较多的地区。

5. 全球等离子体层 PEC 特征分析

2009 年 3 月、6 月、9 月和 12 月的 PEC 月平均值随地方时（LT）和地磁纬度的变化如图 7.20 所示。从图中可以看出，PEC 集中分布在以赤道为中心±60°以内的环状区域内。等离子体层没有明显的赤道异常，其季节变化小于电离层，4 个月内的月平均 PEC 的最大值约为 10 TECU。不同季节 PEC 最大值的差异相对较小，不同季节的 PEC 最小值出现在

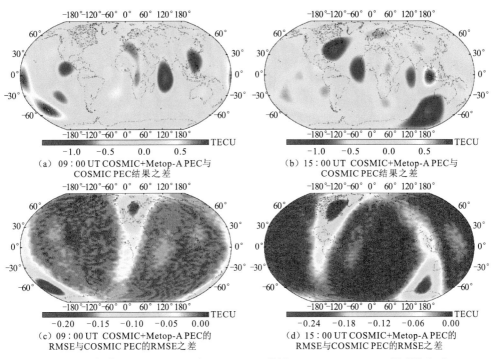

（a）09：00 UT COSMIC+Metop-A PEC与
COSMIC PEC结果之差

（b）15：00 UT COSMIC+Metop-A PEC与
COSMIC PEC结果之差

（c）09：00 UT COSMIC+Metop-A PEC的
RMSE与COSMIC PEC的RMSE之差

（d）15：00 UT COSMIC+Metop-A PEC的
RMSE与COSMIC PEC的RMSE之差

图 7.19   2009 年第 1 天 9：00 UT 和 15：00 UT 利用 COSMIC+Metop-A 得到的全球 PEC

及其 RMSE 与仅用 COSMIC 得到的结果的差值分布图

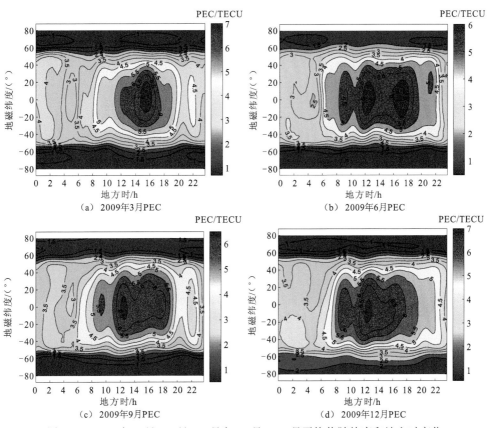

（a）2009年3月PEC

（b）2009年6月PEC

（c）2009年9月PEC

（d）2009年12月PEC

图 7.20   2009 年 3 月、6 月、9 月和 12 月 PEC 月平均值随纬度和地方时变化

04：00～06：00 LT，最大值的出现时间随季节而变化。3月的 PEC 峰值仅出现在 14：00～16：00 LT。6月时，第一个 PEC 峰值出现在 08：00～10：00 LT，PEC 的值再次升高直到 12：00 LT，在 12：00 LT 之后的 4 h 内变化不大，但在 16：00～18：00 LT 期间达到日最大值。9月时，第一个小的 PEC 峰值出现在 09：00 UT，在 12：00～13：00 LT 出现另一个峰值，随后在 18：00 UT 之后逐渐下降，最后在 22：00 LT 出现另一个小峰值。12月时，一个小的 PEC 峰值出现在 09：00 LT，然后在 13：00 LT 达到每日最大值。因此，PEC 在一天内有多个峰值，这是 PEC 与 TEC 的主要差异之一。此外，在 6 月、12 月夏半球高纬度（>60°）区域的 PEC 大于冬半球，而 3 月、9 月差异不显著。

本小节定义 PEC_f 为 PEC 对 TEC 的贡献。2009 年 3 月、6 月、9 月和 12 月 PEC_f 随地磁纬度和地方时变化的月平均值如图 7.21 所示。白天和夜间的 PEC_f 存在显著差异，例如，PEC_f 白天只有 20%～50%，而晚上可以达到 80%。PEC_f 通常在 04：00 LT 达到最大值，而在 14：00～16：00 LT 出现最小值。总体而言，PEC_f 随着地磁纬度的升高而降低，其最大值出现在低纬度地区。在 3 月和 9 月，PEC_f 在两个半球大致对称，除南半球的数值略高于北半球外，没有明显差异。6 月和 12 月，冬半球的 PEC_f 明显高于夏半球，高纬度地区差异最为显著，高纬度（60°～80°）地区冬半球的 PEC_f 高出 40%。

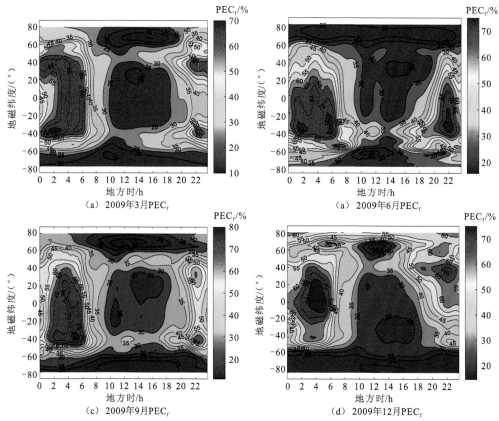

图 7.21　2009 年 3 月、6 月、9 月和 12 月的 PEC_f 随地磁纬度和地方时变化的月平均值

图 7.21 同时也揭示了一些重要现象。在 3 月和 9 月，PEC_f 在中午有明显的峰值，在两个半球 40°～60° 区域峰值可以持续到晚上。此外，随着时间的推移，峰值会变大并向赤道移动。然而，在 6 月和 12 月，这些现象只发生在冬半球。

第8章 GNSS 三维电离层监测

8.1 概 述

GNSS TEC 仅能反映单位面积传播路径上的电子含量总和，无法反映电离层在空间的三维变化，这一方面限制了 GNSS 技术在近地空间环境领域的应用，另一方面也未充分发挥 GNSS 技术在监测电离层方面的潜力。GNSS 电离层层析技术可以实现三维乃至四维的电离层结构重构，不仅能反映电离层的水平结构变化，而且能反映垂直结构变化，克服了电离层二维模型的局限性，已逐渐成为一种全新的电离层探测手段。

Austen 等（1986）首次提出了电离层层析成像（computerized ionospheric tomography，CIT）技术的设想：将多个 GNSS 地面站观测的信号传播路径上的总电子含量作为观测值，应用层析成像技术重构出电离层电子密度的空间分布，该技术不但可以重建电离层的水平结构，而且可以重建电离层的垂直结构。Hajj 等（1994）提出了电离层三维层析的概念。Rius 等（1997）将全球电离层划分为 4×20×20 个格网，利用 28 个 GPS 测站的 GPS/MET 掩星数据和 160 个 IGS 站的数据，集合卡尔曼滤波算法首次实现了真正意义上的电离层三维层析。此后，国内外许多电离层研究者先后在理论和方法创新上对电离层三维层析技术进行了深入研究，建立了多种 GNSS 电离层层析模型。在提高垂直分辨率研究方面，由于掩星具有高精度、高垂直分辨率的特点，与地基 GNSS 能形成优势互补，为此，诸多学者利用掩星数据，增加 GNSS 层析区域无法覆盖的格网信息，提高三维层析建模精度。Kunitsyn等（1997）首次联合 GPS 和掩星数据进行层析建模，验证了增加掩星数据进行建模的可行性，但由于当时掩星数量较少，该实验只是初步验证。COSMIC 计划为电离层三维层析建模提供了丰富的掩星数据，Li 等（2012）、Tang 等（2015）、Aa 等（2016）和 Norberg 等（2018）联合 GPS 和 COSMIC 掩星观测数据进行三维电离层层析建模，增加 GPS 电离层层析建模的视角，提高了建模精度。

在有效增加垂直边界约束信息研究方面，诸多学者通过附加函数平滑约束来提高三维层析反演精度（Yu et al.，2022；Tang and Gao，2021；王文越 等，2020；Yao et al.，2020；Chen et al.，2019；Dos Santos et al.，2019；Jin et al.，2018；Razin et al.，2017；Wang et al.，2016；Norberg et al.，2015；Panicciari et al.，2015；Seemala et al.，2014；姚宜斌 等，2014；Yao et al.，2014a，2013a；Wen et al.，2012；Bhuyan and Bhuyan，2007；Ma et al.，2005；Yavuz et al.，2005）。Lee 和 Kamalabadi（2009）提出了附加邻域平滑和连续性约束的正则化方法。Nesterov 和 Kunitsyn（2011）提出了索伯列夫（Sobolev）正则化约束的联合迭代重构算法。Seemala 等（2014）提出了附加约束的最小二乘算法。Yao 等（2020，2018）提出了反演区域边缘附加函数约束算法和反距离加权法的平滑约束。闻德保等（2014）提出

了附加约束的自适应联合迭代算法。霍星亮等（2016）提出了顾及电子密度变化约束的松弛因子的层析算法。赵海山等（2018）提出了附加电子密度约束的乘法代数重构算法。研究表明，附加函数平滑约束可以有效提高 GNSS 射线未遍历格网的电子密度反演精度。另外，还有学者通过附加先验信息约束进行电离层三维层析研究。Mitchell 和 Spencerand（2003）利用正则化方法与先验信息进行电离层层析成像研究。Bust 等（2004）提出了一种三维变分法融合先验信息的研究。Zeilhofer 等（2009）提出了附加国际参考电离层模型先验信息的高斯-马尔可夫电离层电子密度模型。Minkwitz 等（2016）附加 NeQuick 模型先验信息，利用梯度克里金（Kriging）方法进行电离层层析研究。Mengist 等（2019）附加国际参考电离层模型先验信息构建区域电离层模型。研究表明，附加电离层电子密度先验信息约束可有效提高 GNSS 射线未遍历格网的电子密度反演精度。另外，GNSS 多系统数据可以增加三维层析建模的信息，尤其是随着我国北斗卫星导航系统的建成与运行，融入北斗系统观测信息进行电离层三维建模势在必行。北斗卫星星座结构与 GPS 不同，不仅丰富了卫星导航观测资料，而且能够与 GPS 相互补充及增强，有利于增加观测信息，进一步提升 GNSS 电离层监测与反演能力。

本章将重点阐述两种具有代表性的电离层三维层析算法，一种是迭代重构算法，另一种是非迭代重构算法；此外，将阐述三维电离层同化方法。通过阐述原理与分析实验效果，发掘各类方法的优劣，最终使读者深入了解电离层三维成像技术，进而将其推广至近地空间环境领域。

8.2　GNSS 电离层层析原理

近地系统中多种物理机制共同决定着电离层电子密度的分布，其分布函数 $N_e(r,t)$ 随时间和空间变化。一般情况下，电离层电子密度随时间和空间的变化是难以精确分离的。利用卫星信号进行 CIT 实验中所使用的电离层 TEC 是电离层电子密度沿卫星和接收机信号传播路径上的积分，可表示为

$$\mathrm{TEC} = \int_l N_e(\boldsymbol{r},t)\mathrm{d}s \tag{8.1}$$

式中：N_e 为信号传播路径上的电离层电子密度；l 为卫星和接收机之间的信号传播路径；$\boldsymbol{r}$ 为 t 时刻经度、纬度和高度所组成的位置向量。GNSS 电离层层析技术就是在重构区域内，利用一系列卫星信号传播路径上的电离层 TEC 来重构该区域内的电子密度的时空分布（姚宜斌 等，2014）。由于卫星传播的是高频信号，在电离层层析过程中，卫星信号传播路径可以近似地认为是直线，电离层层析原理的几何分布如图 8.1 所示。

由式（8.1）可以看出，电离层 TEC 与电离层电子密度之间是非线性的，由 TEC 重构电离层电子密度的时空分布比较困难。为了反演方便，在实际反演过程中，通常采用离散的反演方法将待反演的电离层空间离散化。因此，需要选取一组合适的基函数来表示待反演的电离层电子密度。

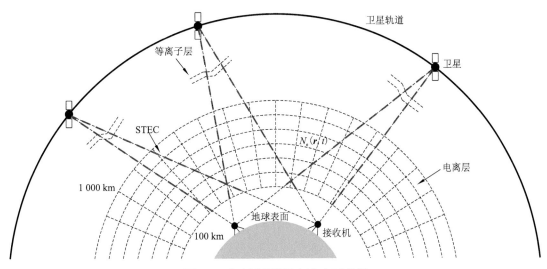

图 8.1　电离层层析几何分布示意图

8.3　GNSS 电离层层析方程

电离层层析模型是将待反演的电离层空间离散化为有限个体元，并假定同一体元内的电子密度在相同时间内相同。因此，当 GNSS 信号射线穿过层析区域时，必定穿过有限个体元。此时，单位截面积的射线在每个体元内都会包含一定电子，所有穿过的体元所包含的电子之和就等于信号路径的 TEC，基于此可以得到如下观测方程：

$$N_e(\boldsymbol{r},t) \cong \sum_{j=1}^{n} x_j(t) \cdot b_j(\boldsymbol{r}) \tag{8.2}$$

式中：n 为离散化的格网数（总的像素数）；$x_j(j=1,\cdots,n)$ 为模型参数（离散化后的电离层格网电子密度）；$b_j(\boldsymbol{r})$ 为基函数。根据式（8.2），每条射线路径上的 TEC 测量值可以表示为

$$\mathrm{TEC}_i \cong \int_l \sum_{j=1}^{n} x_j(t) \cdot b_j(\boldsymbol{r})\mathrm{d}s = \sum_{j=1}^{n} x_j(t) \int_l b_j(\boldsymbol{r})\mathrm{d}s, \quad i=1,\cdots,m \tag{8.3}$$

式中：m 为电离层 TEC 观测值总数。假定用 B_{ij} 表示式（8.3）中基函数的积分项：

$$B_{ij} = \int_l b_j(\boldsymbol{r})\mathrm{d}s \tag{8.4}$$

顾及测量噪声和离散噪声的影响，将式（8.4）代入式（8.3），则某一固定时刻每条射线传播路径上的电离层 TEC 测量数据可表示为

$$\mathrm{TEC}_i = \sum_{j=1}^{n} B_{ij} \cdot x_j + \varepsilon_i, \quad i=1,\cdots,m \tag{8.5}$$

将式（8.5）用向量形式表示为

$$\mathbf{TEC} = \boldsymbol{B} \cdot \boldsymbol{x} + \boldsymbol{\varepsilon} \tag{8.6}$$

式中：$\mathbf{TEC}$ 为电离层 TEC 观测值组成的列向量；$\boldsymbol{B}$ 为投影矩阵；$\boldsymbol{x}$ 为电离层电子密度构成的列向量；$\boldsymbol{\varepsilon}$ 为观测噪声向量。

从以上各式可以看出，层析模型能否合理建立与基函数的选取有关，基函数的选取决

定着采用何种方式对电离层电子密度进行模型化表达。对于离散化的像素基层析反演模型，选取像素指标函数 b_j 作为基函数，如果射线穿过某像素，则 b_j 为 1，否则为 0。该方法通常在经度、纬度和高度方向上将电离层离散化为三维的格网，其公式表示为

$$b(\boldsymbol{r}) = \begin{cases} 1, & \boldsymbol{r} \in V_{\text{voxel}} \\ 0, & \text{其他} \end{cases} \tag{8.7}$$

因此，选取像素类函数作为基函数后，待反演的电离层区域被离散化为一系列的三维格网，如图 8.2 所示。将式（8.7）代入式（8.4），得

$$B_{ij} = a_{ij} \tag{8.8}$$

式中：a_{ij} 为第 i 条射线在第 j 个格网内的截距。

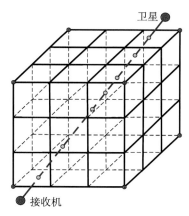

图 8.2　电离层空间离散化格网示意图

将式（8.6）用矩阵形式表示为

$$\boldsymbol{y}_{m \times 1} = \boldsymbol{A}_{m \times n} \cdot \boldsymbol{x}_{n \times 1} + \boldsymbol{e}_{m \times 1} \tag{8.9}$$

式中：$\boldsymbol{y}$ 为电离层 TEC 观测值组成的 m 维列向量；$\boldsymbol{A}$ 为射线在对应格网内的截距构成的 m 个 n 维的行向量（由于可视卫星数有限，其通常是一个稀疏矩阵）；$\boldsymbol{x}$ 为未知参数组成的 n 维列向量；$\boldsymbol{e}$ 为观测噪声和离散误差组成的 m 维列向量。

8.4　GNSS 电离层层析重构算法

8.4.1　迭代重构算法

1. 代数重构算法

迭代重构算法主要应用的是"行运算"技术，即对初始估计通过迭代方式重复修正，直到某种设定的条件得到满足为止，每次修正只针对一个方程。这类方法比较节省计算内存且易于操作，当涉及超大矩阵的计算时，该方法的应用较为广泛（邹玉华，2004）。

代数重构（algebraic reconstruction technique，ART）算法是一种"行运算"算法（Gordon et al.，1970），该算法在迭代之前给电离层反演区域内的每个像素赋一个初值，然后迭代逐

步改善待重建图像的估值。具体迭代过程如下式所示：

$$\boldsymbol{x}^{(k)} = \boldsymbol{x}^{(k-1)} + \lambda \frac{\boldsymbol{y}_i - \langle \boldsymbol{a}_i, \boldsymbol{x}^{(k-1)} \rangle}{\| \boldsymbol{a}_i \|^2} \boldsymbol{a}_i \tag{8.10}$$

每一步修正对应一次 TEC 测量，每 m 步迭代为一轮迭代，依据第 k 次迭代计算的电离层电子密度求出的 TEC 与实际测量的 TEC 之差进行修正，再使这个差值按一定的方式分配到电子密度图像向量中，使图像趋近于最终解。式（8.10）中：$\boldsymbol{a}_i$ 为矩阵 $\boldsymbol{A}$ 的第 i 行；λ 为每一步迭代的松弛因子，$\lambda \in (0,1)$，对于含有误差的观测数据，选择合理的松弛因子至关重要。从几何角度讲，每一步迭代相当于将电子密度图像向量 $\boldsymbol{x}^{(k)}$ 向第 i 个方程所代表的超平面进行投影。当进行多次迭代，两次迭代之间的差值满足一定条件后则停止迭代。

2. 联合迭代重构算法

联合迭代重构（simultaneous iterative reconstruction technique，SIRT）算法是代数重构算法的改进算法。与代数重构算法中的逐条射线改正不同，联合迭代重构算法是将穿过某个格网的所有射线的改正量取平均，在一次迭代中对格网进行一次性改正，避免了射线顺序对改正的影响，使格网获得的改正量更具有统计意义。在第 $k+1$ 次迭代中，第 j 个格网的电子密度修正如下：

$$x_j^{(k+1)} = x_j^{(k)} + \lambda_k \cdot \sum_{i=1}^{m} \frac{a_{ij}(\boldsymbol{y}_i - \sum_{j=1}^{n} a_{ij} x_j^{(k)})}{\sum_{j=1}^{n} a_{ij}^2} \tag{8.11}$$

式中：k 为迭代次数；$x_j^{(k)}$ 为第 k 次迭代计算后修正得到的第 j 个格网内的电子密度；$\boldsymbol{y}_i$ 为第 i 条射线路径上的 TEC；λ_k 为迭代松弛因子。

3. 乘法代数重构算法

乘法代数重构（MART）算法是基于最大熵原理提出的，也是 CT 中一种常用的算法，是 Gordon 等（1970）首次提出的，并由 Raymund 等（1990）首次应用于电离层 CIT 重构中。其操作步骤与 ART 算法类似，不同的是每一步迭代修正以乘法的形式进行。该算法表示如下：

当 $\boldsymbol{y}_i > 0$ 且 $\langle \boldsymbol{a}_i, \boldsymbol{x}^{(k)} \rangle > 0$ 时：

$$x_j^{(k+1)} = x_j^{(k)} \left(\frac{\boldsymbol{y}_i}{\langle \boldsymbol{a}_i, \boldsymbol{x}^{(k)} \rangle} \right)^{\frac{\gamma_0 \cdot a_{ij}}{\| \boldsymbol{a}_i \|}} \tag{8.12}$$

当 $\boldsymbol{y}_i < 0$ 且 $\langle \boldsymbol{a}_i, \boldsymbol{x}^{(k)} \rangle < 0$ 时：

$$x_j^{(k+1)} = x_j^{(k)} \left(\frac{\boldsymbol{y}_i}{\langle \boldsymbol{a}_i, \boldsymbol{x}^{(k)} \rangle} \right)^{\frac{-\gamma_0 \cdot a_{ij}}{\| \boldsymbol{a}_i \|}} \tag{8.13}$$

式中：γ_0 为每一步迭代的松弛因子，$\gamma_0 \in (0,1)$。该算法收敛性不甚明确。与 ART 算法相比，MART 算法收敛速度更快，且迭代结果为正值，这与电离层电子密度为正值这一特性正好相符。

8.4.2 非迭代重构算法

1. 奇异值分解

奇异值分解（singular value decomposition，SVD）是线性代数中一种十分重要的矩阵分解方法，可以不迭代直接求解矩阵反演结果，其算法原理如下。

任何一个 $m \times n$ 阶 A 矩阵（层析反演法方程矩阵）都能被分解为

$$A = UDV^{\mathrm{T}} \tag{8.14}$$

式中：U 为 $m \times n$ 阶的正交阵，其列向量是 AA^{T} 的特征向量，即

$$AA^{\mathrm{T}} = UDV^{\mathrm{T}}VDU^{\mathrm{T}} = UD^2U^{\mathrm{T}} \tag{8.15}$$

V 为 $m \times n$ 阶的正交阵，其列向量是 $A^{\mathrm{T}}A$ 的特征向量，即

$$A^{\mathrm{T}}A = VDU^{\mathrm{T}}UDV^{\mathrm{T}} = VD^2V^{\mathrm{T}} \tag{8.16}$$

D 是 $n \times n$ 阶对角阵，且

$$D = \mathrm{diag}(\sigma_1, \sigma_2, \cdots, \sigma_n) \tag{8.17}$$

式中：$\sigma_i > 0\ (i = 1, 2, \cdots, n)$；$n = \mathrm{rank}(A)$；$\sigma_1 \geqslant \sigma_2 \geqslant \cdots \geqslant \sigma_n$。

2. 广义奇异值分解

广义奇异值分解（generalized singular value decomposition，GSVD）由 Tikhonov 于 1963 年提出，用来处理病态的最小二乘问题。Bhuyan 等（2004）将其用于电离层层析反演。该方法就是为了寻找一个最优的 x，使其满足下式：

$$\min(\| Ax - y \|^2 + \alpha \| Lx \|^2) \tag{8.18}$$

式中：α 为正则化参数，且 $\alpha > 0$；L 为一个正定矩阵，其根据正则化阶数的不同有不同的形式。比如，0 阶正则化时，$L = I$（I 是单位矩阵）；一阶正则化时，L 矩阵表示为

$$L = \begin{pmatrix} -1 & 1 & 0 & \cdots & \cdots & 0 \\ 0 & -1 & 1 & 0 & \cdots & 0 \\ \vdots & & & & & \vdots \\ \vdots & & & & & \vdots \\ 0 & \cdots & \cdots & 0 & -1 & 1 \end{pmatrix} \tag{8.19}$$

式中：L 为一个 $P \times N$ 的矩阵。在 GSVD 算法中，$A_{M \times N}$ 和 $L_{N \times P}$ 矩阵（$M \geqslant N \geqslant P$，$\mathrm{rank}(L) = P$）被分解为

$$A = U \begin{pmatrix} \Lambda & 0 \\ 0 & I_{N-P} \end{pmatrix} \tag{8.20}$$

$$L = V(C \quad 0)B^{-1} \tag{8.21}$$

式中：U 为 $M \times N$ 的正交矩阵；V 为 $P \times P$ 的正交矩阵；B 为 $N \times N$ 的非奇异矩阵；Λ 为 $P \times P$ 的对角矩阵，其对角元素 λ_i 满足：

$$0 \leqslant \lambda_1 \leqslant \lambda_2 \leqslant \cdots \leqslant \lambda_P \leqslant 1 \tag{8.22}$$

C 为 $P \times P$ 的对角矩阵，其对角元素 μ_i 满足：

$$1 \geqslant \mu_1 \geqslant \mu_2 \geqslant \cdots \geqslant \mu_P > 0 \tag{8.23}$$

并且，λ_i 和 μ_i 满足下式：

$$\lambda_i^2 + \mu_i^2 = 1, \quad i = 1, 2, \cdots, P \tag{8.24}$$

而广义奇异值 γ_i 为

$$\gamma_i = \frac{\lambda_i}{\mu_i}, \quad 0 \leqslant \gamma_1 \leqslant \gamma_2 \leqslant \cdots \leqslant \gamma_P \tag{8.25}$$

由以上各式可得

$$\boldsymbol{B}^{\mathrm{T}} \boldsymbol{A}^{\mathrm{T}} \boldsymbol{A} \boldsymbol{B} = \begin{pmatrix} \boldsymbol{\Lambda}^2 & 0 \\ 0 & \boldsymbol{I} \end{pmatrix} \tag{8.26}$$

$$\boldsymbol{B}^{\mathrm{T}} \boldsymbol{L}^{\mathrm{T}} \boldsymbol{L} \boldsymbol{B} = \begin{pmatrix} \boldsymbol{C}^2 & 0 \\ 0 & \boldsymbol{I} \end{pmatrix} \tag{8.27}$$

3. 卡尔曼滤波算法

线性离散系统的状态方程和观测方程（Kalman，1960）为

$$\begin{cases} \boldsymbol{X}_k = \boldsymbol{\Phi}_{k,k-1} + \boldsymbol{w}_{k-1} \\ \boldsymbol{Z}_k = \boldsymbol{H}_k x_k + \boldsymbol{v}_k \end{cases} \tag{8.28}$$

式中：$\boldsymbol{X}_k$ 为 k 时刻的状态向量；$\boldsymbol{\Phi}_{k,k-1}$ 为状态转移矩阵；$\boldsymbol{w}_{k-1}$ 为动力学模型的噪声向量；$\boldsymbol{Z}_k$ 为观测向量；$\boldsymbol{H}_k$ 为观测矩阵；$\boldsymbol{v}_k$ 为观测噪声向量。

利用线性离散系统的观测方程与状态方程，即可进行卡尔曼滤波的计算，其基本过程可以分为预测和更新两步。首先，根据前一次的滤波值 $\hat{\boldsymbol{X}}_k$（或初值）来计算预测值：

$$\hat{\boldsymbol{X}}_k^- = \boldsymbol{\Phi}_{k,k-1} \hat{\boldsymbol{X}}_{k-1} \tag{8.29}$$

根据前一次获得滤波误差的方差阵 $\boldsymbol{P}_k$ 及系统噪声的方差阵 $\boldsymbol{Q}_{k-1}$ 来计算预测误差方差阵：

$$\boldsymbol{P}_k^- = \boldsymbol{\Phi}_{k,k-1} \boldsymbol{P}_{k-1} \boldsymbol{\Phi}_{k,k-1}^{\mathrm{T}} + \boldsymbol{Q}_{k-1} \tag{8.30}$$

其滤波增益阵为

$$\boldsymbol{K}_k = \boldsymbol{P}_k^- \boldsymbol{H}_k^{\mathrm{T}} (\boldsymbol{H}_k \boldsymbol{P}_k^- \boldsymbol{H}_k + \boldsymbol{R}_k)^{-1} \tag{8.31}$$

计算滤波估计和滤波误差方差阵：

$$\begin{cases} \hat{\boldsymbol{X}}_k = \hat{\boldsymbol{X}}_k^- + \boldsymbol{K}_k (\boldsymbol{Z}_k - \boldsymbol{H}_k \hat{\boldsymbol{X}}_k^-) \\ \boldsymbol{P}_k = (\boldsymbol{I} - \boldsymbol{K}_k \boldsymbol{H}_k) \boldsymbol{P}_k^- \end{cases} \tag{8.32}$$

通过以上各式可以看出，卡尔曼滤波的过程反复以"预测-修正"的方式进行递推计算。首先利用状态转移矩阵计算预测值，再用观测值得到的新信息对预测值进行修正。由预测值可得到滤波值，反过来，再由滤波值可得预测值，其滤波和预测是相互作用的。并且，进行实时估计时，无须存储任何的观测数据。

8.5　基于改进 IG 指数的 GNSS 电离层同化模型

国际参考电离层（international reference ionosphere，IRI）模型是目前全球应用最为广泛的电离层三维模型之一，是在利用已有数据（包括卫星数据、探空火箭资料、垂测仪数

据、非相干散射雷达数据等），加上多个大气参数模型以及太阳活动和地磁活动指数等基础上建立的。IRI 模型能给出电离层在地磁宁静条件下，特定时间地点上空 20～2 000 km 范围内的一系列电离层参量。IRI 模型是一种统计预报模式，能较好地反映全球电离层形态。随着观测技术的不断提高及观测数据的不断丰富，IRI 模型也在逐步完善。

但是该模型表现为电离层月均值精度，特别是在两极精度较差。IRI 模型中设置了 4 个太阳辐射指数和电离层指数，分别是太阳黑子数 R12，电离层有效太阳指数 IG_{12}、日均 F10.7 指数及 81 天平均的 F10.7 指数，其中 IG 指数旨在捕捉电离层中可能随太阳活动而变化的额外变化。为了改善电离层模型精度，可以利用 GNSS-TEC 来更新 IRI IG 指数，通过划分纬度带，在每个纬度带内分别调节 IG 参数，可得到对应的 IRI-TEC。当 GNSS-TEC 与 IRI-TEC 的差异最小时，即可认为此时的 IG 是最优的。然后利用改进的 IG 指数作为 IRI 的输入参数，可得到更新后的 IRI 输出参数（如电子密度、总电子含量、峰值密度及临界频率等），并可将这些输出参数与其他观测数据做对比，如 GNSS-TEC、COSMIC/测高仪剖面电子密度、临界频率等。

为了提升 IG 指数的区域有效性，首先将研究区域按照纬度间隔划分为若干个纬度带，在指定时刻每个纬度带内 IRI 或 GNSS 的 TEC 均值可通过如下公式求得：

$$TEC_{mean} = \frac{\sum\limits_{i,j} TEC_{i,j} \cdot S_{i,j}(\Delta\varphi, \Delta\theta)}{\sum\limits_{i,j} S_{i,j}(\Delta\varphi, \Delta\theta)} \quad (8.33)$$

式中：$TEC_{i,j}$ 为每个格网点 (i,j) 的 TEC 值；$\Delta\varphi$ 和 $\Delta\theta$ 分别为纬度和经度方向的间隔（通常取 2.5° 和 5°）；$S_{i,j}(\Delta\varphi, \Delta\theta)$ 为每个格网在电离层有效高度面的表面积。在此基础上，便可计算指定时刻和纬度带内的 $TEC_{mean,GIM}$ 和 $TEC_{mean,IRI}$。

在同化过程中，尝试不断调节 IG 指数直到 $TEC_{mean,IRI}$ 等于或接近 $TEC_{mean,GIM}$：

$$TEC_{mean,GIM}(t, zone_{sign}) = TEC_{mean,IRI}(IG_{update,t}, zone_{sign}) \quad (8.34)$$

式中：$zone_{sign}$ 为各个纬度带；$IG_{update,t}$ 为在给定时刻更新后的有效 IG 指数。实际上，在指定格网点输入 IG 的序列 $IG_t = 0, 20, 40, \cdots, 200$ 到 IRI-2016 模型中，可以得到相应的 TEC_{IRI}，然后便可通过式（8.33）得到 $zone_{sign}$ 区域的 $(IG_t, TEC_{mean,IRI})$ 序列。

在每个纬度带内，用二次多项式去拟合 IG 随 $TEC_{mean,IRI}$ 的变化：

$$TEC_{mean,IRI}(IG_t, zone_{sign}) = a_{sign} \cdot IG_t^2 + b_{sign} \cdot IG_t + c_{sign} \quad (8.35)$$

式中：a_{sign}、b_{sign} 和 c_{sign} 为多项式系数，可以通过对 $(IG_t, TEC_{mean,IRI})$ 序列进行最小二乘求解。

结合式（8.33）、式（8.34）和式（8.35），便可通过下式改进 IG 指数：

$$\begin{cases} TEC_{mean,GIM}(t, zone_{sign}) = TEC_{mean,IRI}(IG_{update,t}, zone_{sign}) \\ TEC_{mean,IRI}(IG_{update,t}, zone_{sign}) = a_{sign} \cdot IG_{update,t}^2 + b_{sign} \cdot IG_{update,t} + c_{sign} \end{cases} \quad (8.36)$$

一旦确定 $IG_{update,t}$ 后，对于每一个给定的时刻，利用上述方法得到区域内更新后的 IG 分布，然后，利用球冠谐函数[式（8.37）]拟合出更新后的 IG。

$$E(\theta, s) = \sum_{k=0}^{k=k_{max}} \sum_{m=0}^{k} P_{n_k(m)}^m \cos\theta (C_{n_k(m)}^m \cos(ms) + S_{n_k(m)}^m \sin(ms)) \quad (8.37)$$

式中：$IG_k = E(\theta, s)$，为更新后每个格网的 IG 指数；θ 为穿刺点的纬度；$s = \lambda - \lambda_0$ 穿刺点

的日固经度，λ 为穿刺点的经度，λ_0 为太阳经度；$n_k(m)$ 和 m 分别为阶数和次数；$P_{n_k(m)}^m$ 为非整阶规格化缔合 Legendre 函数；$C_{n_k(m)}^m$ 和 $S_{n_k(m)}^m$ 为模型参数。

于是，对于选定年积日的相同时刻，可以得到多组球冠谐系数，然后利用多项式拟合出每个系数相对于年积日的函数关系。

$$\text{para}_{j,\text{moment}} = f(\text{DOY}) \tag{8.38}$$

式中：$\text{para}_{j,\text{moment}}(j=1,2,\cdots,36)$ 为特定时刻球冠谐函数的系数；$\text{DOYpara}_{j,\text{moment}}(j=1,2,\cdots,36)$ 为特定时刻球冠谐函数的系数；DOY 为年积日；moment 为拟合时刻，这样拟合了选定时刻球冠谐函数和年积日之间的关系。利用上述关系式可以计算任意时刻球冠谐函数的系数，进而可以基于球冠谐函数得到对应时刻和地区的 IG 指数分布图。将它当作有效的 IG 指数并作为 IRI-2016 模型的输入参数，就可以得到 TEC、foF2 及电子密度剖面等参数。

8.6 GNSS 三维层析实验

8.6.1 迭代重构算法实验

1. 模拟实验

本实验采用两种迭代重构算法（自适应 SIRT 和 SIRT）进行实验展示，传统的 SIRT 算法在每轮迭代过程中，松弛因子和加权参数固定不变，从而使电离层电子密度在反演过程中迭代收敛得较慢，反演结果精度不高，本小节将自适应的思想引入 SIRT 算法，即考虑将上一轮的迭代电子密度引入权值中，以便在某种程度上改正投影矩阵的不精确性，将式（8.11）修改为

$$x_j^{(k+1)} = x_j^{(k)} + \lambda_k \cdot \sum_{i=1}^{m} \frac{a_{ij}\left(y_i - \sum_{j=1}^{n} a_{ij}x_j^{(k)}\right)}{\sum_{j=1}^{n} a_{ij}^2 x_j^{(k)} / x_j^{(k)}} \tag{8.39}$$

新算法称为自适应 SIRT，改进公式更符合实际的电离层层析成像过程。实验选取的经度范围为 0°E~20°E，纬度范围为 40°N~60°N，高度范围为 100~1 000 km，格网间隔在经度和纬度方向上为 1°，在高度方向上为 50 km。本小节采用的基础数据来自欧洲地区 IGS 观测网络，选取区域内的台站信息及 IRI 模型数据进行重构实验。测站分布如图 8.3 所示，图中"●"为 IGS 观测站，"★"为垂直探测站。

为了更加接近实际情况，选取欧洲地区的 IGS 观测站并计算卫星在反演时段内的坐标，获得相应反演时段内射线穿过格网内的截距，并构成观测方程式（8.9）中的投影矩阵 A。利用 IRI 模型得到 2012 年 4 月 8 日 10∶00 UT 待反演区域内各网格中心点处的电离层电子密度。

图 8.4 给出了 10°E 子午面上电离层电子密度随纬度和高度的变化，从图中可以看出，自适应 SIRT 算法和 SIRT 算法反演的电离层电子密度分布整体上与 IRI 模型计算的电离层电子密度分布符合得较好。

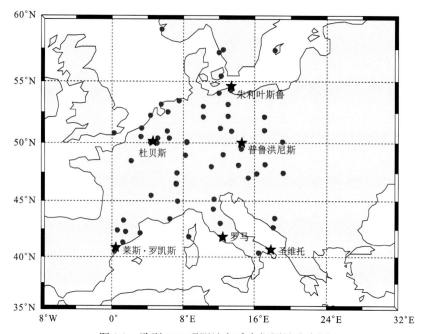

图 8.3　欧洲 IGS 观测站和垂直探测站分布图

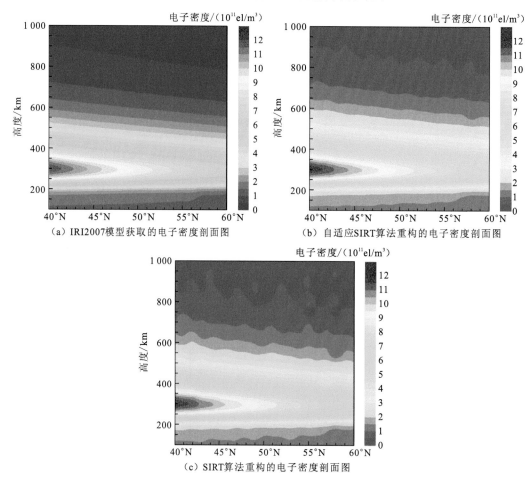

（a）IRI2007模型获取的电子密度剖面图　　（b）自适应SIRT算法重构的电子密度剖面图

（c）SIRT算法重构的电子密度剖面图

图 8.4　10°E 子午面上电离层电子密度剖面图

表 8.1 给出了两种算法在不同经度面上反演结果的误差统计，从表中可以看出，在不同经度面上，利用自适应 SIRT 反演结果误差均小于 SIRT。统计结果显示，利用自适应 SIRT 反演的重构区域内所有像素的电离层电子密度的平均绝对误差约为 2.1×10^9 el/m^3，最大电离层电子密度误差的绝对值约为 5.8×10^{10} el/m^3，SIRT 反演的重构区域内所有像素的电离层电子密度的平均绝对误差约为 5.0×10^9 el/m^3，最大电离层电子密度误差的绝对值约为 9.8×10^{10} el/m^3，且自适应 SIRT 经过 9 次迭代后收敛，SIRT 经过 16 次迭代后收敛，这说明该迭代重构算法在收敛速度和反演结果精度上均有提高。表 8.2 给出了两种算法在不同高度面上反演结果的误差统计，从表中可以看出，在不同高度面上，利用自适应 SIRT 反演结果误差均小于 SIRT。

表 8.1　不同经度面上两种算法误差统计分析表　　（单位：10^{10} el/m^3）

误差	自适应 SIRT			SIRT		
	4° E	10° E	16° E	4° E	10° E	16° E
最大绝对误差	3.86	2.07	2.16	7.68	5.65	7.21
平均绝对误差	0.02	0.02	0.02	0.05	0.04	0.06
标准差	0.21	0.17	0.20	0.42	0.41	0.54

表 8.2　不同高度面上两种算法误差统计分析表　　（单位：10^{10} el/m^3）

高度/km	自适应 SIRT			SIRT		
	最大绝对误差	平均绝对误差	标准差	最大绝对误差	平均绝对误差	标准差
100	1.94	0.01	0.12	7.34	0.04	0.45
200	1.78	0.02	0.13	5.75	0.04	0.35
300	5.75	0.03	0.31	9.45	0.04	0.48
400	3.12	0.02	0.22	8.90	0.05	0.51
500	2.86	0.02	0.16	6.64	0.03	0.37
600	3.92	0.02	0.21	7.68	0.04	0.47

2. 实测实验

利用实测观测数据对自适应 SIRT 算法进行检验，重构时间为 2012 年 4 月 8 日，重构区域及格网划分与上述模拟实验一致。本小节采用的观测数据来自欧洲地区 IGS 观测网络，选取重构区域内的台站观测信息进行反演，并利用该区域内的一个垂直探测站普鲁洪尼斯（50.00°N，14.60°E）的观测数据进行独立检核。该电离层测站安装的是数字测高仪 DPS-4D，发射天线为两根交叉的双三角天线，高 36 m，接收天线场为四交叉天线循环，标准测定设置为每 15 min 产生一幅 0.05 MHz 分辨率的电离层图。

图 8.5（a）和（c）给出了 09：00 UT 的电子密度剖面，图 8.5（b）和（d）给出了 23：00 UT 的电子密度剖面，分别代表了白天和夜晚电离层电子密度的空间分布。从图中可看出，利

用自适应 SIRT 反演的电离层电子密度随着纬度的增大而逐渐降低，大体上与实际空间的 TEC 分布走向相符合。另外，将反演结果与测高仪数据进行比较。图 8.6 展示了不同时刻的电离层测高仪所得剖面与自适应 SIRT 和 SIRT 两种算法反演结果的比较。从比较结果来看，自适应 SIRT 反演结果整体上与测高仪数据更为接近。然而，在垂直方向上，这两种算法反演的结果与测高仪数据均存在一定差异，原因是观测信息不足导致垂直分辨率不高。

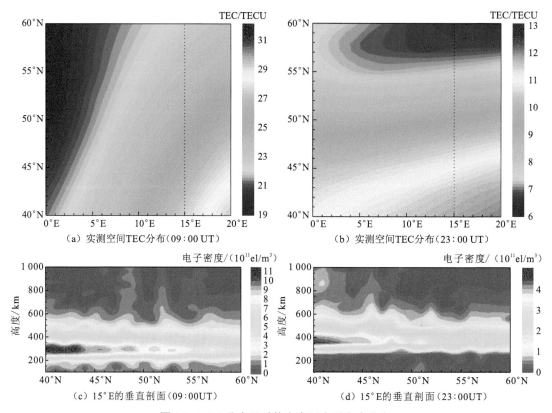

（a）实测空间TEC分布（09:00 UT）　　　（b）实测空间TEC分布（23:00 UT）

（c）15°E的垂直剖面（09:00UT）　　　（d）15°E的垂直剖面（23:00UT）

图 8.5　TEC 分布及重构电离层电子密度分布

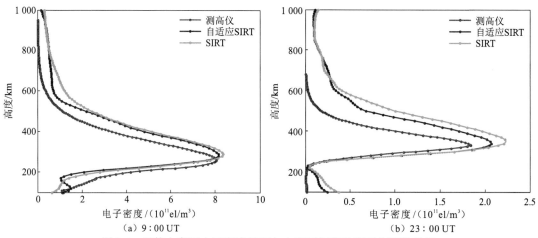

（a）9:00 UT　　　　　　　　　　（b）23:00 UT

图 8.6　重构电离层电子密度剖面与电离层测高仪测量剖面的比较

图 8.7 展示了一天 12 个反演时段内两种算法层析反演获得的 F2 层电子密度峰值（NmF2）和 F2 层电子密度峰值高度（hmF2）与电离层测高仪站观测数据的比较结果。从图中可以看出，两种算法反演获得的 F2 层电子密度峰值与测高仪观测结果总体上符合得较好，但自适应 SIRT 更接近测高仪观测结果。然而，F2 层的峰值高度与测高仪数据存在一定的差异。由于观测噪声、电离层空间离散误差及测站几何结构限制等因素，反演结果的垂直分辨率较差，这说明在电离层层析成像过程中仅通过改进算法来改善电子密度空间结构（特别是垂直结构）的反演效果是不够的，附加多源观测信息改善观测结构是解决这一问题的最根本的手段。

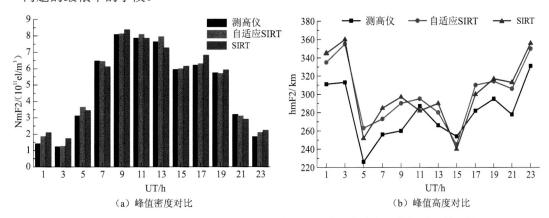

（a）峰值密度对比   （b）峰值高度对比

图 8.7 两种算法反演的 F2 层电子密度峰值以及峰值高度与测高仪结果的比较

8.6.2 非迭代重构算法实验

1. 模拟数据实验

本实验选定区域与图 8.3 所示区域相同。利用 IRI 模型模拟待反演区域内某时刻各格网内的电离层电子密度真值 x_{IRI}，并以此作为反演的真值。结合测站和卫星坐标以重构区域内 IGS 观测网络提供的 66 个测站的 GPS 观测数据为基础，计算相应反演时段内卫星射线穿过格网内的截距，并构成式（8.9）中的系数矩阵 A。将模拟的电子密度 x_{IRI} 沿着信号路径积分，获得各条射线传播路径上的电离层 TEC，用 y_{simu} 表示。同时，顾及实测观测中噪声的存在，需要向模拟电离层 TEC 中加入一定量的随机误差 e，这里模拟的误差满足正态分布 $e \sim N(0,0.01)$。因此，观测方程可以表示为

$$y_{simu} = Ax_{IRI} + e \tag{8.40}$$

实验采用两种非迭代重构算法[混合正则化和吉洪诺夫（Tikhonov）正则化]进行实验。为了分析约束矩阵对层析反演结果的影响，首先对观测方程不施加任何约束，得到法矩阵条件数为 $4.260\ 6 \times 10^8$；利用 Tikhonov 正则化算法时，法矩阵条件数为 $1.153\ 8 \times 10^3$；利用混合正则化算法时，法矩阵条件数为 $2.287\ 2 \times 10^2$。可以看出，正则化可以明显改善法矩阵条件数。

表 8.3 和表 8.4 分别列出了两种算法在不同经度面和高度面上反演结果的误差统计，从表中可以看出，在 4°E、10°E 和 16°E 的经度面上和不同的高度面上，混合正则化反演

的误差值均小于单一的 Tikhonov 正则化，这说明该非迭代重构算法能够有效地反演出电离层电子密度。相对于单一的 Tikhonov 正则化，该算法略有改进。统计结果显示，利用混合正则化算法反演的重构区域内所有格网的电离层电子密度的平均绝对误差约为 2.0×10^9 el/m³，最大电离层电子密度误差的绝对值约为 6.7×10^{10} el/m³，而电离层的峰值密度约为 1.3×10^{12} el/m³。同电离层峰值密度相比，上述两项误差指标项均相对较小，说明了非迭代重构算法反演结果的可靠性。

表 8.3　不同经度面上两种算法误差统计分析表　　　　（单位：10^{10} el/m³）

误差	混合正则化			Tikhonov 正则化		
	4°E	10°E	16°E	4°E	10°E	16°E
最大绝对误差	2.76	3.84	1.49	5.58	7.23	6.16
平均绝对误差	0.04	0.04	0.04	0.08	0.06	0.11
标准差	0.21	0.29	0.19	0.49	0.62	0.62

表 8.4　不同高度面上两种算法误差统计分析表　　　　（单位：10^{10} el/m³）

高度/km	混合正则化			Tikhonov 正则化		
	最大绝对误差	平均绝对误差	标准差	最大绝对误差	平均绝对误差	标准差
200	3.34	0.10	0.50	8.14	0.18	1.11
300	3.58	0.08	0.46	9.23	0.18	0.87
400	1.88	0.06	0.26	8.57	0.10	0.99
500	1.50	0.03	0.21	7.58	0.10	0.76
600	1.01	0.03	0.15	6.00	0.09	0.60

2. 实测实验

利用源自 IZMIRAN（Gulyaeva and Bilitza，2012）的 IRI 模型的等离子体扩展（IRI extended to plasmasphere，IRI-Plas）模型给出的电离层电子密度作为背景值进行层析反演。

1）电离层平静状态

2012 年 12 月 6 日，地磁条件较为平静。将反演的结果与实际 TEC 的空间分布进行比较，如图 8.8 所示。图 8.8（a）和（c）给出了 TEC 在 11:00 UT 的分布，图 8.8（b）和（d）给出了 22:00 UT 的分布，分别代表了白天电子密度较大和夜晚电子密度较小的结果。从图中可看出，利用两种算法反演的电子密度随着纬度的增大而逐渐降低，大体上与实际空间的 TEC 分布走向相符合。

进一步将反演的结果与测高仪数据进行比较，如图 8.9 所示。图中显示了全天 12 个时段内反演获得的电子密度值与对应的电离层测高仪电子密度峰值的比较结果。从图中可以看出，利用混合正则算法反演的结果整体上更接近测高仪结果。相对于 IRI-Plas 模型和 Tikhonov 正则算法，混合正则化算法的相对误差整体上有了明显的改善，但在电子密度较小时，反演结果相对 Tikhonov 正则化算法差别不大。这可能是此时观测噪声小，混合正则化算法相对于 Tikhonov 正则化算法所具有的较强去噪能力的优势体现得不明显。

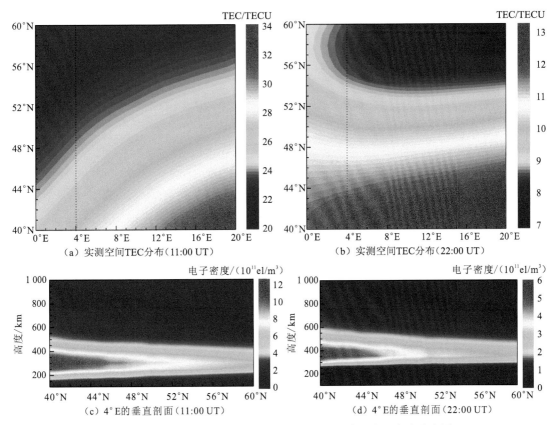

（a）实测空间TEC分布（11:00 UT）

（b）实测空间TEC分布（22:00 UT）

（c）4°E的垂直剖面（11:00 UT）

（d）4°E的垂直剖面（22:00 UT）

图 8.8　2012 年 4 月 8 日 TEC 分布图及重构电离层电子密度分布图

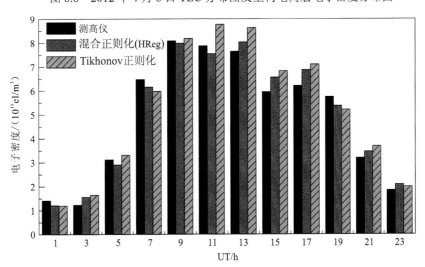

图 8.9　2012 年 4 月 8 日 CIT 重构的 NmF2 和 Pruhonice 站电离层测高仪数据对比图

表 8.5 为利用两种算法重构电离层电子密度以及 IRI-Plas 模型模拟电离层电子密度的相对误差分析，相对误差表示 IRI-Plas 模型给出 NmF2 值和重构 NmF2 值与测高仪结果误差的百分比，可表示为 $\dfrac{\left| \mathrm{NmF2_{recon}} - \mathrm{NmF2_{iono}} \right|}{\mathrm{NmF2_{iono}}} \times 100\%$。从表中可以看出，IRI-Plas 模型的结果相对误差较大，混合正则化算法和 Tikhonov 正则化算法的结果相对误差较小。

表 8.5　利用两种算法重构及 IRI-Plas 模型模拟电离层电子密度的相对误差分析表

UT/h	高度/km	相对误差/%			UT/h	高度/km	相对误差/%		
		IRI-Plas 模型	混合正则化算法	Tikhonov 正则化算法			IRI-Plas 模型	混合正则化算法	Tikhonov 正则化算法
1	311	89.94	14.20	15.19	13	266	19.81	5.05	12.98
3	313	69.51	26.94	33.44	15	254	47.92	10.32	14.85
5	226	0.78	6.87	6.21	17	282	31.80	10.64	14.37
7	256	11.11	4.95	7.79	19	295	5.42	6.37	9.22
9	260	2.04	1.29	1.22	21	278	25.33	8.26	15.65
11	287	18.89	4.07	11.53	23	331	75.57	13.03	7.99

图 8.10 展示了在不同时刻相同站的电离层测高仪所得剖面与两种算法重构结果及 IRI-Plas 模型结果的比较，图 8.10（a）为 11:00 UT 重构的电子密度剖面与 Pruhonice（普鲁洪尼斯）站所得剖面的比较，图 8.10（b）为 21:00 UT 重构的电子密度剖面与 Pruhonice 站所得剖面的比较。从图中可见，两种算法反演获得的 F2 层电子密度峰值与测高仪观测结果整体上符合得较好，且混合正则化算法的反演结果更加接近测高仪数据。同时，图 8.10（a）中两种算法反演得到的 F2 层电子密度峰值高度大体上一致，图 8.10（b）中混合正则化算法反演的 F2 层的峰值高度更加接近测高仪数据，Tikhonov 正则化算法反演的 F2 层的峰值高度高于测高仪数据。这说明非迭代重构算法能够有效地反演电离层电子密度。

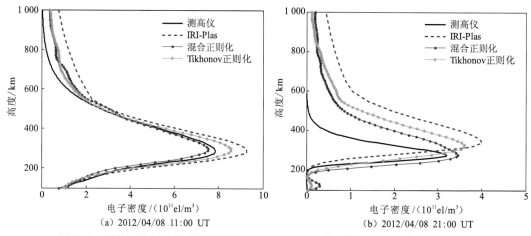

图 8.10　重构电离层电子密度剖面与 Pruhonice 站电离层测高仪测量剖面的对比图

2）电离层扰动状态

利用 2005 年 8 月 24 日磁暴发生期间的 GPS 观测数据反演电离层电子密度的分布情况，以进一步验证该算法的可靠性。图 8.11（a）和（b）分别为 2005 年 8 月 24 日 11:00 UT 和 22:00 UT 磁暴发生期间反演的电离层 TEC 图，图 8.11（c）和（d）分别为利用混合正则化算法重构的 2005 年 8 月 24 日 11:00 UT 和 22:00 UT 磁暴发生期间 4° E 的电离层电子密度随纬度和高度的变化图。将图 8.11（a）和（c）进行比较可以看出，11:00 UT 电子密度随着纬度的增大而逐渐降低；同时将图 8.11（b）和（d）进行比较可以看出，22:00 UT 电子密度随着纬度的增大先降低后升高，而且在 52° N 左右达到最小。

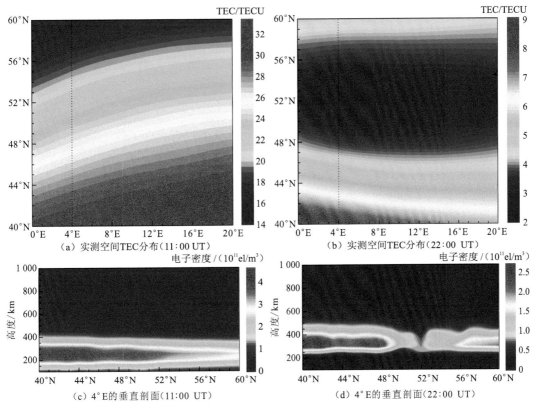

（a）实测空间TEC分布（11:00 UT）　　　（b）实测空间TEC分布（22:00 UT）

（c）4°E的垂直剖面（11:00 UT）　　　（d）4°E的垂直剖面（22:00 UT）

图 8.11　2005 年 8 月 24 日 TEC 分布图及重构电离层电子密度分布图

图 8.12 给出了磁暴发生期间混合正则化算法和 Tikhonov 正则化算法得出的电离层峰值电子密度与 Pruhonice 站测高仪实测的峰值电子密度比较。从该结果可以看出，混合正则化算法反演的电离层电子密度峰值更加接近测高仪结果。表 8.6 为磁暴发生期间利用两种算法重构的电离层电子密度以及 IRI-Plas 模型模拟的电离层电子密度相对误差。从该表的统计结果可以看出，磁暴发生期间，IRI-Plas 模型结果的相对误差较大，混合正则化算法和 Tikhonov 正则化算法反演结果的相对误差较小。

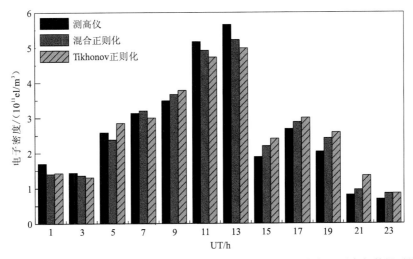

图 8.12　2005 年 8 月 24 日 CIT 重构的 NmF2 和 Pruhonice 站电离层测高仪数据对比图

表 8.6 利用两种算法重构及 IRI-Plas 模型模拟电离层电子密度的相对误差分析表

UT/h	高度/km	相对误差/%			UT/h	高度/km	相对误差/%		
		IRI-Plas 模型	混合正则化算法	Tikhonov 正则化算法			IRI-Plas 模型	混合正则化算法	Tikhonov 正则化算法
1	330	26.59	17.41	15.85	13	338	36.94	7.68	11.83
3	236	23.69	5.38	8.95	15	199	77.09	16.66	22.83
5	280	25.44	7.84	10.41	17	241	40.41	7.24	11.93
7	241	4.22	2.20	4.13	19	353	106.50	18.79	27.09
9	285	11.60	5.30	8.54	21	397	241.15	17.76	67.97
11	348	23.27	4.74	8.47	23	371	134.66	23.06	24.42

图 8.13 展示了在磁暴发生期间不同时刻 Pruhonice 站电离层测高仪所得剖面与两种算法重构结果及 IRI-Plas 模型结果的比较,图 8.13(a)为 11:00 UT 重构的电子密度剖面与 Pruhonice 站所得剖面的比较,图 8.13(b)为 21:00 UT 重构的电子密度剖面与 Pruhonice 站所得剖面的比较。从图中可见,反演获得的 F2 层电子密度峰值与测高仪观测结果整体上符合得较好,且混合正则化算法的反演结果更加接近测高仪数据。但是,电子密度峰值高度与测高仪数据差异较大,图 8.13(a)中两种算法反演的电子密度峰值高度都低于测高仪数据,且混合正则化算法反演的电子密度峰值高度更加接近测高仪数据;同时,图 8.13(b)中两种算法反演的电子密度峰值高度也都低于测高仪数据,二者反演的电子密度峰值高度没有明显的区别。这也从侧面反映了地基 GNSS 的垂直分辨率不够。

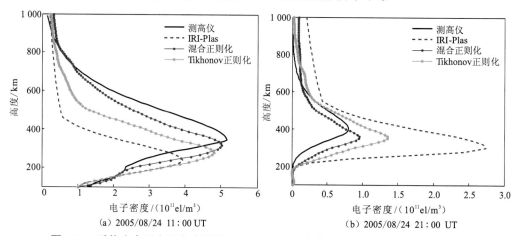

图 8.13 重构电离层电子密度剖面与 Pruhonice 站电离层测高仪测量剖面的对比图

由于 GNSS 观测噪声、电离层空间离散化误差及测站几何结构限制等因素,反演结果的垂直分辨率仍然需要改善。这说明在电离层层析成像过程中仅附加水平和垂直约束来改善电子密度空间结构是不够的,还需要利用其他手段来增加观测信息。

8.6.3 多源数据融合实验

本实验选取经度范围为 100°W~30°W、纬度范围为 40°S~50°N 和高度范围为 100~1 000 km 作为实验区域,反演 2011 年 8 月 6 日磁暴期间该区域电离层电子密度的三维分布情况。设置经度和纬度方向上像素间隔分别为 2°，高度方向上的间隔为 50 km。实验采用的观测数据主要包含 GNSS 数据、测高卫星数据、掩星数据等，数据分布如图 8.14 所示，选取重构区域内的观测信息进行重构，并利用非相干散射雷达 Jicamarca 站（11.9° S, 76° W）和 Millstone Hill 站（42.6° N, 71.5° W）的观测数据进行独立检核。

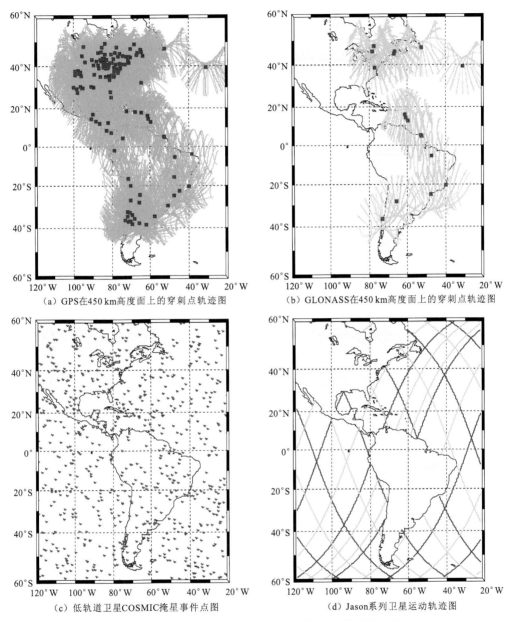

(a) GPS在450 km高度面上的穿刺点轨迹图　　(b) GLONASS在450 km高度面上的穿刺点轨迹图

(c) 低轨道卫星COSMIC掩星事件点图　　(d) Jason系列卫星运动轨迹图

图 8.14　2011 年 8 月 6 日所选定区域的多源数据分布图

图 8.14（a）和（b）分别给出了一天内 GPS 和 GLONASS 在 450 km 高度面上的穿刺点轨迹分布；图 8.14（c）给出了低轨道卫星 COSMIC 掩星事件点分布；图 8.14（d）给出了 Jason 系列卫星运动轨迹分布，其中，红色代表 Jason-1 轨迹，蓝色代表 Jason-2 轨迹。从图 8.14 中可以看出，2011 年 8 月 6 日这一天中，所选范围内的数据能够很好地覆盖整个区域，便于建立电离层层析模型。

图 8.15（a）和（c）分别为 2011 年 8 月 6 日 01:00 UT 和 08:00 UT 磁暴发生期间电离层 TEC 图，图 8.15（b）和（d）分别为利用多源数据重构的 2011 年 8 月 6 日 01:00 UT 和 08:00 UT 磁暴发生期间 74°W 的电离层电子密度随高度和纬度的变化图。将图 8.15（a）和（b）进行比较可以看出，在北半球，电子密度随着纬度的增加先增大后减小，在南半球，电子密度也随着纬度的增加先增大后减小，并且在 5°S 左右出现电离层槽现象；同时将图 8.15（c）和（d）进行比较可以看出，在北半球，电子密度随着纬度的增加先增大后减小，在南半球，电子密度也随着纬度的增加先增大后减小，并且在 10°S 左右出现电离层槽现象。

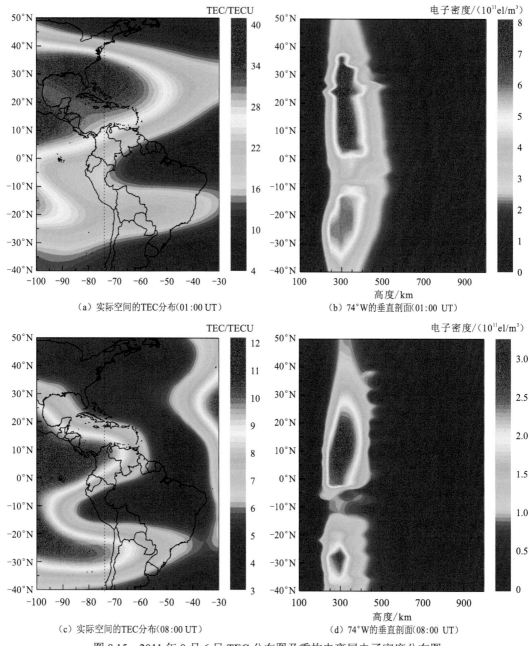

（a）实际空间的TEC分布(01:00 UT)   （b）74°W的垂直剖面(01:00 UT)

（c）实际空间的TEC分布(08:00 UT)   （d）74°W的垂直剖面(08:00 UT)

图 8.15　2011 年 8 月 6 日 TEC 分布图及重构电离层电子密度分布图

图 8.16 为基于多源数据利用层析技术反演的不同高度面上电离层电子密度随时间的演变图。从图中可以看出，电子密度随着高度的递增而逐渐升高，到 250 km 或 300 km 呈现最大值，随后逐渐降低，这符合电离层 F2 层的规律。在同一高度上，从 02:00 UT 到 06:00 UT，区域上空电子密度逐渐降低，且西部高于东部；从 06:00 UT 到 18:00 UT，电子密度逐渐升高，且东部高于西部；在 18:00 UT 和 22:00 UT，电子密度逐渐降低，且西部高于东部。赤道地区上空电离层电子密度要高于高纬度地区。

图 8.17 显示了 2011 年 8 月 6 日不同时刻利用多源数据以及单一 GPS 观测数据重构的电离层电子密度剖面与非相干散射雷达站测量剖面比较。图 8.17（a）和（b）分别为在 13:00 UT Jicamarca 站和 Millstone Hill 站的剖面比较，图 8.17（c）和（d）分别为在 21:00 UT Jicamarca 站和 Millstone Hill 站的剖面比较。从图中可看出，对于两个不同的时刻和

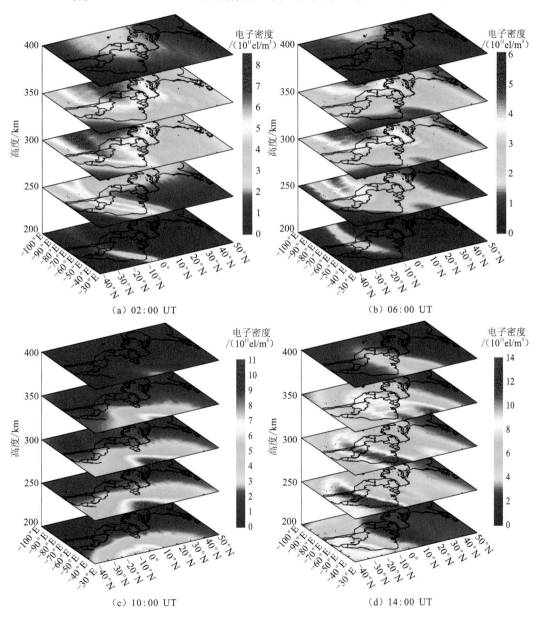

(a) 02:00 UT

(b) 06:00 UT

(c) 10:00 UT

(d) 14:00 UT

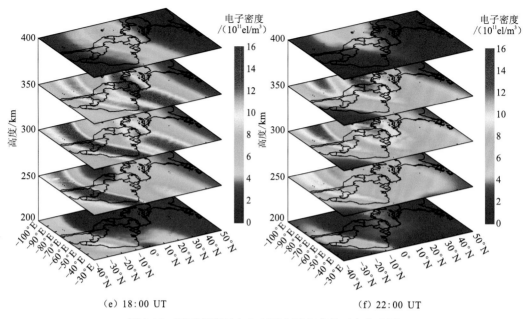

（e）18：00 UT   （f）22：00 UT

图 8.16   不同高度面上电离层电子密度的时空分布图

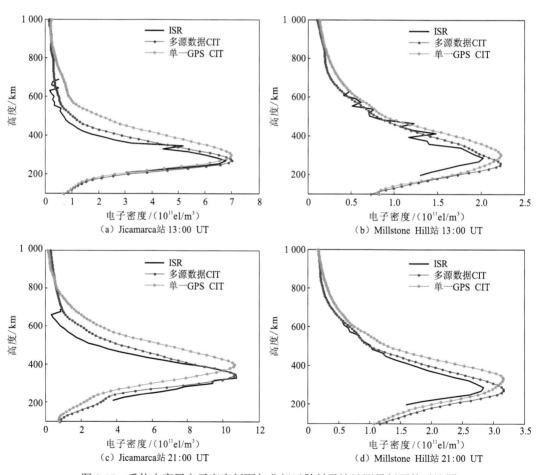

（a）Jicamarca站 13：00 UT   （b）Millstone Hill站 13：00 UT

（c）Jicamarca站 21：00 UT   （d）Millstone Hill站 21：00 UT

图 8.17   重构电离层电子密度剖面与非相干散射雷达站测量剖面的对比图

不同观测站，利用多源数据重构的电离层电子密度剖面整体上更加接近非相干散射雷达站的测量结果，利用多源数据和单一 GPS 观测数据重构的电子密度峰值基本相同，而对峰值高度而言，利用多源数据的重构结果更加接近非相干散射雷达站的观测结果，垂直分辨率大大提高，这一方法有效解决了 CIT 技术有限视角的问题。这对 GNSS 电离层层析技术的独立运行和推广应用具有重要意义。

8.6.4 数据同化实验

南极地区电离层不仅具有日内变化大的特点，而且不同地理位置上的差异也很大。此外 IRI-2016 模型中用于计算 IG_{12} 指数的电离层探空站在南极区域没有分布，且 IG_{12} 指数定义中的全球平均过程会进一步削弱 IG_{12} 指数作为 IRI-2016 模型的输入参数在南极地区的应用精度。因此，本小节选择南极区域开展数据同化实验，通过同化 GNSS TEC 更新 IG_{12} 指数，提高模型精度。

在空间上，选择了南极地区分布的 40 个 GNSS 观测站，其中大部分属于国际极区对地观测网络（polar Earth observing network，POLENET）。图 8.18 显示了这 40 个 GNSS 观测站在南极地区的地理分布。另外，值得一提的是，在不同的年积日，这 40 个 GNSS 观测站并不是都有观测数据，因此只能选择所有能够获得数据的观测站来计算南极地区的 GNSS TEC。

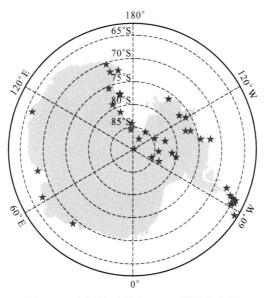

图 8.18　南极地区所选 GNSS 测站分布图

在时间上，本小节选择 2018 年每个月的 00:00 UT、06:00 UT、12:00 UT、18:00 UT 4 个时刻，共计 48 个时刻开展实验，这样就能确保选择的时间包括南极的极昼和极夜这两个特殊的自然现象。2018 年作为太阳活动低年，F10.7 指数平均为 69.9。按照 8.5 节中的数据同化方案，计算出拟合时刻南极地区更新后的 IG_{12} 指数，图 8.19（a）、（b）、（c）、 （d）分别展示了 2018 年所选定的 16 天在 00:00 UT、06:00 UT、12:00 UT、18:00 UT 这 4 个时刻更新后的 IG_{12} 指数在南极地区的二维分布，红色箭头指向地方时 12 点。从图中可以得出如下结论。

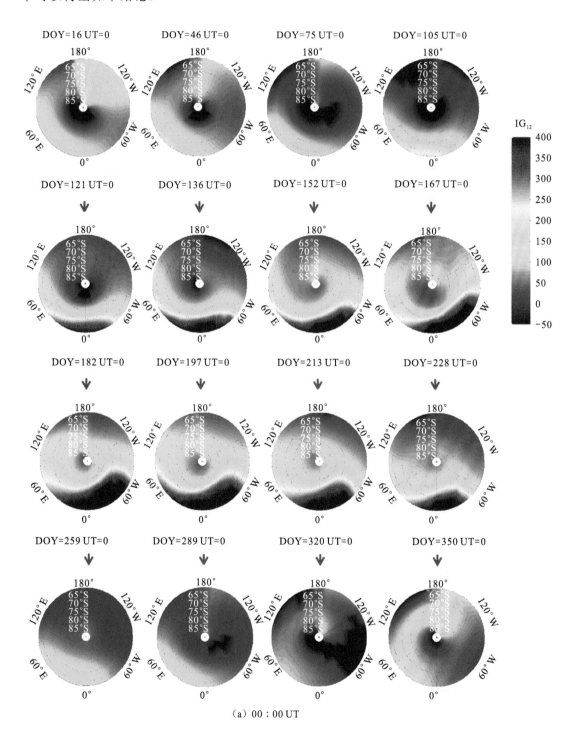

（a）00：00 UT

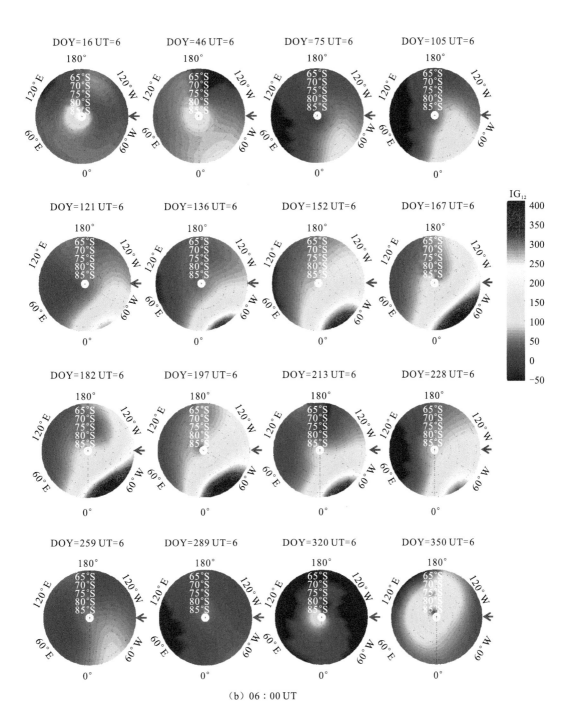

(b) 06 : 00 UT

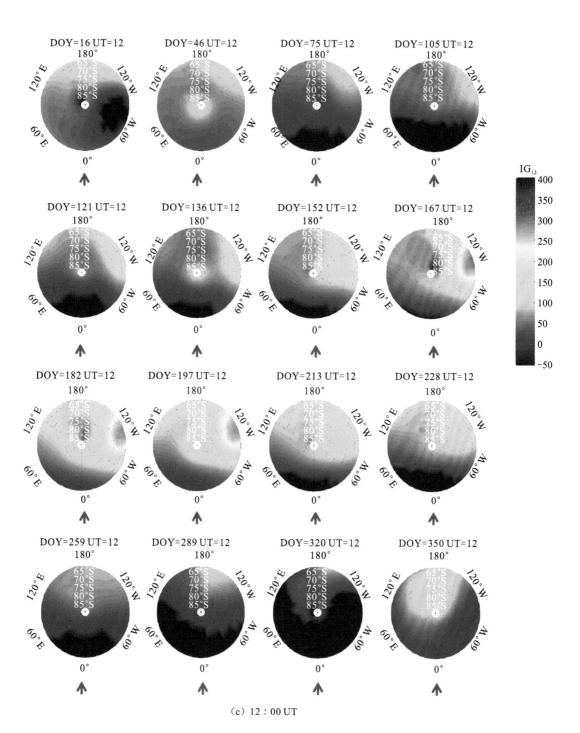

（c）12：00 UT

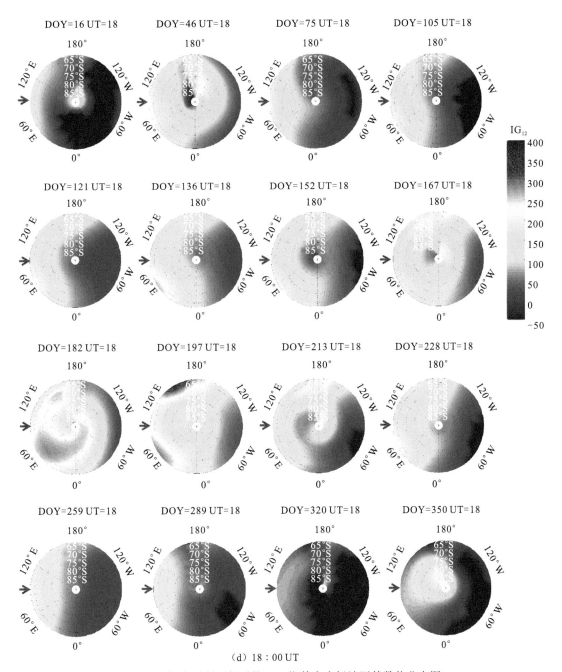

图 8.19　拟合时刻更新后的 IG_{12} 指数在南极地区的数值分布图

（1）更新后的 IG_{12} 指数在南极地区的分布随着地理位置的不同存在很大的差异。整体而言，极点附近，更新后的 IG_{12} 指数普遍较小，大 IG_{12} 指数出现在纬度相对较低区域的概率更高。

（2）不同地理位置的 IG_{12} 指数在南极地区的时变特征存在一定的相似性，即 IG_{12} 指数的变化可以用时间的函数来描述。

（3）更新后的 IG_{12} 指数在南极地区一天之内的分布变化也很大，这一点符合南极地区电离层日变化较大的特点。

（4）在随时间变化方面，极昼期间 IG_{12} 指数的数值普遍较小，而极夜期间 IG_{12} 指数的数值整体上相对较大。这也说明相比于极昼期间，IRI-2016 模型在极夜期间的精度更差一些。

（5）在变化幅度上，纬度较低区域的变化幅度最大。

为了进一步证明同化了 GNSS TEC 的 IRI-2016 模型所计算的 TEC 精度得到了提高，用更新后的 IG_{12} 指数驱动 IRI-2016 模型计算南极区域纬度分辨率为 2.5°、经度分辨率为 5° 的 TEC，并将计算得到的 TEC 与 GNSS TEC 作差得到 ΔTEC_{update}，也就是 $\Delta TEC_{update} = TEC_{GNSS} - TEC_{IRI\_UPDATE}$。为了对比，使用未更新的 IG_{12} 指数驱动 IRI-2016 模型计算得到的 TEC 与 GNSS TEC 作差得到 ΔTEC_{origin}，也就是 $\Delta TEC_{origin} = TEC_{GNSS} - TEC_{IRI\_ORIGIN}$。

图 8.20 展示了 0:00 UT 时刻 ΔTEC_{update} 与 ΔTEC_{origin} 的精度对比，其中横坐标表示点序号。从图中可以看出原始 IRI-2016 模型计算的 TEC 与 GNSS TEC 之间差异较大，最大甚至超过了 8 TECU，而使用更新后的 IG_{12} 指数驱动 IRI-2016 模型计算出来的 TEC 精度明显有所改进，与 GNSS TEC 之间的差异普遍都在 2 TECU 以内。图 8.21 展示了两种结果精度的空间分布。原始 IRI-2016 模型不同区域的 TEC 精度差别较大，纬度相对较低区域和南极点附近计算的 TEC 精度普遍更差。更新后的 IRI-2016 模型计算出的 TEC 在纬度相对较低的区域及南极点附近，虽然精度有所提高，但是提高的效果有限。此外，从图 8.21 中可以明显看出，更新的 IRI TEC 和 GNSS TEC 之间的残差表现出环形和径向结构，这可能是受球冠谐拟合的影响。

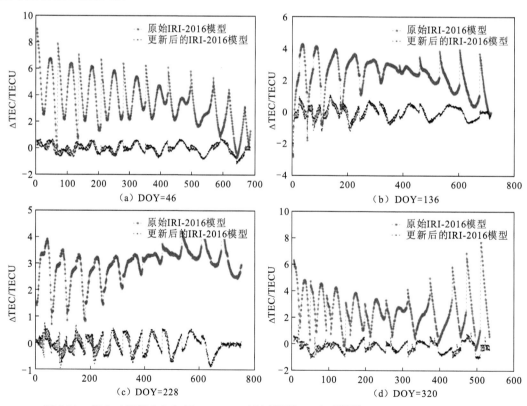

图 8.20　拟合时期部分年积日 0:00 UT 时刻 ΔTEC_{update} 与 ΔTEC_{origin} 在相同点上精度对比

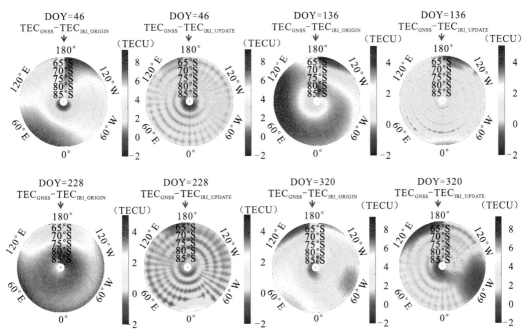

图 8.21　拟合时期部分年积日 0:00 UT 时刻 ΔTEC_{update} 与 ΔTEC_{origin} 二维分布对比

基于这些实验结果，可以得出如下结论。

（1）在南极地区，利用原始 IRI-2016 模型计算 TEC 的精度普遍不高。

（2）相比于使用原始的 IG_{12} 指数驱动 IRI-2016 模型计算的 TEC，使用更新后的 IG_{12} 指数驱动 IRI-2016 模型计算的 TEC 与 GNSS TEC 的整体一致性更高；使用更新后的 IRI-2016 模型计算的 TEC 的残差平均值和中误差分别改善了 97% 和 87%，这也说明更新后的 IG_{12} 指数提高了 IRI-2016 模型的精度。

（3）虽然使用更新后的 IRI-2016 模型提高了南极区域 TEC 的整体计算精度，但是在纬度相对较低的区域及南极点附近对 TEC 精度改善的效果有限。

第9章 GNSS 电离层监测的科学应用

9.1 行进式电离层扰动

磁暴是同太阳风和高能粒子相关的最重要现象之一，是源于太阳风和磁层的一个复杂过程，会引起电离层产生全球性的剧烈扰动。电离层扰动一直是国际上研究的热点内容，也是当前空间天气研究的重要组成部分。早期，通过统计研究大量的电离层暴，得到了电离层暴的大体扰动形态，进一步又总结出电离层暴随经度、纬度和季节的分布规律。GNSS技术的发展为人们更好地认知电离层空间环境开辟了新的路径。

9.1.1 数据分布

本小节利用中国大陆构造环境监测网络（crustal movement observation network of China，CMONOC）提供的约 250 个 GPS 台站以及 IGS 提供的 57 个 GPS 台站观测资料进行中国地区电离层扰动研究。图 9.1 给出了中国及周边地区的 GPS 台站以及测高仪站的分布。考虑磁暴期间电离层 TEC 背景值会受到中低纬电离层 TEC 增强、中纬电离层槽以及极向扩展的赤道异常的影响，且中国地区的范围比较大。因此，本节在拟合 GPS TEC 背景值时，将其按时间和纬度的二次方展开，其形式如下：

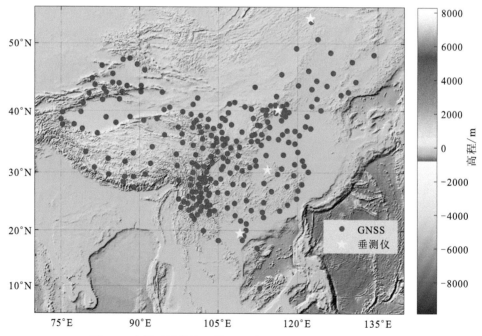

图 9.1 中国及周边地区的 GPS 台站以及测高仪站的分布图

$$VTEC_0 = C_0 + C_1(\varphi - \varphi_0) + C_2(\varphi - \varphi_0)^2 + C_3(t - t_0) + C_4(t - t_0)^2 \tag{9.1}$$

式中：φ 和 t 分别为地理纬度和世界时；t_0 为穿刺点处天顶距 z' 达最小值时对应的世界时；φ_0 为 t_0 时刻穿刺点处的纬度。

通过最小二乘法可以计算式（9.1）的系数 C_0、C_1、C_2、C_3 和 C_4。又有

$$STEC = \frac{VTEC}{\cos Z'} + B_r + B^s \tag{9.2}$$

式中：Z' 为穿刺点处卫星传播路径方向的天顶距；B_r 和 B^s 分别为接收机和卫星的硬件延迟偏差。结合式（9.1）和式（9.2）可以得到电离层扰动 dTEC，即

$$\begin{aligned} dTEC = VTEC - VTEC_0 &= STEC \cos Z' - (B_r + B^s)\cos Z' \\ &- C_0 - C_1(\varphi - \varphi_0) - C_2(\varphi - \varphi_0)^2 - C_3(t - t_0) - C_4(t - t_0)^2 \end{aligned} \tag{9.3}$$

将计算得到的系数 C_0、C_1、C_2、C_3 和 C_4 代入式（9.3），可以得到 dTEC。然后，利用最大熵谱方法分析滤波后的 GPS TEC 扰动时序，确定扰动传播方位角和水平传播相速度。

9.1.2 结果分析

2013 年 3 月 17 日发生了一次强磁暴，此次磁暴是一次急始磁暴（sudden storm commencement，SSC），发生在 17 日的 05∶00 UT，之后该磁暴的发展分为三个阶段，05∶00～06∶00 UT 为初相阶段，06∶00～20∶00 UT 为主相阶段，20∶00 UT 之后为恢复相阶段。该次磁暴的特性如图 9.2 所示，图中给出了磁暴发生前后连续 5 天的太阳风速度 V_p、行星际磁场分量 B_z、地磁指数 D_{st} 和 K_p、对称环电流指数 SYM-H 及极区电集流指数 AE 的变化曲线。从图中可以看出，太阳风速度在 3 月 17 日 04∶00 UT 开始急剧上升，在 10∶00 UT 达到最大值，此时的太阳风速度超过了 700 km/s，是前一天同一时刻的 1.6 倍。磁暴主相阶段，行星际磁场分量 B_z 在 08∶22 UT 达到最小值-20 nT 左右。同时，在 20∶00 UT 达到主相最低点，其值为-132 nT，此时 K_p 指数为 6+。在 06∶12 UT 左右 SYM-H 指数开始下降，在 10∶27 UT 该指数下降到-107 nT，在之后的近 9 h 内 SYM-H 指数基本保持不变，随后开始第二次下降，并在 20∶28 UT 达到最小值-132 nT，之后磁暴进入恢复相阶段。可见，磁暴主相阶段，SYM-H 指数并没有单一下降，而是分两次下降。SYM-H 的第一次降低可能是由南向的行星际磁场导致的，而第二次降低则可能是由磁暴期间环电流再次增大导致的。对于极区电集流指数 AE，该指数于 16∶39 UT 左右达到最大值 2 571 nT，强烈的极区活动导致环电流第二次增大，从而使 SYM-H 指数第二次降低。根据磁暴分类指标可知，此次磁暴属于一次强磁暴事件。

图 9.3 给出了利用电离层层析技术得到的 2013 年 3 月 17 日 120°E 经度链上中国区域上空电离层电子密度随纬度和高度变化的二维剖面。从该时序图中，可以发现磁暴发生期间即主相阶段在 12∶00～13∶00 UT 电离层中存在电子密度波状扰动，同时，电离层电子密度的扰动结构随着时间和纬度发生变化。图中，除 21°N 附近出现电子密度的增强区外，在 25°N～50°N，F2 层峰上下均出现了类波状结构。由于分析该例相邻时刻的卫星运行轨道不在同一子午面内，不能确定电离层行进式扰动的水平相速度。不过，从图中可以明显

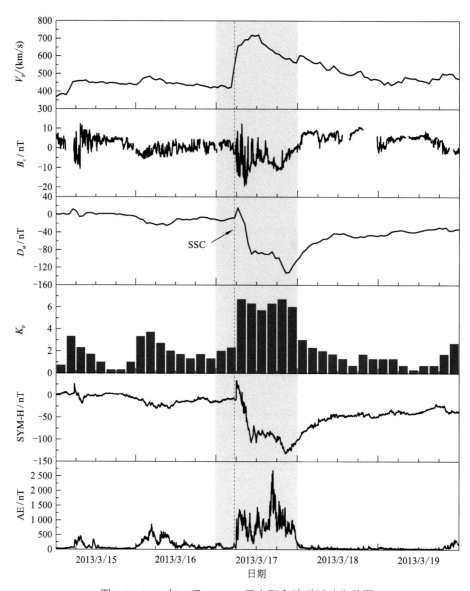

图 9.2　2013 年 3 月 15~19 日太阳和地磁活动指数图

从上至下分别为太阳风速度 V_{p} 和行星际磁场分量 B_z 以及地磁指数 D_{st} 和 K_{p}、SYM-H 指数和 AE 指数

看出，从较低高度到较高高度，波动的等相位面是平行于赤道的。同时可以看出，11：30~12：00 UT 电离层峰值区域逐渐扩大，峰值向北移动，大约出现在 23°N 附近，峰高为 350 km；12：00~13：00 UT 电离层电子密度峰值保持在 23°N 左右，且峰值逐渐减小；随后，峰值区逐渐减小，且峰值向南移动，F2 层电离层类波状结构逐渐消失。

对 2013 年 3 月 17 日 120°E 经度链上的黑龙江漠河站（MHT）、北京昌平站（CPT）、武汉左岭镇站（ZLT）、海南富克站（FKT）电离层测高仪观测数据以及电离层层析结果与电离层处于平静状态的 6 天均值进行比较。图 9.4 显示了基于 GPS 观测数据 CIT 重构得到的电离层电子密度峰值与电离层测高仪观测结果，其中，黑线代表电离层处于平静状态下 6 天电子密度峰值的均值结果，阴影部分为 2 倍标准差（2σ）区域，以此作为判断电离层异常扰动的标准。由图 9.4 可以看出，层析重构结果与测高仪观测结果整体上符合较好，表

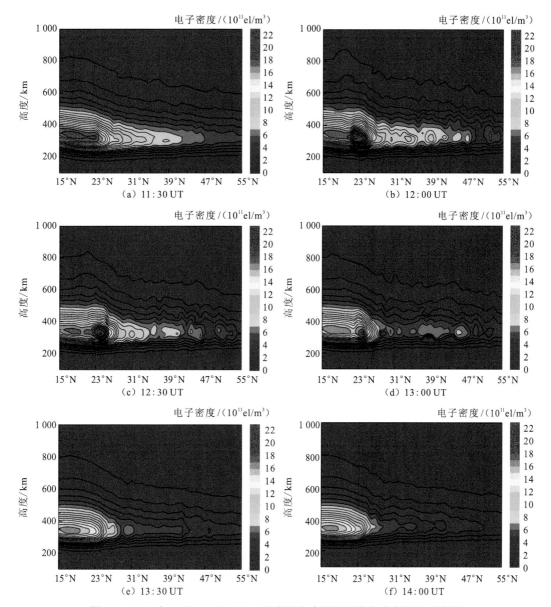

图 9.3　2013 年 3 月 17 日 120°E 经度链上中国区域上空电离层电子密度

随纬度和高度变化的时间序列图

明前述反演结果的可靠性。在磁暴发生之前，电离层电子密度峰值基本比较平稳。而在磁暴的主相阶段,4 个测高仪站都出现了扰动现象:MHT 在 12:00 UT 左右出现了正相暴(电离层电子密度比平均电离层状态明显增强)现象;ZLT 在 09:00 UT 和 12:00 UT 左右也出现了正相暴现象;CPT 在 08:00 UT 左右出现了负相暴(电离层电子密度比平均电离层状态明显减少)现象;FKT 在 12:00 UT 左右也出现了负相暴现象。

图 9.5 显示了基于 GPS 观测数据层析重构得到的电离层电子密度峰值高度与电离层测高仪观测结果,其中,黑线代表电离层平静状态下 6 天电子密度峰值高度的均值结果,阴影部分为 2 倍标准差（2σ）区域。由图 9.5 可以看出，层析重构结果与测高仪观测结果整体上符合较好。在磁暴之前，电离层电子密度峰值高度未发生明显变化。在磁暴主相阶段，

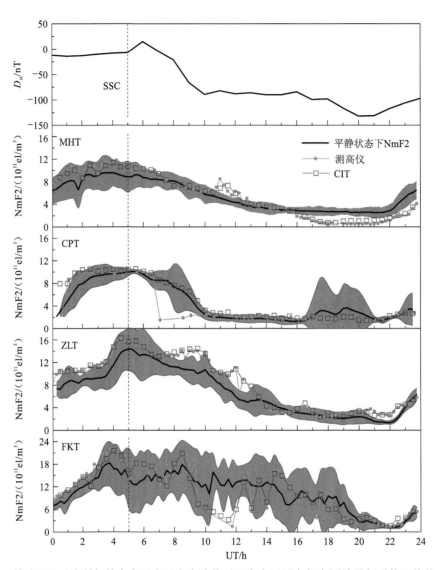

图 9.4　利用 CIT 反演所得的电离层电子密度峰值以及电离层测高仪实测结果与磁静日均值的比较

CPT 电离层电子密度峰值高度没有明显变化；MHT 在 10：00 UT、12：00 UT 和 18：00 UT
左右峰值高度明显上升；ZLT 在 09：00 UT、12：00 UT、15：00 UT 和 18：00 UT 左右峰
值高度明显上升；FKT 在 12：00 UT 和 14：00 UT 左右峰值高度明显上升。综合图 9.4 和
图 9.5 可知，在 12：00 UT 左右电离层电子密度出现明显的扰动。

　　为了进一步验证磁暴期间的电离层异常扰动，利用电离层测高仪观测数据以及电离层层
析结果与电离层处于平静状态的 6 天均值进行比较。图 9.6 是层析重构得到的电离层电子密
度剖面与电离层测高仪观测结果的比较，其中，黑线代表电离层处于平静状态下 6 天电子密
度剖面结果。从图中可以看出，对于不同测站，层析反演的电子密度峰值与测高仪观测结果
的差异都在 $0.5×10^{11}$ el/m³ 之内，然而，在垂直方向上存在一定差异，该差异主要是 GPS 观
测误差、离散误差及 GPS 观测站几何结构限制等因素引起的。在 12：00 UT，MHT 和 ZLT
出现了明显的电离层正相暴，FKT 出现了明显的电离层负相暴，而 CPT 电离层没有明显的
扰动，这一结果从另一侧面证明了利用电离层层析技术研究电离层扰动的有效性。

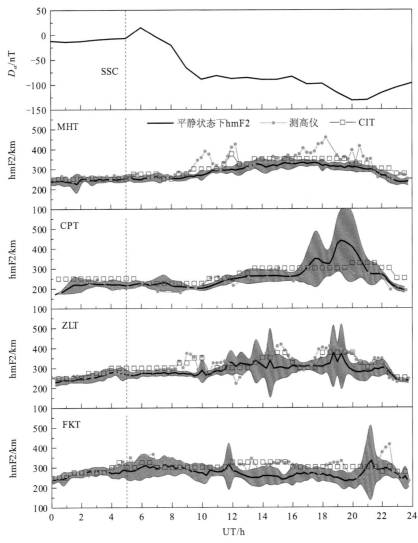

图 9.5　利用 CIT 反演所得的电离层电子密度峰值高度以及
电离层测高仪实测结果与磁静日均值的比较

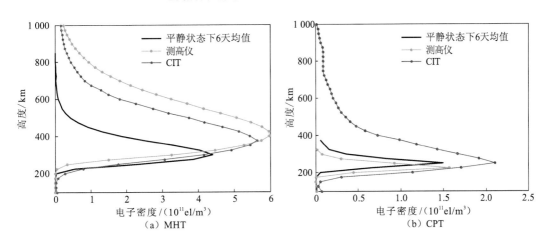

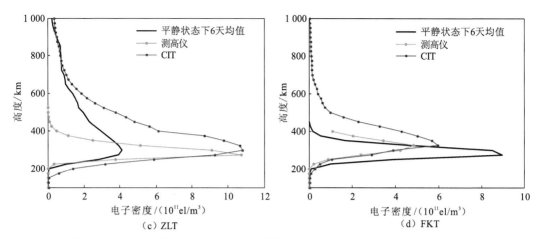

（c）ZLT

（d）FKT

图 9.6　2013 年 3 月 17 日 12：00 UT 利用 CIT 反演所得的电离层电子密度剖面
以及电离层测高仪实测结果与磁静日均值的比较

此次磁暴的主相阶段，在中国地区 12：00～12：40 UT 监测到一个由中纬度向低纬度传播的大尺度电离层行扰（travelling ionospheric disturbance，TID）。图 9.7 为利用经纬度展开法得到的中国台站密集区的电离层行扰的二维时空图像。从该图可以看出，在 12：00 UT，100°E～120°E 和 35°N～40°N 附近开始出现明显的 TEC 正扰动，扰动最大振幅可达 2 TECU。随后，扰动由中纬度向低纬度传播，可清晰地看出异常传播的等相面移动到 25°N 附近，在 13：00 UT 扰动等相面消失。

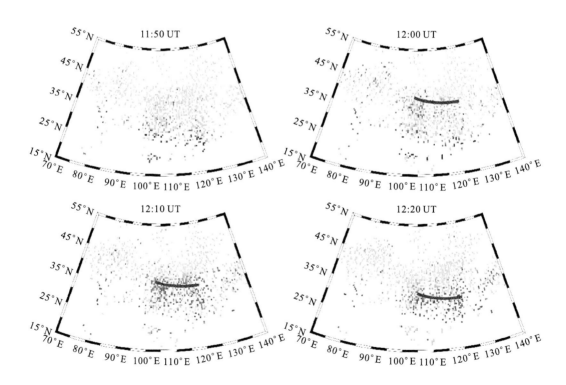

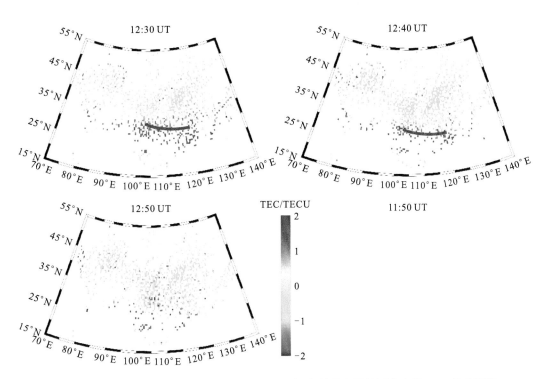

图 9.7　2013 年 3 月 17 日 11：50～12：50 UT 提取得到中国地区上空的 TEC 扰动图像

　　通常认为由北向南传播的电离层行扰（TID）可能是由极区电集流引起焦耳加热激发的中性大气声重波产生的。极区电集流的变化可以通过水平地磁分量 H 的变化来体现，并以此来研究大尺度 TID 可能的激发源位置。图 9.8 显示了 3 月 17 日高纬度地区 4 个地磁台站的水平地磁分量 H 的变化以及每个台站的地理经纬度。在高纬度地区，YAK 站的水平地磁分

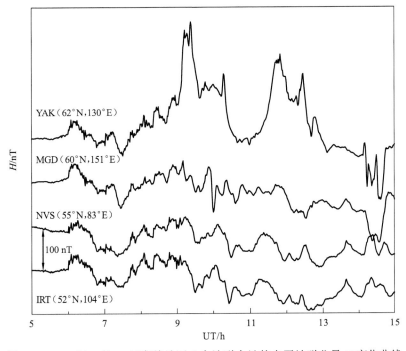

图 9.8　2013 年 3 月 17 日高纬地区 4 个地磁台站的水平地磁分量 H 变化曲线

量在 09：30 UT 左右开始下降且下降了 260 nT，大约 2.5 h 后，北方出现了电离层扰动。分别位于 83°E、104°E 和 151°E 的 NVS 站、IRT 站和 MGD 站的水平地磁分量 H 在电离层扰动前没有明显的下降，因此可判断该扰动的激发源可能在 104°E 以东和 151°E 以西。

为了分析该电离层扰动的传播特性，选取其中的一组台阵（HAQS-HBJM-WUHN）进行示例研究。图 9.9 为这组台阵的示意图，（a）图为 GPS 台站的位置，（b）图显示了三站之间的水平距离。图 9.10 展示了对电离层 TEC 扰动序列进行最大熵谱分析（Ma et al.，1998）得到的水平传播参量时域分布结果。图（a）为 GPS 台阵对于 3 号卫星运行路径对应的电离层 TEC 扰动传播的方位角；图（b）为 GPS 台阵对于 3 号卫星运行路径对应的电离层 TEC 扰动的水平相速度；图（c）为 GPS 台阵对于 19 号卫星运行路径对应的电离层 TEC 扰动传播的方位角；图（d）为 GPS 台阵对于 19 号卫星运行路径对应的电离层 TEC 扰动的水平相速度。从图 9.10（a）和（b）可以看出，对于 3 号卫星，TEC 扰动的发生时间为 11：20～13：30 UT，水平传播方位角平均值约为 12°，水平传播相速度平均值约为 490 m/s。同样，由图 9.10（c）和（d）可知，对于 19 号卫星，TEC 扰动的发生时间为 11：50～13：30 UT，水平传播方位角平均值约为-22°，水平传播相速度平均值约为 436 m/s。统计多个台阵结果得出，TEC 扰动的水平传播相速度为 400～500 m/s。

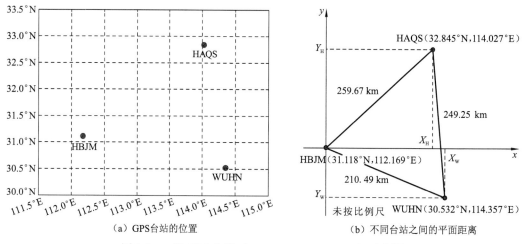

（a）GPS台站的位置   （b）不同台站之间的平面距离

图 9.9 一组 GPS 台阵（HAQS-HBJM-WUHN）示意图

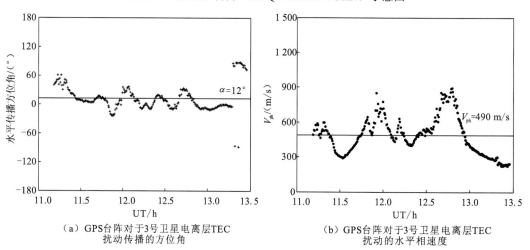

（a）GPS台阵对于3号卫星电离层TEC   （b）GPS台阵对于3号卫星电离层TEC
扰动传播的方位角   扰动的水平相速度

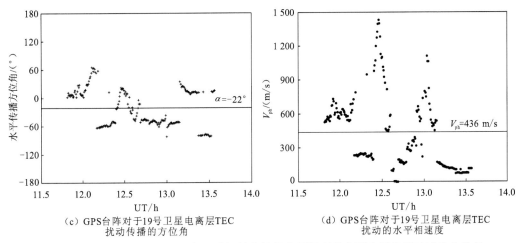

（c）GPS台阵对于19号卫星电离层TEC
扰动传播的方位角

（d）GPS台阵对于19号卫星电离层TEC
扰动的水平相速度

图 9.10 对电离层 TEC 扰动序列进行最大熵谱分析得到的水平传播参量时域分布结果

9.2 地震电离层扰动

2011 年 3 月 11 日 05：46 UT 日本本州东海岸附近海域发生了 M9.0 级的东北(Tohoku) 地震并引发海啸，在当地造成了重大人员伤亡和财产损失。地震震中位于（38.1°N， 142.6°E）。地震发生后，由地震波激发的次声波、地面震动激发的声波、海啸波激发的重力波上传到电离层并产生了显著的电子密度扰动。本节将利用日本 GEONET 密集的 GNSS 测站，采用高时间分辨率层析模型对此次同震电离层扰动（coseismo traveling ionospheric disturbances，CTIDs）进行三维反演，分析其三维空间分布以及在不同方向、不同高度的传播特征，对探究不同大气圈层耦合、电离层扰动传播的物理机制具有重要意义。

9.2.1 数据分布

图 9.11 给出了 GEONET GNSS 接收机分布以及实验区域的范围，其中红色五角星为震中位置，绿色圆点为 GNSS 接收机位置，黑色方框为反演区域，两条虚线分别指示震中位置的西北和西南方向。层析模型的经纬度分辨率为 0.5°，高度分辨率为 10 km，时间分辨率为 30 s。

9.2.2 水平传播特征

图 9.12 给出了 06：00～06：07 UT CTIDs 三维反演结果的高度面分布。06：00 UT 在反演区域东部出现了环状的电离层扰动，包括两个负扰动波峰和一个正扰动波峰，在环形中心也出现了正扰动。环形扰动的幅度在 150～200 km 高度最为显著，从 250 km 高度开始随着高度增加而减小。此外，在反演区域的西南部（34°N～38°N，132°E～139°E）出现了块状的扰动，其幅度随着高度增加逐渐减小。06：03 UT 环形扰动中心的面积扩大，而负扰动波峰趋于消散。同时，块状扰动已经传播到反演区域的边缘（环形虚线），在 150～ 250 km 高度表现为正扰动，在 300～450 km 高度表现为负扰动。在 06：00～06：03 UT 块

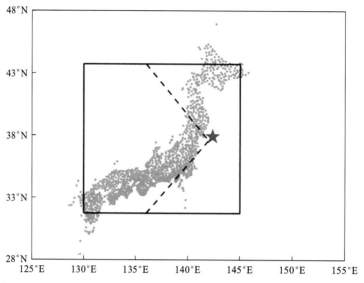

图 9.11　Tohoku 地震震中 GEONET GNSS 接收机和反演区域的地理分布

状扰动的传播距离远大于环形扰动的传播距离，表明其传播速度远大于环形扰动。06：07 UT 块状扰动已经完全传播到反演区域之外，而环形扰动还继续在反演区域内传播。

　　图 9.13 为 06：10～06：15 UT 的三维反演结果。从图中可以看出，在 06：10 UT 出现了第二批环形扰动。虽然与 06：00～06：07 UT 出现的环形扰动类似，都出现了正扰动和负扰动，但是第二批环形扰动以负扰动为主，并且负扰动的波长显著大于正扰动的波长。在 150～250 km 高度，CTIDs 的幅度没有随着高度增加而显著减小。06：15 UT 环形扰动在所有高度面都趋于消散。

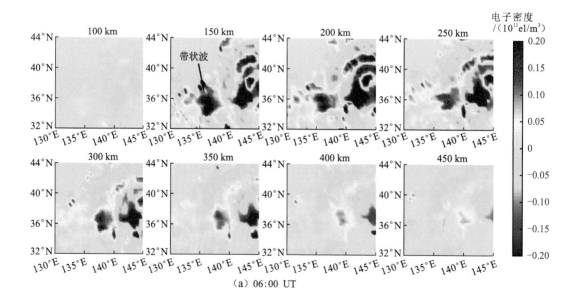

（a）06：00 UT

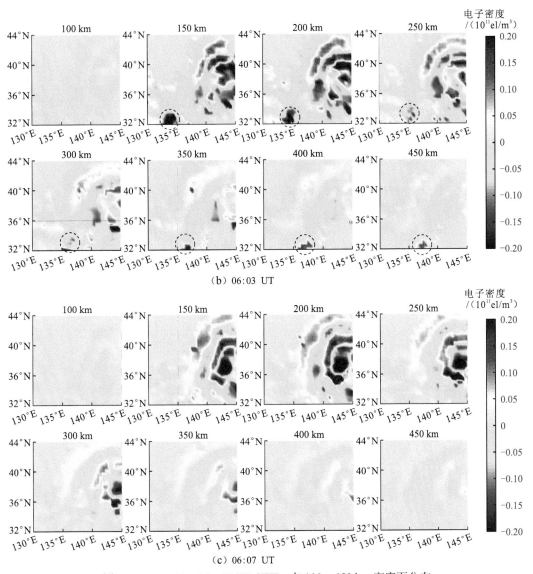

（c）06：07 UT

图 9.12　06：00～06：07 UT CTIDs 在 100～450 km 高度面分布

　　图 9.14 给出了 06：20～06：30 UT 的反演结果。06：20 UT 出现了第三批环形扰动。虽然与 06：00～06：15 UT 结果类似，都出现了正扰动和负扰动，但第三批环形扰动中心并没有出现扰动。从 06：25 UT 和 06：30 UT 结果中可以看出，在 150～300 km 高度，正扰动和负扰动的幅度随着高度增加呈现相反的变化趋势。

9.2.3　垂直高度分布

　　为了验证 CTIDs 三维反演结果的垂直分布，采用短时傅里叶变换（short time Fourier transform，STFT）方法对 COSMIC 数据进行分析。图 9.15 给出了地震前后 5 h，距离震中 3 000 km 范围内的 22 条 COSMIC 电子密度剖面（electron density profiles，EDPs）的地理分布。其中红色五角星为震中位置，蓝色圆点为 COSMIC 数据位置。

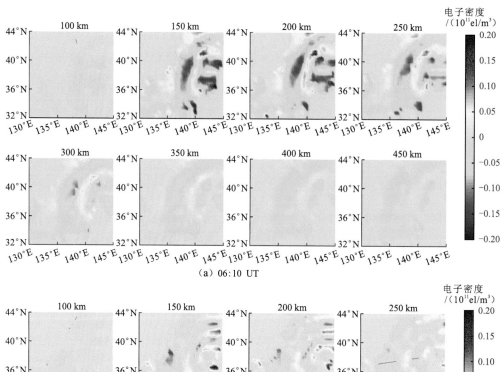

图 9.13 06：10～06：15 UT CTIDs 在 100～450 km 高度面分布

　　图 9.16 给出了 COSMIC EDPs 及其频谱分析结果，其中图（a）为 COSMIC EDPs，图（b）为 COSMIC 功率谱密度沿高度方向的积分，图（c）为 COSMIC 功率谱密度中波数大于 0.03 km^{-1} 的分量沿波数方向的积分，红色虚线为地震发生的时间。为了更清晰地展示 COSMIC EDPs，将所有电子密度都被除以各廓线的平均值。从图中可以看出，地震发生之前的 EDPs（第 1～7 条）都十分平滑，而地震发生之后，许多 EDPs 都出现了扰动，如第 11、12 条廓线出现了波长较长的扰动，而第 15、16 条廓线出现了波长较短的扰动。

　　图 9.16（b）给出了每条 EDPs 的功率谱密度在高度方向的积分图。从图中可以看出，与震前 EDPs 相比，震后 EDPs 大于 0.03 km^{-1} 的波数的功率谱密度积分出现了显著增加。因此，为了研究 EDPs 中的扰动在高度方向的分布情况，对波数大于 0.03 km^{-1} 的功率谱密度沿波数方向进行积分。从图 9.16（c）可以看出，震后 EDPs 在 150～450 km 高度出现了显著的扰动，尤其是第 15、16、18 条 EDPs。COSMIC 数据中扰动的垂直分布范围与三维反演结果一致。

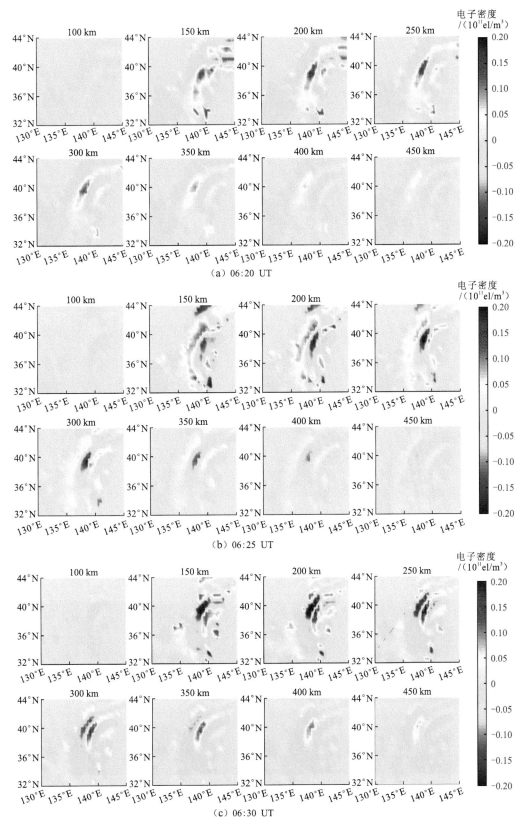

图 9.14　06：20～06：30 UT CTIDs 在 100～450 km 高度面分布

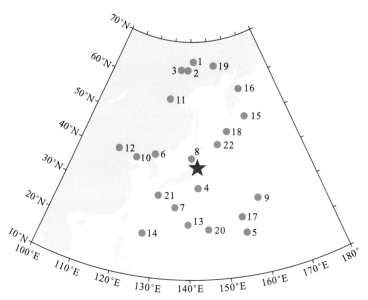

图 9.15 Tohoku 地震前后 5 h 内，距离震中 3 000 km 范围内
的 COSMIC EDPs 的地理分布

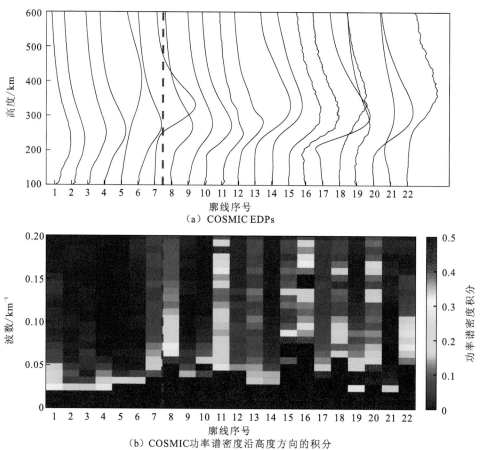

（a）COSMIC EDPs

（b）COSMIC功率谱密度沿高度方向的积分

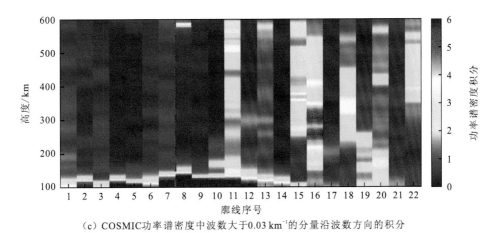

（c）COSMIC功率谱密度中波数大于0.03 km⁻¹的分量沿波数方向的积分

图 9.16　COSMIC EDPs 及其频谱分析结果

9.2.4　不同高度传播速度分析

利用层析反演结果对 CTIDs 在不同高度的传播速度进行计算。图 9.17 为震中位置的西北、西南方向，150 km、300 km 高度面的 CTIDs 时间-距离传播图，图中的两条虚线为震中位置的西南、西北方向线。图 9.17 中纵轴为震中位置在对应高度面的投影点与方向线上格网点的距离。图中三条虚线按顺时针方向排列，其斜率代表的速度分别为 2 000 m/s、1 000 m/s、300 m/s。图中黑色和白色箭头指出了 CTIDs 的运动轨迹，字母 A～E 为其编号。图中标注速度由箭头斜率计算所得。震中附近的扰动为块状，并且可能是多种波的耦合状态，因此没有计算震中附近 CTIDs 的传播速度。

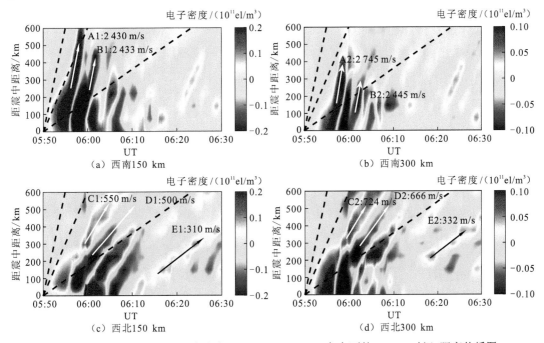

图 9.17　震中位置西北、西南方向，150 km、300 km 高度面的 CTIDs 时间-距离传播图

图 9.17（a）和（b）中，CTIDs A 和 B 出现在震中西南方向 05：55～06：03 UT，其在 150 km 和 300 km 高度面的速度约为 2 500 m/s，不同高度面之间没有明显的差别，但是在 150 km 高度面的扰动传播距离大于 300 km 高度面。CTIDs A 和 B 的传播速度与地面瑞利波的速度相符合，其来源应该是地面瑞利波在大气中激发的次声波。图 9.17（c）和（d）中，06：00～06：15 UT 出现了 CTIDs C 和 D，其中 CTIDs C 在 150 km 和 300 km 高度面的传播速度分别为 550 m/s 和 724 m/s，CTIDs D 在 150 km 和 300 km 高度面的传播速度分别为 500 m/s 和 666 m/s。CTIDs C 和 D 在 300 km 高度面的传播速度都大于 150 km 高度面，并且传播速度与声波在电离层中的传播速度相符合。图 9.17（c）和（d）中，CTIDs E 出现时间为 06：15～06：30 UT，其在 150 km 和 300 km 高度面的传播速度分别为 310 m/s 和 332 m/s，与重力波的传播速度相符。CTIDs E 在 300 km 高度面传播速度略大于 150 km 高度面的传播速度，并且其出现在 300 km 高度的位置比出现在 150 km 高度的位置距离震中更远。

根据图 9.17 的分析结果可以判断：图 9.12 中 06：00～06：03 UT 出现的块状扰动来源为次声波；图 9.12～图 9.13 中 06：00～06：15 UT 出现的环形扰动的来源为声波；图 9.14 中 06：20～06：30 UT 出现的环形扰动的来源为重力波。

9.2.5 三维结构分析及机理解释

图 9.18 给出了 06：00 UT、06：07 UT 和 06：25 UT 的 CTIDs 的三维分布，为了突出 CTIDs 的三维形态，图中黑色虚线连接了相同 CTIDs 波前在不同高度面的位置。06：00 UT 次声波引起的块状 CTIDs 高度达到了 500 km。在瑞利波传播过程中，地面的垂直运动会在底层大气激发次声波，随后该次声波垂直向上传播到电离层高度，产生电子密度的扰动。次声波向上传播需要一定的时间，因此会出现随着高度不断增加，不同高度面 CTIDs 相对于地面瑞利波的水平延迟不断增大的现象，在三维空间就表现出如图 9.18（a）所示的锥形。

大型地震发生时，地面或者水面的震动，会在大气底部产生声波及重力波。这些大气波动同时在垂直和水平方向进行传播。由于大气密度随着高度呈指数减小，在动量守恒定律作用下，声波和重力波的波长会随着高度呈指数增长，向上传播到热层高度（90～600 km）时能够产生显著的行进式大气扰动（traveling atmosphere disturbances，TADs）。TADs 与电场相互作用下会进一步产生 TIDs。

在图 9.18（c）中，由重力波产生的 CTIDs 与声波产生的 CTIDs 表现出不同的三维形态：声波产生的环形扰动从震中上空开始扩展，而重力波产生的环形扰动出现在距离震中较远的西北方向，震中上空附近没有出现扰动。这是因为重力波在中低层大气中传播时，其垂直速度远小于水平速度，当重力波到达电离层高度时，已经远离激发源，因此震中上空没有出现重力波产生的扰动。而当重力波到达 100 km 高度附近时，部分波会破碎并产生二次波，其垂直波长远大于初始重力波，因此垂直传播速度更快，不同高度面之间的时间延迟也就显著减小。又因为重力波的水平传播速度随着高度增加而略有增大，所以，如图 9.18（c）所示，重力波引发的 CTIDs 也呈现出倒锥形。

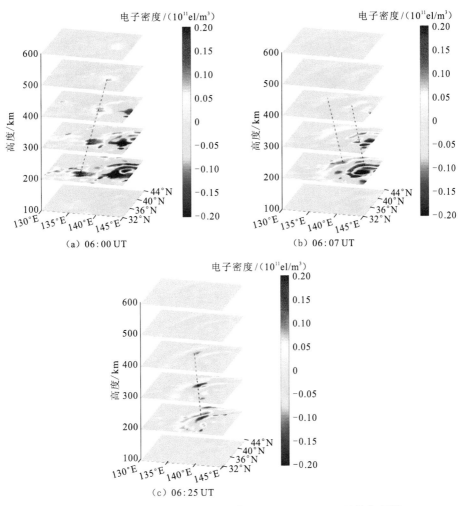

图 9.18　06：00 UT、06：07 UT 和 06：25 UT CTIDs 三维分布图

9.3　火山电离层异常

　　2022 年 1 月 15 日 04：14：45 UT，南太平洋岛国汤加（Tonga）首都以北的洪阿哈阿帕伊岛（Hunga Tonga-Hunga Ha'apai，HTHH）海底火山剧烈喷发，此次喷发是近年内规模最大的火山喷发事件。据估计，此次火山喷发期间释放的能量为 9～37 Mt TNT（1 t TNT＝ 4.18×10^9 J）（Astafyeva et al.，2022），巨大的能量释放引发了强烈冲击波，产生的大气振荡几乎影响整个大气层。尽管无法直接观测到火山喷发到波浪的形成，但波浪的性质与背景使我们有机会推断波浪产生的机制（Wright et al.，2022）。美国国家航空航天局（National Aeronautics and Space Administration，NASA）地球观测卫星图像显示，地表气压波以兰姆波的模式在全球传播（Duncombe，2022），并造成电离层出现明显的异常（Heki，2022；Shinbori et al.，2022）。兰姆波在对流层中的传播速度通常在 300～350 m/s（Zhang et al.，2022），而当兰姆波与大气湍流共振时，它们在对流层中的能量可以通过热层重力波以共振频率进入热层（Nishida et al.，2014），进而对电离层产生影响。科学工作者对汤加火山喷发事件进行研

究分析后，发现在火山喷发后的 100 h 内，电离层扰动在全球传播了 3 次，在美国大陆上空经过 6 次（Zhang et al.，2022）。Lin 等（2022）对喷发事件分析，在澳大利亚与日本同时观测到火山激发的兰姆波驱动的同心 TID，并连贯地显示了汤加火山喷发驱动的兰姆波特征。此次火山喷发造成的影响不仅表现在兰姆波的传播上，还在整个亚洲地区形成了持续且明显的后火山赤道等离子体气泡（Aa et al.，2022）。

事实上，在洪阿哈阿帕伊岛海底火山喷发后的几天，全球各地观测到了不同的 TID 特征。尽管先前的研究解释了很多科学现象，但该事件很多问题仍待进一步阐明。例如在 TIDs 的传播上，多名学者计算的传播速度在 300～390 m/s，但并没有很好地对 TIDs 的传播方向进行研究。本节利用火山周围 GNSS 连续跟踪站的观测数据，研究火山爆发前后电离层 VTEC 的异常变化，分析 VTEC 异常的幅度、TID 传播特征以及持续时间等。

9.3.1　数据分布

汤加是一个由 173 个岛屿及附近海域组成的国家。因陆地面积较小，GNSS 跟踪站数量不足，所以本小节选取汤加周边国家的 GNSS 跟踪站，主要覆盖在邻国澳大利亚与新西兰，其中新西兰 183 个站（https://data.geonet.org.nz/gnss/），澳大利亚 517 个站（https://gnss.ga.gov.au/network）。数据包括 GPS、GLONASS、GALILEO 和北斗，采样率均为 30 s。密集的 GNSS 观测站网和海量观测数据有利于研究电离层的时空变化。图 9.19 为火山位置、澳大利亚与新西兰所用 GNSS 跟踪站的位置分布图。

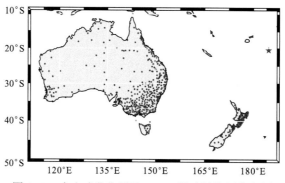

图 9.19　火山喷发位置及 GNSS 跟踪站位置分布图
红色圆点代表 GNSS 跟踪站，红色五角星代表火山喷发位置

9.3.2　扰动特征分析

为了检测汤加火山喷发后相关的电离层响应，使用 Savitzky-Golay 低通滤波器去除数据中的高频噪声，利用原始 TEC 减去滤波后的 TEC 来消除趋势，进而确定背景 TEC 变化（Lyons et al.，2019；Savitzky and Golay，1964）。

在洪阿哈阿帕伊岛海底火山喷发之后，所释放的能量持续向周围扩散，新西兰境内北部沿海 GNSS 跟踪站率先接收到卫星观测值的异常。图 9.20 显示了新西兰部分 GNSS 跟踪站在 04∶00～09∶00 UT 观测到的 G10 卫星的过滤 VTEC 时间序列，图中跟踪站按照所观测到的最大 VTEC 与火山喷发中心的距离由近及远排列。GNSS 卫星运行轨道相对平稳，因此当某一跟踪站对卫星进行连续观测时，在电离层状态相对平静的情况下，滤波后的 VTEC 接近零。当电离层中存在扰动时，滤波后的 VTEC 会发生显著的波动，表明两种电离层状态之间存在显著的差异。在火山喷发大约 2 h 后，06：10 UT 左右，G10 卫星所测的 VTEC 显示出明显的异常（记为异常 A），并在 06：30 UT 左右达到峰值，此后异常振幅逐渐减弱。由 RGMK 站观测到最大振幅约为 2.26 TECU，RGMK 站距离火山喷发中心约 2 110 km，方位角为 200.01°。但在 07：00 UT 以后，再次观测到一起振幅较小的异常，并持续到 07：10 UT 以后。随着与火山喷发中心距离的增加，RGTA 站和 RGRR 站的扰动幅度分别达到 2.16 TECU 和 1.82 TECU，且这两个站的方位角与 RGMK 站的方位角几乎相同（RGMK 站与 RGTA 站已在图 9.20 中用红色字体标出）。随着观测站与火山喷发中心距离进一步增大，异常扰动幅度不断减小。在距离火山喷发中心 1 961～2 236 km 的新西兰境内（跟踪站 KTIA～VGTM，图 9.20 中已用蓝色字体标出），G10 卫星观测到的最大异常平均振幅为 1.84 TECU，当距离延伸至 2 238～2 488 km 时（跟踪站 VGET～WGTT，图 9.20 中已用绿色字体标出），最大异常平均振幅为 1.36 TECU。在两次异常的共同作用下，一直到 07：30 UT 左右，G10 卫星观测到的新西兰境内电离层才基本恢复到火山喷发前水平。此外，从图 9.20 中可知，随着跟踪站观测到的最大 VTEC 的位置与火山喷发中心距离的增加，电离层异常出现的时间也出现延迟，且异常的振幅与传播速度也在减小。

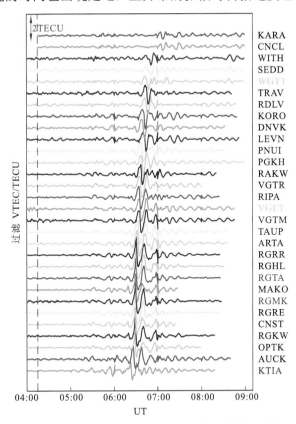

图 9.20 2022 年 1 月 15 日 04：00～09：00 UT 在新西兰境内部分 GNSS 跟踪站
观测到的 G10 卫星的过滤 VTEC 时间序列
蓝色垂直虚线显示火山喷发的时间；GNSS 跟踪站按所观测到的
最大 TECU 距离火山喷发中心的距离排序，从下到上距离依次增加如图 9.21 所示，07：30 UT 左右，G21 卫星在澳大利亚观测到了异常（记为异常 C），并且随着时间推移，异常 C 振幅逐渐增大。08：10 UT 左右，在距离火山喷发中心约 3 300 km 的 BDST 站（图 9.21 中已用红色字体标出）处捕捉到最大异常振幅接近 2.98 TECU，此后异常 C 不断向更远的地方传播并逐渐减弱。然而在 09：30 UT 之后，再次观测到了振幅较小的异常（记录为异常 D，如图 9.21 中右边蓝色虚线框所示），异常 D 平均振幅为 0.85 TECU，持续时间超过 1 h。造成两次异常的原因与火山喷发引起的不同类型的波传播速度不同有关。之前有学者做过类似的分析，在对东北地震进行 TEC 扰动分析时发现，GPS 观测到的扰动显示出三种不同传播速度的扰动模式，并且可能与地震瑞利波、声波、海啸产生的重力波有关（Liu et al.，2011；Tsugawa et al.，2011）。此外，G21 卫星观测到的异常还有一定的方向性，如图 9.21 中左边蓝色虚线框所示，在最大扰动出现前，部分观测站捕捉到了小振幅的异常，并且观测站的方位角集中在 247°～249°。

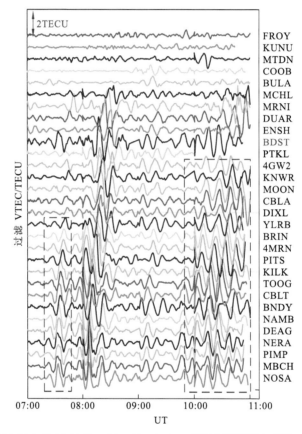

图 9.21　2022 年 1 月 15 日 07：00～11：00 UT 在澳大利亚境内部分 GNSS 跟踪站
观测到的 G21 卫星的过滤 VTEC 时间序列

GNSS 跟踪站排序方式与图 9.20 相同；左边蓝色虚线框标出了最大扰动出现之前的小振幅扰动，
右边的蓝色虚线框标出了异常 D 的扰动特征

　　图 9.22 显示了 2022 年 1 月 15 日 06：10～09：10 UT 新西兰上空电离层异常的二维分布图。为了更好地展示异常传播的时空变化，图中将色阶饱和设置为±0.5 TECU。在 06：10 UT[图 9.22（a）]，新西兰北岛及附近沿海开始观测到振幅在±0.05 TECU 的电离

层异常（即为图 9.20 中的异常 A），此时，异常的振幅及空间范围都是有限的。在 06：10～06：28 UT[图 9.22（a）～（d）]，随着时间的推移，异常 A 沿南北岛方向不断向南岛方向发展，且振幅不断增加。在 06：28～06：34 UT[图 9.22（d）～（f）]，新西兰北岛及附近海域上空电离层异常达到峰值，此后，随着异常逐渐向南岛方向扩展，异常值及振幅

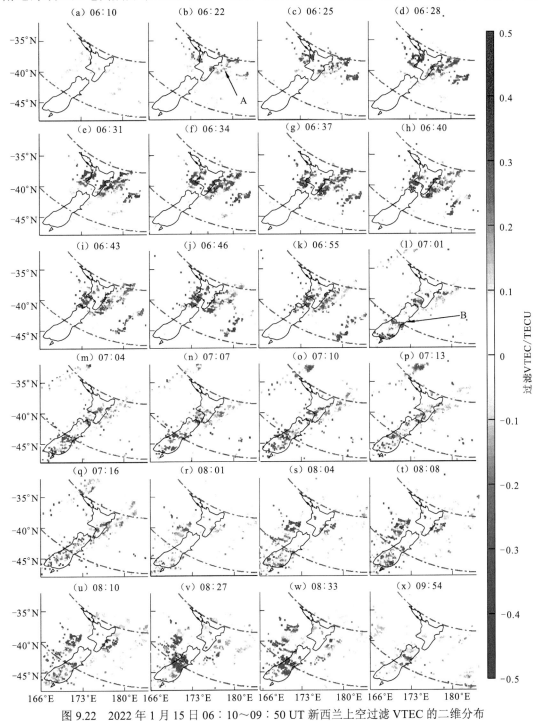

图 9.22　2022 年 1 月 15 日 06：10～09：50 UT 新西兰上空过滤 VTEC 的二维分布

蓝色虚线圆圈表示距离火山喷发中心半径为 2 000 km 的圆；红色虚线圆圈表示距离火山喷发中心半径为 3 000 km 的圆

也不断减小。相比于新西兰南北岛，新西兰东部海域上空的电离层异常更为明显，在异常发展的过程中，06：25 UT［图 9.22（c）］时，新西兰东部海域上空异常振幅已经超过±0.2 TECU，且呈现不断增加的趋势，在 06：34～06：40 UT［图 9.22（f）～（h）］达到峰值，此后振幅不断减小，整个异常过程负异常值占据多数。异常 A 一直在北岛及东部海域发展，在 06：55 UT［图 9.22（k）］之前，新西兰南岛上空电离层几乎一直处于平静状态。07：01 UT［图 9.22（l）］，新西兰南岛南部观测到异常（记为异常 B）。异常 B 的出现，使原本平静的新西兰南岛开始出现大范围的 TID，相比异常 A，异常 B 的振幅较小，在±0.1 TECU 以内，时空范围也局限于新西兰南岛上空。伴随着时间的推移，异常 B 逐渐沿南北岛方向向新西兰北岛移动。在 07：16 UT［图 9.22（q）］之后，由异常 A 引起的扰动在北岛附近几乎消失。异常 B 所造成的扰动一直持续到 08：08 UT［图 9.22（t）］以后。在异常 A 与异常 B 的共同作用及耦合下，直到 09：54 UT［图 9.22（x）］后，新西兰境内电离层异常振幅才减小至±0.05 TECU 以下。

图 9.23 展示了 2022 年 1 月 15 日 07：15～16：50 UT 澳大利亚上空电离层异常的二维分布图。为了更好地展示异常传播的时空变化，图中将色阶饱和设置为±0.4 TECU。在07：20 UT［图 9.23（b）］，澳大利亚东部海域上空开始观测到部分电离层异常（图 9.21 中的异常 C）。在 07：30 UT［图 9.23（c）］，异常 C 开始逐渐增大并迅速向西发展，此时的异常仅在澳大利亚东部沿海附近的范围，振幅在±0.3 TECU 以内。异常 C 并未呈现涟漪（涟漪是指异常对所经过的地区产生一次影响后短暂恢复平静）的形状，而是以一个巨大的面状分布向西部扩展（面状是指异常对所经过的地区产生持续的影响，虽然影响有大有小，但相对涟漪状，面状的影响范围更广）。20 min 以后［图 9.23（d）］，异常 C 开始呈现出超过±0.3 TECU 的振幅，并不断增大，范围也从沿海地区不断向中部大陆深入，并在08：30 UT［图 9.23（g）］左右达到峰值，此时异常 C 所造成的电离层扰动已经覆盖了澳大利亚中东部绝大部分地区，西部也监测到部分异常，对澳大利亚的影响范围达到最大。此后随着传播距离的不断增大，异常 C 振幅逐渐减小，但一直持续到 16：50 UT［图 9.23（bb）］左右。相比于新西兰境内，异常 C 在澳大利亚的 TID 振幅较小，但所造成的影响持续时间更长。

在异常 C 造成的影响逐渐减弱的过程中，如图 9.23 所示，09：05 UT［图 9.23（i）］以后，澳大利亚北部海峡再次观测到另一起明显的异常（记为异常 D），异常 D 从澳大利亚北部海峡沿西南方向不断向内陆发展，并在 09：50 UT［图 9.23（l）］左右达到峰值，此后异常 D 在澳大利亚东北部不断减弱。从 09：05 UT 到 10：50 UT［图 9.23（i）～（p）］，异常 D 一直活动在澳大利亚东北部。在 11：00 UT［图 9.23（q）］，异常 D 开始呈现在澳大利亚东北部自东向西发展的趋势，且振幅不断增加。在 11：50 UT［图 9.23（t）］左右，在澳大利亚北部及北部海峡振幅达到最大，此时异常的影响范围也已经覆盖了这一区域。此后异常 D 再次减小，并不断从澳大利亚北部海峡向西边印度洋方向发展，在 13：50 UT［图 9.23（v）］影响范围达到最大，此后异常的范围逐渐缩小，在 16：50 UT［图 9.23（bb）］，超过±0.05 TECU 的异常才几乎消失。与异常 C 不同，异常 D 在发展的过程中并未大面积扩散，仅是影响了澳大利亚北部几个州的部分区域。异常 D 呈带状发展，其特点是发展速度快、振幅大、影响周期长，但具体形成原因还有待进一步研究。在异常 C 与异常 D 的共同作用下，澳大利亚境内的 TID 一直持续到 16：50 UT［图 9.23（bb）］。

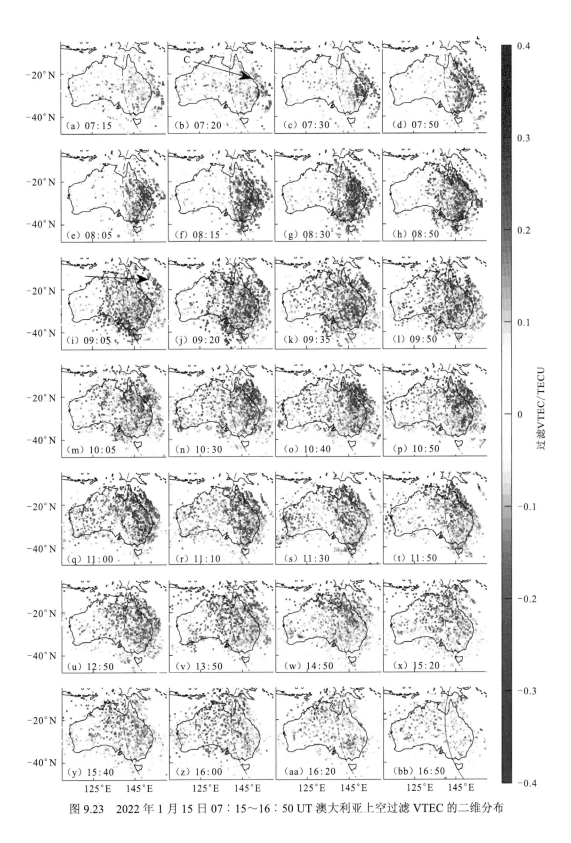

图 9.23　2022 年 1 月 15 日 07：15～16：50 UT 澳大利亚上空过滤 VTEC 的二维分布

图 9.24 显示了新西兰境内部分卫星去趋势 VTEC 与世界时和火山喷发中心距离的线性关系，其斜率表示 TID 的传播速度。GNSS 跟踪站在火山爆发 2 h 后先后捕捉到 G10、G23、G32、G21 卫星的电离层异常信号，异常距离火山喷发中心 2 000～3 500 km。色标饱和设置为 ±0.5 TECU 以便更清晰地观察到异常传播的特征。在 05:30 UT 以后，G10 与 G23 卫星均观测到了传播速度在 576～671 m/s 的大尺度电离层行扰（large-scale traveling ionospheric disturbances，LSTID），并且异常在距离火山喷发中心超过 2 200 km 后迅速衰减。Themens 等（2022）在利用全球 4 735 个 GNSS 观测站进行分析后也观测到了同样的现象，并发现 LSTID 向西方传播明显减弱，但没有对中尺度电离层行扰（medium-scale traveling ionospheric disturbances，MSTID）的传播方向给予评论。在 06:20 UT 以后，G10、G23 与 G32 卫星率先观察到 MSTID，MSTID 传播速度为 220～330 m/s，波长为 200～250 km，周期为 6～13 min。虽然速度相比于 LSTID 急剧变小，但该波对新西兰上空的电离层造成的扰动更为明显。根据波的相位速度与非色散性质等特征，Wright 等（2022）认为引起电离层大幅扰动的波为兰姆波。伴随着时间的推移，异常逐渐向更远的地方传播，Heki（2022）则在日本观测到了以约 0.3 km/s 的速度传播的兰姆波。G10 卫星在 06:22 UT 左右观测到异常，异常距离火山喷发中心约 2 100 km，剧烈的扰动一直传播到 2 400 km 以外，持续时间约为 20 min，随着传播距离的增加，MSTID 大幅减小。在 07:00 UT 以后，

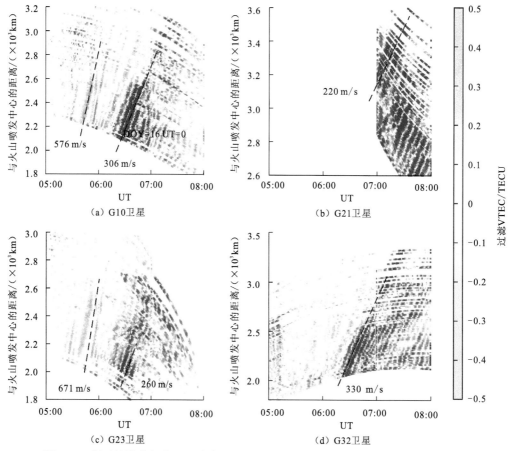

图 9.24　新西兰境内部分卫星过滤后的 VTEC 随世界时和火山喷发中心距离的变化

黑色虚线表示波速的最佳拟合线

G21 卫星到达新西兰上空，随即观测到 MSTID 现象，此时 MSTID 距离火山喷发中心超过 3 100 km。G23 卫星在距离火山喷发中心 2 000 km 以内就观测到异常，但异常振幅较小，持续时间超过 40 min，传播距离超过 2 700 km。G32 卫星在距离火山喷发中心 2 000 km 以外捕捉到 MSTID，最大传播速度达到 260 m/s，持续时间超过 1 h，异常一直延伸到 3 300 km 以外。在整个异常传播的过程中，小尺度的波对电离层产生了多次影响，Wright 等（2022）将兰姆波之后引起系列小幅扰动的波解释为重力波的分散包。如图 9.24 所示，在最大扰动出现前后，还有多条由小振幅扰动汇集而成的连线呈涟漪的状态铺开。

图 9.25 中的数据显示了澳大利亚境内 MSTID、世界时和火山喷发中心距离之间的线性关系。色标饱和设置为 ±0.5 TECU 以便更清晰地观察到异常传播的特征。G01 卫星在 08：10 UT 左右初次观测到异常，此时距离火山喷发中心超过 3 700 km，MSTID 的传播速度约为 275 m/s。在持续了 0.5 h 以后，剧烈的扰动传播到 4 200 km 以外，此后随着与火山喷发中心距离的不断增大，MSTID 振幅持续下降。在 09：30～11：00 UT，剧烈的扰动一直出现在距离火山喷发中心 4 100～5 000 km 范围内。G04 卫星在 09：00 UT 以后观测到显著的异常，在距离火山喷发中心 4 500～6 000 km 范围内，可以看出电离层扰动由两条传播速率不同的扰动所构成，即速度达到 356 m/s 的兰姆波与 178 m/s 的重力波。由于兰

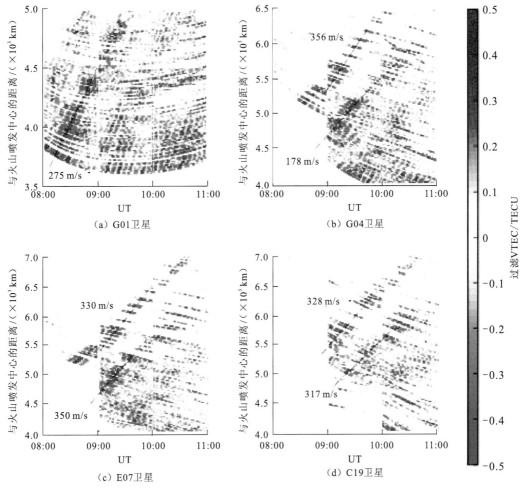

图 9.25　澳大利亚境内部分卫星过滤后的 VTEC 随世界时和火山喷发中心距离的变化

姆波的色散特性，扰动在不断向更远地方发展的同时，传播速度也逐渐减小。与 G01 卫星相似，在距离火山喷发中心 4 400～4 800 km 范围内，G04 卫星同样观察到大范围的异常，且持续时间超过 1 h，异常集中在某一区域的现象与 Aa 等（2022）研究中的等离子体气泡现象十分相似。正如卫星 E07、C19 所示，在 09∶00 UT 以后，距离火山喷发中心 4 500～6 500 km 也有两条由 MSTID 汇集而成异常值明显的连线，其传播速度为 300～350 m/s。不同卫星所观测到的 IPP 并不一致，因此，传播速度就是 MSTID 在该区域内局部传播的速度。E07 卫星在距离火山喷发中心 4 600 km 以外监测到两条由 MSTID 汇集而成的异常，其传播速率为 330～350 m/s。在距离相当的位置，C19 卫星也监测到了与 E07 卫星相似的异常，两次 MSTID 的传播速度分别为 328 m/s 和 317 m/s。这一结论也进一步证明了火山喷发造成的电离层扰动在各个方向上分布不均。此外，G04、E07 与 C19 三颗卫星观测到的 MSTID 还具有几点相似性：①09∶00～10∶00 UT 均处于异常快速传播的发生期；②在最初观测到异常发生时，距离火山喷发中心远的异常传播距离更远，但持续时间短；反之，距离火山喷发中心近的异常持续时间更长，但传播距离也更近。

9.4　台风电离层异常

电离层是一个特殊的大气圈层，一方面，它通过大尺度场向电流的电动耦合效应与磁层紧密耦合在一起，另一方面，电离层中电子和离子的运动状态也会受到中低层大气的影响。诸多观测证据表明，极端天气事件（台风、强对流天气、雷暴等）会通过大气动力、电动力和光化学等作用方式影响电离层，如台风或强对流天气过程中的大尺度大气波动、雷暴产生的强静电场以及电磁辐射场都能引发电离层扰动，对导航、定位、通信精度及空间环境变化的监测造成不同程度的影响。

已有多项研究表明，电离层波状行扰与恶劣的天气现象存在密切的相关性（Artru et al.，2005；Baker and Davies，1969），例如雷暴、台风、龙卷风、飓风和冷锋等。而这些恶劣天气现象影响电离层的高度可以达到 F2 层以上，部分事件可以影响 1 200～1 800 km。2004年，印度洋海啸在海面附近引发的大气扰动向上运动进入了电离层并严重影响了电离层电子密度（Liu et al.，2006）。当台风接近尾声时，尤其是在非日出时间，总是会出现日出时电离层的波动现象（Xiao et al.，2007）。Nishioka 等（2013）探测到由超级单体引发的大气重力波和声波响应引发的同心波动与短期电离层振荡。

由于地理位置因素，西北太平洋地区热带气旋现象发生频繁，这些气旋往往在接近大陆或岛屿时会引发小尺度至中尺度的电离层行扰现象。这些现象的产生与台风接近大陆或者是经过山脉时产生的重力波传播至电离层有关。利用高精度、大范围、连续实时的 GNSS 手段可以探测到小尺度的电离层异常，计算电离层异常传播速度，研究重力波触发源位置。在频繁发生台风引发电离层异常现象的地区，统计电离层异常相关参数与台风本身的参数之间的关系也存在一定的必要性。

9.4.1　数据分布

2015 年 9 月 15 日（DOY 258），一个低压区在太平洋上空的关岛西北部生成。9 月 23 日（DOY 266），该热带气旋升级为热带风暴，并命名为"杜鹃"。当台风经过八重山群岛时，测得的风速为 54.1 m/s。9 月 28 日（DOY 271），台风登陆中国台湾，风速超过 58 m/s，登陆后台风结构被中央山脉摧毁。台风路径形成强对流天气。9 月 29 日（DOY 272），"杜鹃"穿越中国台湾，进入台湾海峡。本节以"杜鹃"经过中国台湾岛为研究对象，其间由于来自中央山脉的拖曳效应，产生的重力波造成了明显的电离层异常，本节研究电离层异常特征，使用站点有 PKGM、FUSI、FUGN、KDNM、SHJU、CHYI、YMSM、HCHM、PLIM、FJPT、FJXP。

9.4.2　"杜鹃"台风电离层异常传播分析

在确认底层大气现象产生的电离层异常时，首先需要排除各类太阳辐射、地磁活动、极光等因素的影响。图 9.26 给出了太阳通量测量值（F10.7）、地磁指数 K_p、D_{st} 在研究时段范围的变化序列。

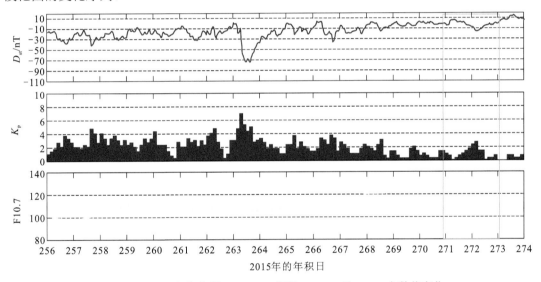

图 9.26　2015 年年积日 256～273 期间 D_{st}、K_p 及 F10.7 参数值变化

台风登陆中央山脉时的各类参数在图 9.27 中绿色框内标出。2015 年 DOY 256～273 期间，在 DOY 263，D_{st}<−70 nT，K_p>7，即存在一个中等尺度的磁暴，其他年积日的地磁活动都较为平静。对于 F10.7 指数，太阳辐射在年积日 271～272 期间处于平静状态，约偏离年积日 268～274 期间平均值的 0.4%～4%。因此可以判定在台风"杜鹃"登陆台湾岛期间，能够排除太阳辐射、地磁活动等因素的影响。

"杜鹃"台风在抵达中国台湾岛以及经过中央山脉的路径如图 9.27 所示。可以看到在约 10：00 UT，"杜鹃"台风登陆中国台湾岛，在约 13：00 UT，"杜鹃"台风正经过中国台湾中央山脉。

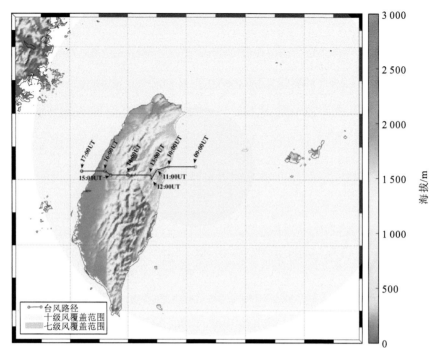

图 9.27 "杜鹃"台风行驶路径

在排除了太阳辐射影响与地磁活动等因素影响后，可通过式（9.3）计算 dTEC 查看电离层异常序列。图 9.28 所示为单颗卫星 Sat.25 与各个 GNSS 站点的 L1 与 L2 观测值所计算的电离层 dTEC 值。

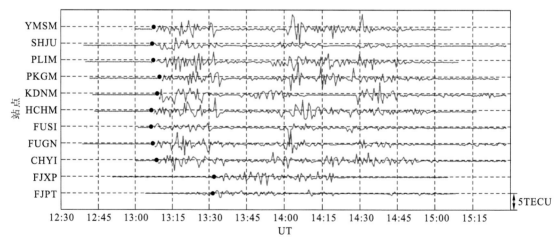

图 9.28 由各个站点观测卫星 Sat.25 所计算的电离层 dTEC 序列

横坐标一个跨度为 5 TECU，时间为年积日 271

通过图 9.28 中的电离层 dTEC 序列，可以清晰地看出这些序列在黑点之前处于极为平静的状态，在 13：00～13：30 UT 这些序列产生异常。通过图 9.29 可以看出，这些电离层异常在年积日 271 这一天内发生，这与"杜鹃"台风登陆中国台湾岛、经过中央山脉的时间相符。这说明电离层异常的开始时间与"杜鹃"台风经过中央山脉具有一定的关联性。通过各个电离层序列中起始异常的时间以及这些时间点的电离层穿刺点位置，可以计算出这个电离层异常的传播速度，这一传播速度是位于电离层单层模型上的传播速度。

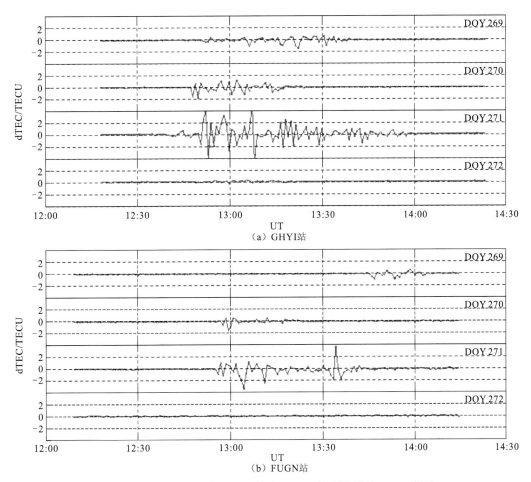

图 9.29 卫星 Sat.12 与 GHYI 站和 FUGN 站所计算的 dTEC 序列

时间分别为年积日 269、年积日 270、年积日 271、年积日 272

根据多个电离层序列以及每个电离层序列的异常起始点（图 9.28 中黑点）的穿刺点经纬度，可以获得多个序列的异常起始点的时刻（$t_1, t_2, t_3 \cdots$）、每个异常起始点的穿刺点经纬度（$[B_1, L_1], [B_2, L_2], [B_3, L_3] \cdots$）。根据式（9.4）可以估算由底层大气产生的电离层的异常在电离层单层模型高度上的传播速度 V_h^{Est}：

$$V_h^{\text{Est}} = \left| \frac{D([B_1, L_1], [B_2, L_2], R_e)}{t_1 - t_2} \right| \tag{9.4}$$

式中：D 为求取的球面距离，一般为地球半径。

这样所计算得到的速度有很多值，求取其平均值可以获得由台风引发的电离层异常位于电离层单层模型上的传播速度。如图 9.30 所示，本次台风事件不同观测对之间计算的传播速度平均值为 240 m/s。

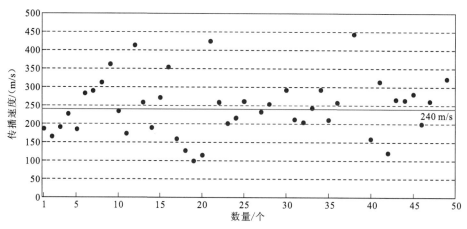

图 9.30 不同观测对数据计算的电离层单层模型高度上的传播速度

其均值 240 m/s 已经在图中标出

电离层异常从地面传播至穿刺点的路径中，路径距离最大的情况为异常从搜索格网先向上传播，再水平传播至探测到的穿刺点，对应于图 9.31 中的格网—A—B—穿刺点；路径距离最小的情况为格网—C—穿刺点。这两种情况所产生的电离层异常传播速度（B 路径速度，C 路径被搜索出的速度），都可以作为整个电离层耦合异常的传播速度。

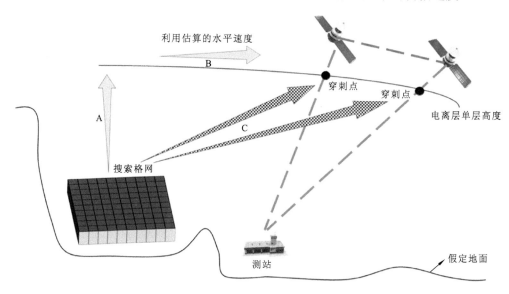

图 9.31 异常的两种传播路径

路径格网—A—B—穿刺点所对应的时间残差 t 可以按照以下公式计算：

$$t = T_{IPP} - t_A - t_B - T_{search} \tag{9.5}$$

路径格网—C—穿刺点所对应的时间残差 t 可以按照以下公式计算：

$$t = T_{IPP} - t_C - T_{search} \tag{9.6}$$

式中：T_{IPP} 对应于穿刺点发生异常的时间点，即图 9.28 中黑色原点标记的异常触发时间点；t_A、t_B、t_C 对应于路径 A、B、C 的传播时间；T_{search} 为在异常起始前的几个小时内搜索得到的时间点。水平传播速度由式（9.4）计算得到，垂直速度可以选取 50 m/s。C 路径的速度在 150～300 m/s 以 10 m/s 的间隔进行搜索。

通过对两种路径时间残差的计算，一般由一个 dTEC 序列可以计算得到以同心圆表达的时间残差分布图。往往单个电离层 dTEC 序列产生的时间残差分布图（获得格网的时间残差后进行拟合），是以多个同心圆表达的"分布图"。利用多个 dTEC 序列，则可以获得由多个残差最小的圆交会的区域，即为异常触发源。

图 9.32 是时间残差分布图。对于由单个电离层序列的两个路径的搜索图，可以发现图 9.32（a）和（c）均存在最小残差圆，可以认为这个最小残差圆经过异常触发源位置，并且显示都经过了中国台湾岛。而 9.32（b）和（d）则都是由多个电离层序列所计算的时间残差分布图，由多个最小时间残差圆交会的区域位于中国台湾岛，可以将中国台湾岛认为是异常触发源位置。

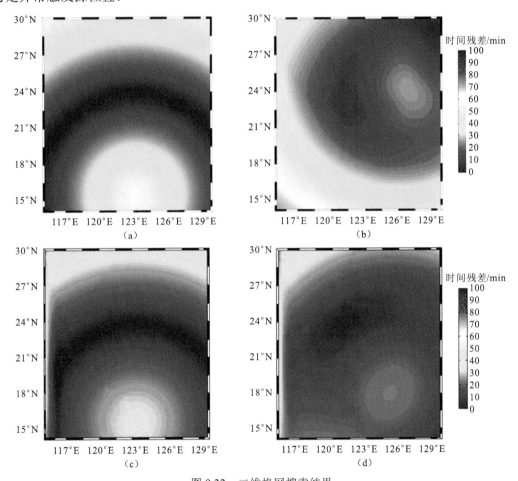

图 9.32　二维格网搜索结果

（a）和（c）是基于单个电离层序列的两个路径的搜索图；（b）和（d）是基于多个电离层序列的两个路径的搜索图

9.4.3　台风引发电离层异常统计分析

与世界上其他海洋地区相比，西北太平洋产生的热带气旋数量最多（每年 35 个），其中约 80%的热带气旋增强为台风。平均每年约有 26 个热带气旋增强为热带风暴强度，占全球总数的 31%，这个数字是其他地区的两倍多。因此西北太平洋是研究台风与电离层之间联系的最佳区域，在电离层扰动特征参数反演的基础上，在时间域和空间域内对扰动信号与台风期间中低层大气表征参数进行关联性分析，能够深入分析异常产生的物理机制和底层大气关键触发因子。本小节选取 2013 年 1 月 1 日～2016 年 12 月 31 日，在西北太平洋的中国台湾或日本登陆的 22 个台风进行研究（其中 6 个台风在中国台湾登陆，16 个台风在日本登陆），利用时间分辨率为 1～6 h 的台风参数，包括台风登陆位置、中心气压、风速、移动速度、移动方向和风圈半径，采用 9.4.2 小节反演得到每个台风电离层异常特征参数，然后与上述气象参数进行相关性分析。表 9.1 列出了多个台风产生的电离层异常传播速度，这一速度是台风登陆时的首次电离层行扰的水平速度。从表中可以看到最小速度为 2013 年 26（201326）号台风所引发的异常速度，为 157.12 m/s。最大速度为 2015 年 13（201513）号台风所引发的异常速度，为 205.93 m/s。

表 9.1　西北太平洋地区各个台风产生电离层异常的速度统计

编号	台风名称	速度/（m/s）	RMSE/（m/s）
201307	苏力	191.98	57.92
201317	桃芝	166.32	52.00
201318	万宜	162.40	48.01
201326	韦帕	157.12	42.88
201408	浣熊	177.69	55.00
201410	麦德姆	177.71	59.09
201411	夏浪	179.17	58.81
201416	凤凰	160.83	46.44
201418	巴蓬	171.61	54.02
201419	黄蜂	160.56	42.27
201511	浪卡	164.57	50.17
201512	哈洛拉	175.19	54.18
201513	苏迪罗	205.93	68.45
201515	天鹅	171.64	46.33
201518	艾涛	162.65	48.02
201601	尼伯特	178.44	53.19
201607	灿都	161.55	46.94
201609	蒲公英	158.56	44.48
201610	狮子山	160.75	44.83
201612	南川	168.48	52.53
201616	马勒卡	162.96	46.30
201617	鲇鱼	158.47	45.75
平均值		169.67	50.80

通过传播速度与台风气象参数的相关性分析发现，除登陆前的中心压力（$P0$）和登陆时的中心压力变化率（dP）外，其他参数没有显著的相关性。图 9.33 给出了台风登陆时的水平速度与中心气压变化之间的相关性。台风登陆前后，TID 传播速度与中心气压变化率呈显著正相关（相关系数 $r=0.78$，显著性水平 $\alpha=0.05$）。TID 传播速度与台风登陆前的中心气压呈负相关（$r=-0.52$，$\alpha=0.05$）。

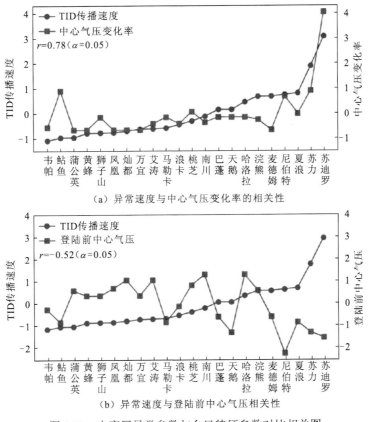

（a）异常速度与中心气压变化率的相关性

（b）异常速度与登陆前中心气压相关性

图 9.33 电离层异常参数与台风特征参数对比相关图

台风中心气压是台风强度的重要指标，与台风天气系统的总能量呈负相关。由于对流层和电离层大气层并不直接相邻，TID 水平速度与气压变化率的显著正相关关系表明台风天气系统在某种程度上影响电离层的状态。通常认为 TID 是由重力波的动量传输引起的。首先，台风登陆时会改变背景风场，这有助于重力波形成，地形因素是激发大气重力波的重要条件之一。一般来说，中国台湾/日本的准静态山地波通常由夏季平流层向西传播的背景风场引起。然而，在台风登陆期间，地表风场会因其影响而发生变化，这为山地波的垂直传播提供了有利条件。因此，台风登陆与地形之间的相互作用可以刺激向上传播的山地波，特别是当台风改变夏季的结构时，山地波可以将携带的动量和能量传递到更高的大气层。

台风的非绝热加热和深层对流将引发大规模重力波，特别是在中国台湾和日本等地形起伏较大的沿海地区或岛屿，台风将受到下垫面摩擦、地形阻挡气流运动和强风切变的影响。尽管摩擦和阻塞主要集中在地面附近的边界层，但由此产生的风速和垂直运动的变化会直接影响涡度/角动量变化并间接影响摩擦层上方的自由大气，最终导致气旋/反气旋的减少。受下垫面摩擦和山区阻挡作用的干扰，台风中心气压上升，台风系统在短时间内释放出大量能量跨度耗散的部分能量通过重力波携带的动量通量传输到中高层大气。台风引发的相速大、振幅小的重力波可以避免平均风的过滤和破波，并向中间层和热层传播。到达电离层后，重力波受运动黏度和热扩散率影响而逐渐消散，动量通量分解并向背景大气释放能量，引发二次重力波，从而改变离子密度。中心气压衰减得越快，短时间内传输到高空的能量就越多，因此电子密度变化越明显是由电离层中重力波的耗散引起的，电离层中 TID 的传播速度也就越快。因此，中心气压下降率与台风引发的 TID 水平速度呈显著正相关。

第 10 章　地基 GNSS 反射测量技术

10.1　概　　述

随着 GNSS 技术研究的不断深入，学者发现 GNSS 导航定位中的重要误差源——地面反射信号可被用于反演地表物理参量，如土壤湿度、冰雪厚度、海面高程等，其背后的机理是反射信号的极化特性、相位、振幅及频率等特征信息会随着地表物理参量的变化而变化。这类利用反射信号特征信息来定性或定量估计地表物理参量的技术被称为 GNSS 反射测量（GNSS-reflectometry，GNSS-R）技术。

GNSS-R 技术又可细分为相干反射测量技术和非相干反射测量技术，前者需要利用适当的方法将信号中的非干涉部分剔除，后者需要尽可能地抑制直射与反射信号的干涉。对于相干反射测量技术，相干信号可由特殊设计的信号接收设备进行观测与采集（Rodriguez-Alvarez et al.，2008），也可直接从普通大地测量接收机的信噪比（signal to noise ratio，SNR）数据中提取（Larson et al.，2008a），或者从伪距或相位的观测值中提取（Ozeki and Heki，2012）。对于非相干反射测量技术，常常基于特制的双天线观测设备来分别采集直射和反射信号（Helm，2008；Martin-Neira et al.，2002；Treuhaft et al.，2001）。

根据信号观测设备搭载平台的不同，GNSS 反射测量技术可分为地基、空基反射测量技术。其中：地基反射测量技术根据观测模式的不同，常被分为单天线和双天线模式；空基反射测量技术可进一步细分为机载和星载测量技术，它们以双天线观测模式为主。从 GNSS-R 技术诞生之始，学者就意识到利用特制双天线进行信号采集的必要性（Garrison and Katzberg，1997），所以早期的实验以双天线观测模式为主。随着对反射信号认识的加深，基于单天线模式的反射测量技术也逐渐成熟（Larson et al.，2008a；Rodriguez-Alvarez et al.，2008）。本章将主要介绍地基 GNSS 反射测量技术。

10.2　双天线模式

在双天线观测模式下，两个天线常常以上下紧邻的方式部署，上方的右旋圆极化（right handed circular polarization，RHCP）天线指向天顶，接收 GNSS 直射信号；下方的左旋圆极化（left-handed circular polarization，LHCP）天线指向地面，接收经过地面反射的 GNSS 信号，其观测原理如图 10.1 所示。两天线之间常常还安装有信号阻隔板，将直射信号与反射信号最大程度地隔绝开来。下方天线的朝向并不总是指向正下方，如在利用岸基观测设备监测湖面或者海面波高时，为了增加来自湖面或者海面的反射信号，往往使它带有一定倾角地朝向湖面或海面。

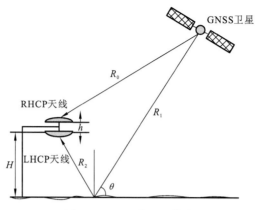

图 10.1 双天线观测模式

H：天线相位中心与有效反射面距离；h：两天线相位中心的距离；R_0：GNSS 直射信号；

R_1：未经地面反射的 GNSS 信号；R_2：经过地面反射的 GNSS 信号；θ：卫星高度角

　　地基双天线模式常以载波相位或伪距测量的路径延迟、直射信号和反射信号的功率为研究对象。路径延迟可通过简单的几何关系转换为天线相位中心与有效反射面的距离 H（Helm，2008），通过 H 的变化可监测有效浪高、潮位（张训械 等，2006）等的变化。反射信号功率与直射信号功率的比值即为介质的反射率，而反射率又可用于估计介质的介电常数，通过经验或半经验的介电模型即可求得介质中的含水量，因此直射信号与反射信号的功率常被用于探测土壤湿度（严颂华 等，2011；张训械和严颂华，2009）等。

10.2.1　双天线测高

　　在双天线观测模式下，目前主要有两种方法可以测量天线相位中心到有效反射面的距离，分别基于 C/A 码相位路径差和载波相位路径差实现，其测高原理如图 10.2 所示。

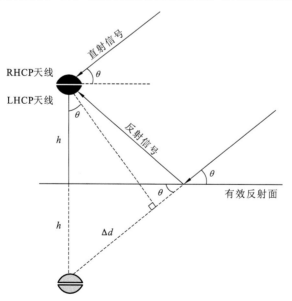

图 10.2　双天线测高原理示意图

图 10.2 中 θ 为卫星高度角，h 为天线相位中心至有效反射面的高度，Δd 为反射信号比直射信号多传播的距离，即反射信号与直射信号之间的路径差。根据简单的几何关系可得

$$\Delta d = 2h\sin\theta \qquad (10.1)$$

由式（10.1）可得，如果求得路径差 Δd，即可求得天线相位中心至有效反射面的高度 h。经过学者的理论推导和实地测试，发现可以利用直射信号与反射信号的 C/A 码相位或载波相位路径差计算 Δd，其原理简述如下。

假设直射信号 S_d 到达接收机的时间是 t_d，反射信号 S_r 到达接收机的时间是 t_r，则反射信号与直射信号之间的路径差 Δd 可表示为

$$\Delta d = c(t_r - t_d) \qquad (10.2)$$

联立式（10.1）和式（10.2）可得

$$h = \frac{c(t_r - t_d)}{2\sin\theta} \qquad (10.3)$$

由于很难直接获得 t_r 和 t_d 的精确值，但是二者的时间差与上下两根天线接收到的直射信号 S_d 和反射信号 S_r 幅值之间的时间差相等，所以可以通过求取直射信号与反射信号幅值的时间差来求得直射信号和反射信号到达的时间差。

利用 C/A 码相位路径差通过式（10.3）进行测高，并未考虑接收机和卫星的钟差，其原理非常简单，但受 C/A 码片宽度的影响，其反演结果精度往往较差，通常只能达到米级，而采用载波相位路径差则可以有效提高反演精度。

10.2.2 双天线测土壤湿度

学者很早就发现土壤的介电常数与地表的土壤湿度之间有很强的相关性，而土壤介电常数的变化会影响 GNSS 信号的反射率（反射信号功率与直射信号功率的比值），因此可以通过建立 GNSS 信号的反射率与土壤的介电常数的联系，进而反演土壤湿度，其原理（Katzberg et al.，2006；Masters et al.，2004）如下。

L 波段的 GNSS 信号在穿透一定厚度的土壤层后会被反射回大气中，其反射率 R 的观测值可表示为

$$R = \frac{P_r}{P_d} \qquad (10.4)$$

式中：P_r 和 P_d 分别为反射信号与直射信号的功率峰值。由于 GNSS 卫星信号是一种圆极化的电磁波，经过地表反射后，其地表的散射复数场可表示为

$$\begin{bmatrix} E_r^s \\ E_l^s \end{bmatrix} = \begin{bmatrix} \mathfrak{R}_{rr} & \mathfrak{R}_{lr} \\ \mathfrak{R}_{rl} & \mathfrak{R}_{ll} \end{bmatrix} \begin{bmatrix} E_r^i \\ E_l^i \end{bmatrix} \qquad (10.5)$$

式中：r 和 l 分别为 RHCP 和 LHCP 的首字母小写；i 和 s 分别为 incidence（入射）和 scattering（散射）的首字母；E_r^i 和 E_l^i 分别为入射信号的右旋分量和左旋分量；E_r^s 和 E_l^s 分别为反射信号的右旋分量和左旋分量；$\mathfrak{R}$ 为散射矩阵，可用垂直极化散射系数 Γ_{vv} 和水平极化散射系数 Γ_{hh} 表示：

$$\begin{bmatrix} \mathfrak{R}_{rr} & \mathfrak{R}_{lr} \\ \mathfrak{R}_{rl} & \mathfrak{R}_{ll} \end{bmatrix} = \frac{1}{2}\begin{bmatrix} \Gamma_{vv} + \Gamma_{hh} & \Gamma_{vv} - \Gamma_{hh} \\ \Gamma_{vv} - \Gamma_{hh} & \Gamma_{vv} + \Gamma_{hh} \end{bmatrix} \tag{10.6}$$

其中：

$$\Gamma_{vv} = \frac{\varepsilon\sin\theta - \sqrt{\varepsilon - \cos^2\theta}}{\varepsilon\sin\theta + \sqrt{\varepsilon - \cos^2\theta}} \tag{10.7}$$

$$\Gamma_{hh} = \frac{\sin\theta - \sqrt{\varepsilon - \cos^2\theta}}{\sin\theta + \sqrt{\varepsilon - \cos^2\theta}} \tag{10.8}$$

式中：θ 为卫星高度角；ε 为散射表面的相对复介电常数，且 $\varepsilon = \varepsilon_1 - \mathrm{i}\varepsilon_2$。其中 ε_1 是相对复介电常数的实部，常被简称为介电常数，表示土壤保持电荷的能力，该特性将直接影响 GNSS 信号在两种不同介质的交界面发生的折射和反射现象；ε_2 为相对复介电常数的虚部，表示入射信号在传播介质中的衰减程度，其值往往很小，因此在 GNSS-R 应用中，常忽略微小的虚部，而只利用实部来反演土壤湿度，即令 $\varepsilon = \varepsilon_1$。联立式（10.5）和式（10.6）后可得

$$E_r^s = \frac{1}{2}(\Gamma_{vv} + \Gamma_{hh})E_r^i + \frac{1}{2}(\Gamma_{vv} - \Gamma_{hh})E_l^i \tag{10.9}$$

$$E_l^s = \frac{1}{2}(\Gamma_{vv} - \Gamma_{hh})E_r^i + \frac{1}{2}(\Gamma_{vv} + \Gamma_{hh})E_l^i \tag{10.10}$$

鉴于在 GNSS-R 主要采用 LHCP 天线接收反射信号，所以 $E_r^s = 0$，又由于 GNSS 卫星发射的信号常被假设为纯右旋圆极化波，所以 $E_l^i = 0$，故式（10.10）可简化为

$$E_l^s = \frac{1}{2}(\Gamma_{vv} - \Gamma_{hh})E_r^i \tag{10.11}$$

因此，在直射信号是右旋圆极化波，散射信号是左旋圆极化波的双天线模式（rl）下，其菲涅耳反射系数可表示为

$$\Gamma_{rl} = \frac{E_l^s}{E_r^i} = \frac{1}{2}(\Gamma_{vv} - \Gamma_{hh}) \tag{10.12}$$

此时，在基尔霍夫近似条件下（不考虑地面粗糙度），左旋圆极化反射率 R 可表示为

$$R = |\Gamma_{rl}|^2 = \frac{1}{4}(\Gamma_{vv} - \Gamma_{hh})^2 \tag{10.13}$$

联立式（10.7）、式（10.8）和式（10.13）可得

$$R = \frac{(\varepsilon - 1)^2 \sin^2\theta(\varepsilon - \cos^2\theta)}{(\varepsilon\sin\theta + \sqrt{\varepsilon - \cos^2\theta})^2(\sin\theta + \sqrt{\varepsilon - \cos^2\theta})^2} \tag{10.14}$$

然后再组合式（10.4）和式（10.14）即可求得介电常数 ε。在得到土壤介电常数之后，即可通过特定的介电模型计算土壤湿度。目前描述土壤介电常数与土壤湿度关系的介电模型主要有理论模型、半经验模型和经验模型，其中半经验模型中的 Dobson 模型（Dobson et al., 1985）和 Hallikainen 模型（Hallikainen et al., 1985）、经验模型中的 Topp 模型（Topp et al., 1980）和 Wang 模型（Wang and Schmugge, 1980），凭借结构简单、参数较少等优势，被广泛应用于求解土壤湿度。

10.3　单天线模式

目前单天线模式主要有两种测量技术，分别是 Larson 等（2008a）和 Rodriguez-Alvarez 等（2008）提出的 GNSS 干涉反射（GNSS interferometric reflectometry，GNSS-IR）测量技术及干涉模式技术（interference pattern GNSS-R technique，IPT），二者的测量原理有着本质的不同，本节将进行简单的介绍。

10.3.1　干涉反射测量技术

GNSS-IR 测量技术常利用传统的大地测量接收机及带扼流环的 RHCP 天线同时观测直射信号和反射信号，该技术利用现有 CORS 设施即可实现部分地表物理参量的反演。GNSS 接收机在解析信号时会用信号功率与噪声功率的比值即信噪比（SNR）来表征信号的质量，其大小主要受天线增益、接收机噪声及多路径的影响（Lv et al.，2021）。由于多路径效应的时变特性，直射信号与反射信号的相位差会不断变化，干涉信号的功率出现部分增强、部分减弱的振荡现象，进而使 SNR 数据的时间序列也有明显的振荡（Bilich et al.，2008，2007）。由于多路径的存在，接收机实际上接收到的是直射信号与反射信号叠加之后的复合信号。随着卫星高度角的增大，虽然多路径效应会逐渐变弱但是始终存在，故 SNR 数据表征的是复合信号的质量，可拆分为直射信号和反射信号的信噪比数据之和（Bilich and Larson，2007）：

$$SNR = SNR_d + DSNR \qquad (10.15)$$

式中：SNR_d 和 DSNR 分别为直射信号和反射信号的信噪比数据。DSNR 主要由反射信号的功率决定，而反射信号的功率会受到雪深、土壤湿度及植被含水量等地表物理参量的影响，所以 DSNR 数据的波形也会随着这些地表物理参量的变化而变化。随着研究的深入，学者发现 DSNR 数据的特征信息具有反演特定地表物理参量的潜力，从而诞生了 GNSS-IR 测量技术。要获取 DSNR 数据的特征信息，需要先从复合的 SNR 数据中提取 DSNR 数据，并对其进行建模。对于 DSNR 的提取，学者常常采用低阶多项式拟合的方式从复合 SNR 数据中获得，以 COPR 2018 年 1 月 1 日跟踪到的 GPS 卫星 G10 在 L2 上的 SNR 数据为例，其时间序列如图 10.3 所示。

图 10.3 的下 X 轴表示测站所处的当地时间，上 X 轴表示特定时刻的卫星方位角，Y 轴表示 SNR 数据的大小；图中上方由蓝色及红色点组成的时间序列表示复合 SNR 序列，绿色线条表示三阶多项式的拟合曲线；图中下方由蓝色及红色点组成的时间序列表示从复合 SNR 序列中移除三阶多项式拟合结果后残余的信噪比数据，即 DSNR。蓝色部分表示高度角范围为 5°～25° 时的 SNR 或 DSNR 数据，可以看出当卫星高度角较低时，SNR 或 DSNR 数据中有明显的振荡，此时直射信号和反射信号频率大致相同，会在天线处产生相对稳定的干涉；而在更高的高度角范围内，SNR 数据的振荡并不明显，这主要是随着卫星高度角增大，多路径效应明显减弱，所以学者常常关注低高度角范围如 5°～25° 内的 SNR 数据。

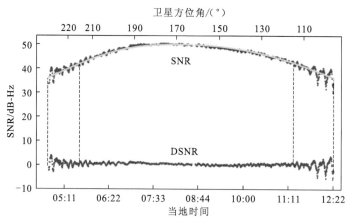

图 10.3　SNR 及 DSNR 序列示意图

对于 DSNR 的建模,根据 Comp 和 Axelrad(1998)、Reichert(1999)及 Bilich 等(2004)的研究,如图 10.4 所示的向量图(Bilich and Larson,2007;Reichert,1999)可被用于表示复合信号中直射信号和反射信号的振幅与 SNR 数据之间的关系。

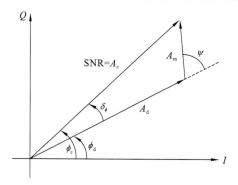

图 10.4　复合信号中直射信号与反射信号的振幅矢量关系图

在图 10.4 中:A_c 为复合信号的振幅;A_d 和 A_m 分别为直射信号与反射信号的振幅;ϕ_c 和 ϕ_d 分别为复合信号的相位及直射信号的相位;δ_ϕ 为复合相位与直射信号相位之差;ψ 为反射信号相对于直射信号的延迟相位。在理想状态下(不存在反射信号即多路径),接收机的锁相环仅记录直射信号的振幅 A_d 和相位 ϕ_d,图 10.4 中将仅包含一个振幅为 A_d 的单一矢量,此时,直射信号的振幅等于 SNR 值,即 $A_d = \text{SNR}$;当存在多路径时,振幅矢量关系图中将增加一个或多个振幅为 A_m 的矢量,锁相环也将试图跟踪直射信号与反射信号叠加后的复合信号,此时 SNR 数据是复合信号振幅的测量值,即 $\text{SNR} = A_c$。由余弦定理和简单的几何关系可得 A_c、A_d、A_m 和 ψ 之间的联系(Bilich et al.,2004)为

$$A_c^2 = A_d^2 + A_m^2 + 2A_d A_m \cos\psi \tag{10.16}$$

$$\tan(\delta_\phi) = \frac{A_m \sin\psi}{A_d + A_m \cos\psi} \tag{10.17}$$

通过建立 ψ 与信号反射面的物理特性之间的联系,就可以将 SNR 与 GNSS 天线周围的环境关联起来。利用直射信号与反射信号的几何关系求得反射信号相对直射信号的路径延迟之后,即可求得 ψ。对部署于地面的接收机而言,反射信号相对直射信号的路径延迟

关系如图 10.5 所示（Bilich and Larson，2007）：

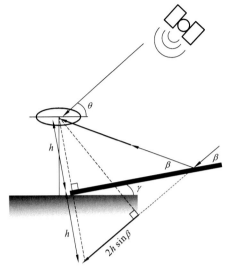

图 10.5　反射信号相对直射信号的路径延迟关系图

图 10.5 中：θ、β 及 γ 分别表示卫星高度角、反射信号与地面的夹角及地面与水平面的夹角；h 为天线相位中心到信号反射面的垂线距离。由简单的几何推导即可得反射信号相对于直射信号的路径延迟，表示为

$$\delta_{\mathrm{d}} = 2h\sin\beta \tag{10.18}$$

则对应的相位延迟（Bilich et al.，2004；Reichert，1999）可表示为

$$\psi = \frac{2\pi}{\lambda}\delta_{\mathrm{d}} + \phi = \frac{4\pi h}{\lambda}\sin\beta + \phi \tag{10.19}$$

式中：λ 为载波波长；ϕ 为当信号经过地面反射后相位的偏移，当反射面是理想光滑平面时，$\phi = 180°$。

根据 Yu 等（2018）及 Nievinski 和 Larson（2014a）的研究，直射信号的 $\mathrm{SNR_d}$ 可表示为

$$\mathrm{SNR_d} = \frac{P_{\mathrm{d}}}{P_{\mathrm{noise}}} = \frac{SG_{\mathrm{d}}W_{\mathrm{d}}^2}{P_{\mathrm{noise}}} = \frac{A_{\mathrm{d}}^2}{P_{\mathrm{noise}}} \tag{10.20}$$

式中：P_{d}、P_{noise} 分别为直射信号、噪声的功率；S 为直射信号的强度；G_{d} 为天线对直射信号的增益；W_{d} 为反射信号关于 Woodward 模糊函数的值，该函数是伪随机码自相关函数值与归一化的 sinc 函数值的乘积（Nievinski and Larson，2014b）。

同理，复合信号的 SNR 数据（李云伟，2019）可表示为

$$\mathrm{SNR} = \frac{P_{\mathrm{c}}}{P_{\mathrm{noise}}} = \frac{A_{\mathrm{c}}^2}{P_{\mathrm{noise}}} \tag{10.21}$$

式中：P_{c} 为复合信号的功率。将式（10.16）代入式（10.21）中，并减去式（10.20）可得

$$\mathrm{DSNR} = \frac{A_{\mathrm{m}}^2 + 2A_{\mathrm{d}}A_{\mathrm{m}}\cos\psi}{P_{\mathrm{noise}}} \tag{10.22}$$

假设反射信号与直射信号的振幅比，即振幅衰减因子为

$$\alpha = \frac{A_{\mathrm{m}}}{A_{\mathrm{d}}} \tag{10.23}$$

将式（10.23）代入式（10.22）中，可得

$$DSNR = \frac{(\alpha A_d)^2}{P_{noise}} + \frac{2\alpha A_d^2 \cos\psi}{P_{noise}} \qquad (10.24)$$

由于 GNSS 直射信号经地面反射后，其振幅会在一定程度上衰减，所以 α 必然小于 1；加上地面接收机的天线对直射信号有增益作用，对反射信号有抑制作用，所以 A_d 通常远大于 A_m，导致 α^2 远小于 2α。故式（10.24）等号右边的第一项可以忽略，即

$$DSNR \approx \frac{2\alpha A_d^2 \cos\psi}{P_{noise}} \qquad (10.25)$$

将式（10.19）代入式（10.25）中可得

$$DSNR = A\cos\left(\frac{4\pi h}{\lambda}\sin\beta + \phi\right) \qquad (10.26)$$

式中：$A = \dfrac{2\alpha A_d^2}{P_{noise}}$。当信号反射面平坦时，$\beta$ 即为卫星高度角，此时式（10.26）中的未知数仅有 A、h 及 ϕ。在实际的数据处理过程中，考虑到 SNR 数据常以对数形式的分贝（dB）为单位，在反演地表物理参量前，需要将其从对数尺度转换到线性尺度（Zhu et al.，2020）。

至此，对 DSNR 的建模完成。研究发现当反射面出现降雪、植被生长、降雨等现象，DSNR 数据的波形会出现如图 10.6 所示的变化。

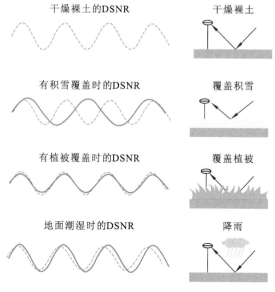

图 10.6　DSNR 序列波形变化

从图 10.6 可以看出：①如果裸土上覆盖了积雪，信号的有效反射面高度减小，DSNR 序列的频率会降低；②如果裸土上覆盖了植被，DSNR 序列的振幅会减小；③增大土壤湿度，DSNR 序列的相位也会发生相应的变化。因此，有效反射面高度常被用于监测雪深（Gutmann et al.，2012；Larson et al.，2009），DSNR 序列的振幅常被用于植被生长、植被含水量等的探测（Wan et al.，2015；Chew et al.，2014），相位观测值则被用于监测土壤湿度变化（Larson et al.，2008b）。此外，信号有效反射面高度的变化也可被用于探测海平面高度变化（Larson et al.，2013）、冻土冻融过程（Hu et al.，2018）等。

10.3.2 干涉模式技术

干涉模式技术（IPT）是一种以 GNSS L 波段土壤湿度干涉模式（soil moisture interference-pattern GNSS observations at L-band，SMIGOL）反射仪为观测设备的反射测量技术，如图 10.7 所示。

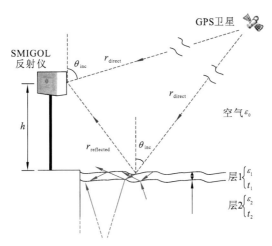

图 10.7 SMIGOL 反射仪安装示意图

h：反射仪相位中心至反射面距离；r_{direct}：直射信号；$r_{reflected}$：反射信号；θ_{inc}：直射信号的入射角；

ε_0：空气的介电常数；ε_1：第一层介质的介电常数；t_1：第一层介质的厚度；ε_2：第二层介质的介电常数；

t_2：第二层介质的厚度；引自 Rodriguez-Alvarez 等（2010）

该反射仪将特制的接收机与水平朝向的天线组合在一起，用于探测直射信号与反射信号在设备内部干涉之后形成的信号的瞬时功率（Rodriguez-Alvarez et al.，2008）。当平坦裸土的土壤湿度为 20%时，裸土反射率与干涉信号功率随卫星高度角变化的仿真结果如图 10.8 所示。

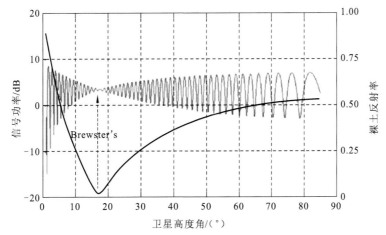

图 10.8 裸土反射率及干涉信号功率仿真

引自 Rodriguez-Alvarez 等（2010）

从图 10.8 可以看出，干涉信号振幅随着高度角的增加逐渐衰减到最小值（凹槽点），然后又逐渐变大，对比裸土反射率数据后发现凹槽点对应着布鲁斯特角，即裸土反射率最低时的卫星高度角，此时反射信号功率最弱，导致干涉信号振幅最小。由于裸土介电常数变化会影响布鲁斯特角的大小，而土壤湿度又是介电常数的决定性因素，所以布鲁斯特角的位置及其变化可用于土壤湿度反演。布鲁斯特（Brewster）角 θ_B 可表示为

$$\theta_B = \arctan\sqrt{\frac{\varepsilon_{r2}}{\varepsilon_{r1}}} \qquad (10.27)$$

式中：ε_{r1} 和 ε_{r2} 分别为空气层和土壤层的介电常数，且 ε_{r1} 常被假设为 1。通过式（10.27）即可求得土壤介电常数，然后再利用介电模型的半经验模型和经验模型，即可求得土壤湿度。

当土壤上有植被覆盖时，土壤湿度和粗糙度的变化只会影响干涉信号功率的振幅，此时凹槽点的位置主要随植被高度的变化而变化。例如，当土壤上有植被覆盖且植被含水量为 5 kg/m²、高度为 20 cm 时，土壤湿度的变化将不再影响布鲁斯特角的位置；当植被高度达 3 m 时，土壤参数将不再影响干涉功率的振幅，这些特性使布鲁斯特角的位置及其变化也可用于植被高度的估计（Rodriguez-Alvarez et al., 2009）。

此外，信号反射区域的地形变化也会影响干涉信号的功率，两种不同地形特征下，干涉信号功率的仿真结果如图 10.9 所示。

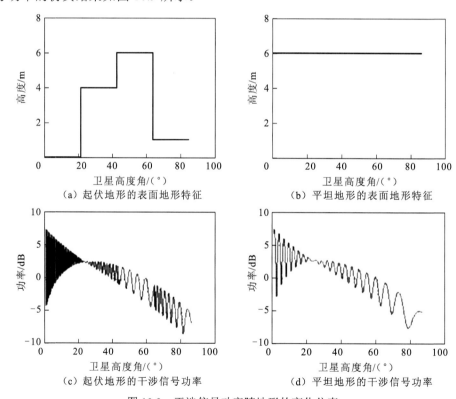

图 10.9 干涉信号功率随地形的变化仿真

引自 Rodriguez-Alvarez 等（2010）

对比图 10.9（a）和（b）中卫星高度角范围为 0°～20° 的功率图可以发现，有效反射面的地形变化会使干涉信号的相位产生变化；同时，随着有效反射面高度增加，干涉信号功率的频率会减小，但是振幅的大小及凹槽的位置并无明显变化。这些特性使得 Rodriguez-Alvarez 等（2009）开发出特定的算法能够用来反演信号反射区域的地形。由于水位、雪深等地表物理参量的基本探测原理是连续不断地反演有效反射面的高度，所以当测站周围的地形，即有效反射面的高度可以被持续监测时，水位、雪深等的变化也可被探测出来（Rodriguez-Alvarez et al., 2011a, 2011b）。

第 11 章　星载 GNSS 反射测量技术

11.1　概　　述

1993 年，Martin-Neira 等首次提出了被动反射干涉系统（passive reflectometry and interferometric system，PARIS）的理论，通过使用接收机接收海洋的 GPS 反射信号，并对接收到的信号进行分离研究，以反演海面高度，这是最早的 GNSS-R 概念。1997 年，NASA 的科学家使用装载有定制 GPS 信号接收器的飞机进行反射信号跟踪实验（Garrison and Katzberg，1997），该接收器的顶部使用右旋圆极化天线以接收 GPS 信号，底部装载有左旋圆极化天线来接收海洋反射信号，实验的成功进一步拉开了 GNSS-R 的研究序幕。Zavorotny 和 Voronovich（2000b）提出了双基雷达模型，采用近似光学几何建立了海面散射功率的时延-多普勒二维模型，即 Z-V 模型，为 GNSS-R 反演海面风场提供了基础。Lowe 等（2002a）首次在太空中探测到了 GPS 卫星反射信号，证明了应用星载 GNSS-R 技术进行地物探测的可能性。相较于地基系统，星载 GNSS-R 可探测的范围更加广阔。

2003 年 10 月，英国空间中心发射了第一颗搭载有专用星载 GNSS-R 接收机的灾难监测星座低轨卫星 UK-DMC，对星载 GNSS-R 能否进行海风等参数的反演进行了验证（Gleason et al.，2005）。Clarizia 等（2009）利用 UK-DMC 的时延-多普勒图（delay Doppler map，DDM）来反演海面粗糙度。之后，又有学者使用 UK-DMC 数据验证了星载 GNSS-R 探测海风（Clarizia et al.，2014）、海冰（Gleason，2010）的可行性。在 UK-DMC 卫星之后，英国于 2014 年发射了搭载有 GNSS-R 接收机（space GNSS receiver-remote sensing instrument，SGR-ReSI）的技术示范卫星 TechDemoSat-1（TDS-1）（Foti et al.，2017）。TDS-1 相较于 UK-DMC 更为成熟，可以实时生成时延-多普勒相关功率波形。TDS-1 卫星已经被证实可用于海洋遥感，如海洋风速（Foti et al.，2015）、海冰（Alonso-Arroyo et al.，2017）、海洋高度（Clarizia et al.，2016）等。除此之外，TDS-1 还表现出对陆地水文的敏感性，Camps 等（2016）使用 TDS-1 GNSS-R 数据对不同类型地表的土壤湿度及大范围土壤湿度和归一化植被指数进行了研究，发现星载 GNSS-R 对土壤水分和植被覆盖具有较强的敏感性。2016 年 12 月，NASA 发射了由 8 颗微小卫星组成的 CYGNSS 星座，其主要任务是通过 GNSS-R 技术测量海洋表面的粗糙度和风速（Ruf et al.，2012），以便更准确地监测和预测热带气旋。在卫星运行的过程中，CYGNSS 记录了大量来自陆表的数据，研究表明其可以用于反演陆地地球物理参数。CYGNSS 卫星的成功发射，极大地推动了星载 GNSS-R 的发展，其极短的重访周期及海量的观测数据，使大范围长时序的地表探测成为可能，现已证明其在海洋风速（Clarizia and Ruf，2016）、土壤湿度（Chew and Small，2018）、湖泊水位（Li et al.，2018）、湿地遥感（Nghiem et al.，2017）、土壤冻融（Wu et al.，2020）、生物量（Carreno-Luengo et al.，2020）等方面的应用可行性。

11.2 星载 GNSS-R 原理

11.2.1 星载 GNSS 反射信号几何关系

星载 GNSS-R 通过接收从地表反射回来的信号来远程感知地球表面。与后向散射雷达不同的是，GNSS-R 接收机有多个向下的天线来接收由地表反射回来的前向散射信号。图 11.1 展示了接收机、发射机和镜面反射点之间的几何关系，其中，镜面反射点是信号从发射机经地表反射到达接收机路径延迟最短的理论反射点。

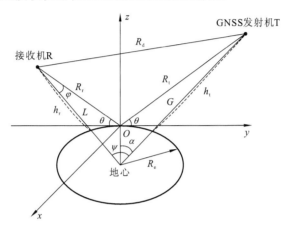

图 11.1　星载 GNSS-R 几何结构

在图 11.1 中，坐标原点为镜面反射点，z 轴为地球切面的法线方向，参考椭球采用的是 WGS84 参考椭球模型。其中：h_r、h_t 分别为接收机和发射机到参考椭球的距离；R_r、R_t 为接收机和发射机到镜面反射点的距离；R_e 为参考椭球半径；R_d 为接收机与发射机之间的距离；G 和 L 分别为卫星与接收机到地心的距离；θ 为卫星高度角，即反射信号相对本地切面的仰角；φ 为接收机视角，即接收机与镜面反射点之间的连线和接收机与地心连线的夹角；ψ 为 GNSS 卫星、接收机平台与地心连线之间的夹角；α 为 GNSS 卫星、镜面反射点与地心连线之间的夹角。如果能确定发射机和接收机的位置，即 h_r、h_t、θ 已知，则可以根据以下公式求解出其他参数。

$$L = R_e + h_r; \quad G = R_e + h_t \tag{11.1}$$

$$R_t = -R_e \sin\theta + \sqrt{G^2 - R_e^2 \cos^2\theta} \tag{11.2}$$

$$\alpha = \arccos\left(\frac{R_t^2 - G^2 - R_e^2}{-2R_e G}\right) \tag{11.3}$$

$$R_r = -R_e \sin\theta + \sqrt{L^2 - R_e^2 \cos^2\theta} \tag{11.4}$$

$$\varphi = \arccos\left(\frac{R_e^2 - R_r^2 - L^2}{-2R_r L}\right) \tag{11.5}$$

$$\psi = \frac{\pi}{2} + \alpha - \varphi - \theta \tag{11.6}$$

$$R_{\mathrm{d}} = \sqrt{(R_{\mathrm{t}}\cos\theta + R_{\mathrm{r}}\cos\theta)^2 + (R_{\mathrm{t}}\sin\theta - R_{\mathrm{r}}\sin\theta)^2} \tag{11.7}$$

11.2.2 闪烁区和菲涅耳反射区

当 GNSS 信号到达地表时，由于地表并不光滑，信号会产生不同方向的散射，接收机会接收到多个不同的反射信号。镜面反射点周围产生反射的总区域即为闪烁区，其大小可以表示为

$$\beta < \beta_0 = \tan^{-1}(2\beta_\delta / l) \tag{11.8}$$

式中：β 为散射向量与垂直法线方向的夹角；β_0 为地表粗糙度的常量；β_δ 为反射表面的高度标准差；l 为表面相关长度。反射表面粗糙度、天线增益及反射表面最大坡度等都会对闪烁区的大小及形状产生影响。当粗糙度增大时，闪烁区也会随之变大。

菲涅耳反射区是接收端能量的主要贡献区域，其中心即为镜面反射点。当信号源和接收机分别在 A、B 两点时，会在 xy 平面上产生一个反射区，如图 11.2 所示。满足式（11.9）条件的点构成以 A、B 为焦点的旋转椭球与 xy 平面的交线，如果 δ 增大，则会在 xy 平面上产生一系列的椭圆。

$$R_1 + R_2 = \delta + R \tag{11.9}$$

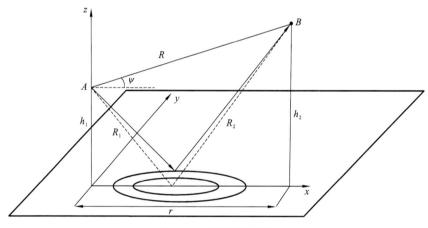

图 11.2　菲涅耳反射区

菲涅耳反射区的中心点的坐标为 (x_0, y_0)：

$$x_0 = \frac{r}{2}\left[1 - \frac{\left(\dfrac{h_2 - h_1}{r}\right)^2}{\left(\dfrac{\delta}{r} + \sec\psi\right)^2 - 1}\right]; \quad y_0 = 0 \tag{11.10}$$

11.3 时延–多普勒

11.3.1 时延–多普勒二维相关功率

在星载 GNSS-R 采集数据的过程中，由于 GNSS 卫星和信号接收机具有不同的运动速度，所以它们的空间位置在不断地变化，空基平台对于反射面的相对运动会引起信号传播时延的变化及不同的多普勒频移。分别将时延、多普勒频移相等的点连接起来，就可以得到等时延环和等多普勒线，如图 11.3 所示。

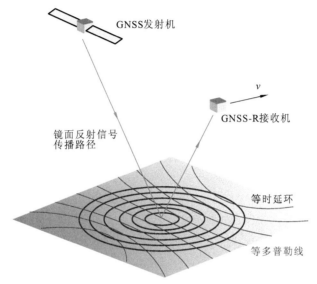

图 11.3　等时延环及等多普勒线示意图

引自 Jales（2012）

从图 11.3 可以看出等时延环的形状近似以镜面反射点为中心的椭圆，等多普勒线近似双曲线且横切等时延环。由于每个散射点都对应着不同的时延和多普勒频移及相关功率，所以可以分别以它们为轴,绘制归一化的相关功率分布图,即时延–多普勒二维相关功率图。对应的时延–多普勒二维相关函数可表示为

$$Y_{\text{Delay-Doppler}}(t_0,\tau,f) = \int_0^{T_i} u_R(t_0+t'+\tau)a(t_0+t')\exp[2\pi j(f_L+\hat{f}_R+f)(t_0+t')]\,\mathrm{d}t' \tag{11.11}$$

式中：$\hat{f}_R$ 为多普勒频率估计值；T_i 为相干时间；f_L 为接收信号的中心频率。

实际处理中，二维相关功率由下式求解：

$$P(t_0,\tau,f) = \int_0^{T_a} \left| Y_{\text{Delay-Doppler}}(t_0,\tau,f) \right|^2 \mathrm{d}t \tag{11.12}$$

式中：T_a 为非相干累加时间。典型的机载与星载仿真时延–多普勒二维相关功率波形分布如图 11.4 所示。

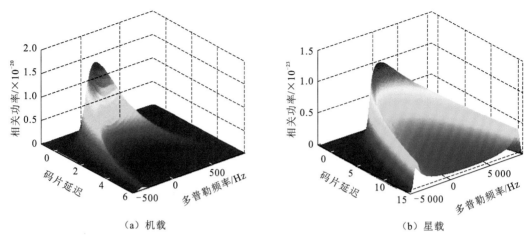

(a) 机载   (b) 星载

图 11.4   机载、星载仿真时延-多普勒二维相关功率分布图

引自万贝（2017）

时延-多普勒二维相关功率图是星载 GNSS-R 技术常用的基本观测量，它可以完整地描述每一个细小反射单元的反射强度，其中相关功率最大值可以用于描述介质的反射率，进而用于反演地表土壤湿度、植被分布等（Camps et al.，2016）。来自海面的反射信号汇集成一个闪烁区域，研究发现风速越大，该区域的面积越大，所以时延-多普勒二维相关功率图也可用于海面风速的反演（Rodriguez-Alvarez et al.，2012b）。由于海面风速在很大程度上决定着海面的粗糙度，即风速越大，海面粗糙度越大，所以时延-多普勒二维相关功率图还可被用于海面粗糙度的探测（Yan et al.，2017）。此外，相对于海水，海冰的时延-多普勒二维相关功率图在时延轴和多普勒轴的扩散程度更小，所以学者常常对时延或者多普勒延迟设置阈值，将大于和小于此阈值的信号反射面分为海水和海冰（Komjathy et al.，2000）。时延-多普勒二维相关功率图还可用于海面浮油探测，这是因为相对于干净海面，浮油区域内远离镜像点的散射系数衰减得更快，所以学者常将浮油区域的散射模型与信号接收机中的散射模型相结合，并把浮油区域的分布情况合并在时延-多普勒二维相关功率图中，以探索利用时延-多普勒二维相关功率图探测浮油边界等信息的可行性（Li et al.，2014a；Li and Huang，2013；Valencia et al.，2011）。

反射信号由具有不同时间延迟和多普勒频移的分量共同组成，其特性可以通过反射信号在不同码延迟和多普勒频移下的相关值来描述。实际的反射信号在接收和处理时，信号是以离散形式给出的。为此，下式为反射信号时延-多普勒二维相关函数的离散形式，即

$$
\begin{aligned}
\mathrm{DDM}_{k}(\tau_{\mathrm{N\_delay}}, f_{\mathrm{N\_Doppler}}) = \sum_{n=(k-1)T_{i}f_{\mathrm{S}}}^{kT_{i}f_{\mathrm{S}}} & S_{\mathrm{R}}(nT_{\mathrm{S}}) \cdot C(nT_{\mathrm{S}} - \tau_{\mathrm{D}} - \tau_{\mathrm{E}} - \tau_{\mathrm{N\_delay}}) \\
& \cdot \exp[2\pi\mathrm{j}(f_{\mathrm{IF}} + f_{\mathrm{D}} + f_{\mathrm{E}} + f_{\mathrm{N\_Doppler}})nT_{\mathrm{S}}]
\end{aligned}
\tag{11.13}
$$

式中：$\mathrm{DDM}_{k}(\tau_{\mathrm{N\_delay}}, f_{\mathrm{N\_Doppler}})$ 为复数形式的关于时间延迟和多普勒频移的二维相关函数；T_{i} 为相干累加时间；f_{S} 为接收信号的采样频率；T_{S} 为接收信号的采样间隔，$S_{\mathrm{R}}(nT_{\mathrm{S}})$ 为数字中频反射信号；$C(nT_{\mathrm{S}} - \tau_{\mathrm{D}} - \tau_{\mathrm{E}} - \tau_{\mathrm{N\_delay}})$ 为导航卫星的伪随机码；f_{IF} 为数字中频反射信号的中心频率；τ_{D} 为直射信号的时间延迟；τ_{E} 为反射信号相对于直射信号的时间延迟；f_{D} 为直射信号的载波多普勒频率；f_{E} 为反射信号相对于直射信号的载波多普勒频率；

$\tau_{\text{N\_delay}}$ 为相对于镜面反射点的时间延迟；$f_{\text{N\_Doppler}}$ 为相对于镜面反射点处反射信号频率的多普勒频移。

11.3.2 多普勒相关功率

一维时延相关功率即时延映射（delay mapping，DM），是指在信号镜面反射点处的多普勒频率上，反射信号的能量在反射面不同时延点上的分布，其对应的时延相关函数可表示为

$$Y_{\text{Delay}}(t_0, \tau) = \int_0^{T_i} u_R(t_0 + t' + \tau) a(t_0 + t') \exp[2\pi j(f_L + \hat{f}_R + f_0)(t_0 + t')] \, dt' \quad (11.14)$$

式中：$\hat{f}_R$ 为多普勒频率估计值；T_i 为相干时间；f_L 为接收信号的中心频率。对应的一维时延相关功率定义为

$$|Y(\tau)|^2 = \frac{1}{T_a} \int_0^{T_a} |Y_{\text{Delay}}(t_0, \tau)|^2 \, dt \quad (11.15)$$

该功率可以被特制的时延映射接收机（delay mapping receiver，DMR）直接输出（Garrison et al.，2002），也可以从 DDM 中提取，其波形主要与卫星信号的发射功率、反射面粗糙度等有关。在实际应用中，它常被用于反演海面风速或风向。不同风速下的归一化相关功率如图 11.5 所示：

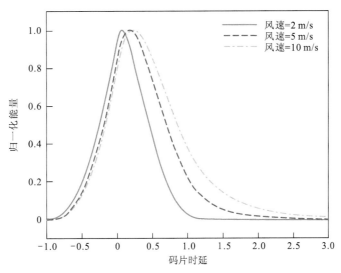

图 11.5　不同风速下的归一化时延相关功率

引自 Wang 等（2021）

从图 11.5 可以看出，不同风速下的相关功率波形在时延轴上都有一个迅速抬升的过程，达到峰值后逐渐回落，并且有一个延伸数个码片的拖尾，其拖尾的长度和后延斜率与风速的大小有关。这是因为风速的变化会带动海面粗糙度的变化，使反射信号在时延维度上的相关功率也发生变化，其波形也随之呈现出不同形状。所以，一些学者提出了不同的模型和算法，通过一维时延相关功率的波形特征反演海面风速（Komjathy et al.，2004；Cardellach et al.，2003；Garrison et al.，2002）。同时，时延相关功率的后延斜率也与风向存在一定的

相关关系，所以它也可被用于反演风向（Zuffada et al.，2003）。

此外，反射信号的时延相关功率波形还可被用于反演其他地表物理参量，如图 11.6 所示。

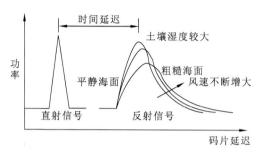

图 11.6　反射信号时延相关功率波形随不同参量的变化情况

从图 11.6 可以看出：土壤湿度越大，反射信号功率的峰值就越大；反射面粗糙度越大，反射信号功率的峰值越小，且整个波形后延拓展越严重（Garrison et al.，1998）。正是由于功率波形的这些特性，它也可被用于反演土壤湿度（Jin et al.，2014）、反射面粗糙度（Lin et al.，1999）等。

对于一维多普勒相关功率，它表示在反射面的等时延环上，反射信号相关功率随多普勒频率的变化情况，它可从 DDM 中直接提取出来。

$$Y_{\mathrm{Doppler}}(t_0,f) = \int_0^{T_i} u_{\mathrm{R}}(t_0 + t' + \tau) a(t_0 + t') \exp[2\pi \mathrm{j}(f_{\mathrm{L}} + \hat{f}_{\mathrm{R}} + f)(t_0 + t')]\, \mathrm{d}t' \qquad (11.16)$$

式中：$\hat{f}_{\mathrm{R}}$ 为多普勒频率估计值；T_i 为相干时间；f_{L} 为接收信号的中心频率。研究发现一维多普勒相关功率的波形在不同的海风风向下会呈现出不同的形状，所以常被用于反演风向（Guan et al.，2018；Valencia et al.，2013）。

第12章 GNSS-R 科学应用

GNSS-R 技术发展至今,其理论框架不断完善,反演算法不断创新。该技术的应用领域覆盖了海洋和陆地在内的广大地表。本章将较为详细地介绍近年来 GNSS-R 技术在海陆领域的典型应用。

12.1 GNSS-R 海洋应用

海洋覆盖了地球 71%的面积,它是决定气候发展的主要因素之一,其变化极大地影响着人类的生活和社会的发展。GNSS-R 技术被提出以来,便被广泛地应用于监测海平面变化、海面风场、海冰厚度及边界等。

12.1.1 海面风场

海洋风场与海面高度一样,也是海洋学、气候学等领域的重要研究参量,它的高时效、高精度监测对海洋环境数值预报、气象预报、灾害预警等具有重要意义。1997 年,NASA 兰利研究中心与哈佛大学的学者利用一个朝下安置的左旋圆极化天线和一台特制的 GNSS 接收机进行了一系列的机载实验,分析了海面粗糙度和风速变化对反射信号相关函数波形的影响,并指出随着反射面粗糙度或者海面风速的增大,相关函数的波形宽度有扩大的趋势,且该相关函数有可能成为海况监测领域的重要观测量(Garrison et al.,1998)。随后 Clifford 等(1998)对 GPS 信号在海面上的反射进行了理论分析,系统地研究了反射信号的相关功率随时间延迟、卫星仰角、接收机高度和海面风场的变化。结果显示 GPS 反射信号的相关功率波形与风速的大小有直接关系,且可通过信号闪烁区的宽度估计风速。Lin 等(1999)建立了反射信号和海面风场的统计模型,仿真结果与机载实测值之间具有非常好的一致性,并指出现有或更先进的 GPS 接收设备有相当大的潜力来估计海面风速且估计的误差可能小于 2 m/s,这也在随后的 GPSR-MEBEX 气球实验中被证实(Cardellach et al.,2003;Garrison et al.,2000)。Zavorotny 和 Voronovich(2000a)从理论上推导了反射信号相关功率与海面风场的关系,并提出了双尺度表面模型(即 Z-V 模型)。该模型在随后的研究中被多次应用于海面风场反演,但是它没有顾及闪烁区外由海水表面小尺度坡度引起的反射,被 Thompson 等(2005)进行了改进。至此,GNSS-R 海面风场反演技术已经具备较为完善理论及应用基础。

Beyerle 和 Hocke(2001)通过分析 GPS/MET 掩星数据,从中发现了 GPS 信号的地表反射分量。Lowe 等(2002a)也在低轨卫星 SIR-C 和 CHAMP 的观测数据中发现了 GPS L2 的反射信号,使得利用星载 GNSS-R 技术测量海面风场变为可能。Gleason 等(2005)对 UK-DMC 卫星的回传数据进行分析并反演了风速,反演结果与模型输出值和海风独立测量值基本一致，从而验证了星载 GNSS-R 技术反演海面风速的可行性。Clarizia 等（2014）提出了一种用于 GNSS-R 的最小方差风速估计器，该估计器由 GNSS-R DDMs 的 5 个不同观测值得到的风估计量组成，估计器得到风速均方根误差为 1.65 m/s，低于每一次单独检索的均方根误差。Li 等（2014a）提出了一种利用最小二乘拟合二维模拟 GNSS-R DDMs 反演海面风场的新方法，与之前的方法不同，最小二乘拟合使用了所有归一化功率高于阈值的 DDM 点，结果表明，将阈值设置在 DDM 峰值点的 30%～42%时，风速误差为 1 m/s，风向误差为 30°。Foti 等（2015）通过分析星载接收机发回的原始数据，发现在海面风速高达 27.9 m/s 时，在轨处理仍可得到高质量 DDM，最终的风速反演精度约为 2.2 m/s。Clarizia 和 Ruf（2016）对 Clarizia 等（2014）提出的海面风速反演方法进行了改进，分析并处理了 CYGNSS 卫星的实测数据，结果显示当风速小于 20 m/s，反演精度可达 2.5 m/s。Ruf 等（2018）建立了地球物理模型函数，将 CYGNSS 雷达接收机的一级观测值映射到海洋表面风速，反演得到的风速几乎与 10 m 参考海面风速的独立估计值一致。Clarizia 和 Ruf（2020）提出并实现了一种利用 CYGNSS 观测资料估计海洋风速的统计方法，该方法使用可观测和地面真实参考风的累积分布函数，反演得到风的概率密度函数，非常接近真实风的概率密度函数，如图 12.1 所示。此外，我国于 2019 年在渤海湾船载平台上发射了捕风一号 A、B 卫星，主要用于台风等极端天气监测，实现了我国利用星载 GNSS-R 探测海面风场零的突破（Jing et al.，2019）。此后，越来越多的学者投身于利用星载 GNSS-R 技术反演海面风速的研究，GNSS-R 海风探测的理论框架不断完善，反演精度也逐步提升。

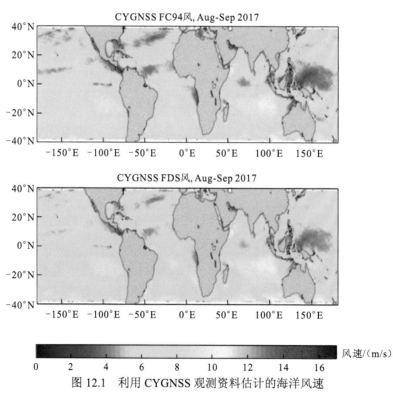

图 12.1　利用 CYGNSS 观测资料估计的海洋风速

引自 Clarizia 和 Ruf（2020）

12.1.2　海面测高

海面高度及其变化是海洋学、气候学等领域的重要研究对象，是潮汐模型建立、海洋灾害监测等过程的关键参量，因此学者一直希望能够对其进行高精度的测量。1993 年，欧洲航天局的学者 Martin-Neira 提出 PARIS 的概念，拉开了利用 GNSS 卫星反射信号测量海面高度的序幕，随后越来越多的学者致力于利用 GNSS 反射信号测量海面高度。其中具有代表的应用有：Treuhaft 等（2001）利用架设在离湖畔 480 m 高的岸基设备进行了测高实验。该实验通过固定相位模糊度和解算接收机钟差的方式，确定直射信号与反射信号之间的路径延迟，进而计算天线与水面之间的距离，测高精度达到 2 cm。考虑到信号的相干时间较短及反射面粗糙度的变化使单频载波相位测高难度较大，Martin-Neira 等（2002）提出一种基于宽巷载波组合观测值的相位延迟技术，利用架设在 7.5 m 高度的岸基观测设备进行了实验，取得了厘米级的测高精度。Helm（2008）使用特制的接收机和一个与垂直方向夹角 45°的全向右旋圆极化天线同时接收直射与反射信号，提出了一种新的基于相位延迟的测高法，该方法通过接收信号的振幅变化确定湖面的高度，三次实验结果也显示该方法的测高精度可达厘米级。Carreno-Luengo 等（2014）基于特制的天线和接收机，结合 P（Y）码和 C/A 码观测值实现高精度的海洋测高，在卫星仰角较高且仅使用 P 码的情况下，测高精度达到 2 cm。对于机载 GNSS-R 测高技术，Cardellach 等（2013）通过试验验证了 PARIS 用于中尺度海洋测高的要求。Semmling 等（2014）利用空基观测设备测量海面高度并推导出所测区域的海面地形，描述了大地水准面的起伏，解决了海面地形异常的问题。此外，Jin 等（2017）利用岸基观测设备进行了载波相位测高实验，验证了 BDS-R 在海面测高领域也具有厘米级的测量精度。单天线模式的 GNSS-IR 在进行海面动态改正和大气改正后，海面高测量精度可以达到 10 cm 左右（图 12.2），并可以获取长时序的海面高测量结果（Larson et al.，2017）。基于海面变化的动态连续性，Strandberg 等（2016）采用 B 样条拟合的方法将海面高测量精度提升至 3 cm 左右。

对于星载 GNSS-R 测高技术，自 2014 年英国的 TDS-1 和 2016 年美国的 CYGNSS 发射以来，利用星载设备接收 GNSS 反射信号并进行测高变得可行。Clarizia 等（2016）通过分析来自 TDS-1 的观测数据，估计了南大西洋和北太平洋两个区域的海面高度，最终的估计结果与丹麦技术大学发布的平均海面高度产品（DTU10）具有较好的一致性。Li 等（2019）对 CYGNSS 星座采集的原始数据集进行处理，评估了星载 GNSS-R 技术在海洋测高领域的性能。结果显示：当卫星平均高度角为 38°且原始数据的测距精度为 3 m 时，平均测高精度可达 1.9 m。张云等（2021）基于实测数据分析了利用星载 GNSS-R 技术反演海面高度过程中的各类误差，建立了相应的误差模型，并对海面高度反演模型进行优化，使反演精度从 8.52 m 上升到 6.09 m，整体提升了约 29%。

从以上的应用案例不难看出，对于海面测高，目前岸基 GNSS-R 技术比较成熟，反演精度能达到厘米级，但是星载 GNSS-R 的反演结果较差。学者正从理论架构、反演算法、误差建模等方面入手，继续提高其反演精度。

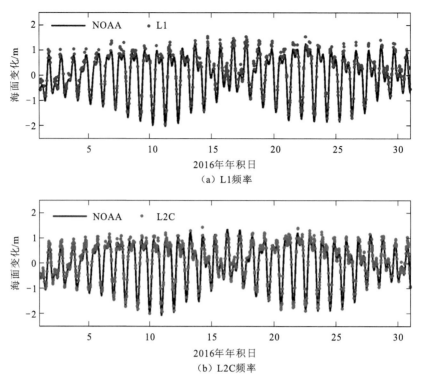

图 12.2　2016 年 1 月 SC02 测站 L1 和 L2C 频率的 GPS-IR 的海面高反演结果

12.1.3　海冰探测

海冰是高纬度海洋内的重要组成部分，它的生成和消融不仅会直接影响全球气候，还会影响人类活动，因此监测海冰变化对地球科学研究和人类社会的可持续发展具有重要意义。1998~1999 年，NASA 及科罗拉多大学的学者联合开展了两项旨在利用 GPS 反射信号探测海冰的机载实验，结果表明 GPS 反射信号可提供海冰和淡水冰的形成情况及冻土的冻融状态等信息（Komjathy et al.，2000）。随后 Zavorotny 和 Voronovich（2000a）通过机载实验发现 GPS 反射信号的垂直极化分量与水平极化分量之间的相位差与海冰厚度之间有很好的相关性，因此，在给定的信号入射角范围内，海冰厚度和该相位差之间可以建立一种独特的对应关系。Wiehl 等（2003）提出了一个简单的海冰信号反射模型，模拟了南极上空机载和星载设备测量的延迟多普勒波形，研究显示反射信号对冰盖地形、表面粗糙度及积雪温度等的变化很敏感，并指出 GPS 反射信号在冰盖遥感中具有潜在的应用价值。

Gleason（2010）通过分析 UK-DMC 卫星在白令海和南极洲海岸上空收集的数据，并将其观测的反射信号的功率谱与先进微波扫描辐射计测得的海冰数据以及美国国家冰雪数据中心提供的海冰数据进行了比较，验证了利用星载 GNSS-R 技术测量海冰信息的可行性。Alonso-Arroyo 等（2017）提出了一种基于 TDS-1 卫星观测数据的海冰探测算法，该算法通过 GNSS 反射信号功率谱波形或延迟多普勒图与相干反射模型波形的相似性实现了海冰探测，并成功应用于北极和南极地区，如图 12.3 所示。Yan 和 Huang（2018）提出了一种利用卷积神经网络（CNN）对 TDS-进行海冰探测和海冰浓度预测的方法，结果显示输入全尺寸 DDM 数据（128×20 像素）产生的 CNN 输出比现有的基于神经网络的方法显示出更好的精度。Cartwright 等（2019）提出了一种探测海冰的新方法，并将其应用于 TDS-1 卫星 33 个月的实测数据，该方法有效地区分了海冰与开阔水域，且探测的海冰分布与欧洲航天局发布的海冰产品在南极和北极分别达到 98%和 96%以上的一致性。Yan 等（2020）提出了一种基于信号反射率的海冰厚度反演算法并应用到 TDS-1 卫星，结果显示利用该方法得到的海冰厚度数据与从土壤湿度和海洋盐度卫星（soil moisture ocean salinity，SMOS）产品之间的相关系数为 0.84，均方根误差为 9.39 cm。

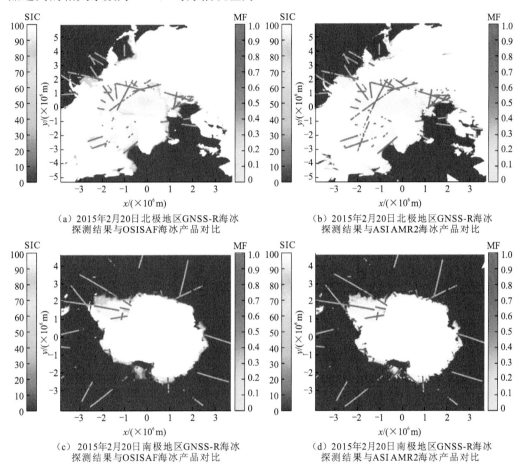

（a）2015年2月20日北极地区GNSS-R海冰
探测结果与OSISAF海冰产品对比

（b）2015年2月20日北极地区GNSS-R海冰
探测结果与ASI AMR2海冰产品对比

（c）2015年2月20日南极地区GNSS-R海冰
探测结果与OSISAF海冰产品对比

（d）2015年2月20日南极地区GNSS-R海冰
探测结果与ASI AMR2海冰产品对比

图 12.3　南半球和北半球的海冰密度图

引自 Alonso-Arroyo 等（2017）

12.1.4　其他海洋应用

除海面高度、海面风场及海冰外，GNSS-R 技术还被应用于监测海面浮油等。Valencia 等（2011）通过仿真实验证实 GNSS 反射信号可用于监测海面浮油，他们的后续实验也表明当 GNSS-R 成像分辨率为 2 km 时，GNSS-R 的浮油探测性能与合成孔径雷达相当（Valencia et al.，2013）。

此外，海面目标探测也是 GNSS-R 的一个重要应用方向。Ji 等（2014）在前人研究成果的基础上，提出了一种基于 GNSS 反射信号的目标定位法，该方法将时延-多普勒点与观测区域内的空间点一一对应起来，并成功应用于海面移动目标的探测。Di Simone 等（2017）也提出了一种基于 GNSS-R 延迟多普勒图的海面目标探测新方法，并利用 TDS-1 卫星采集的实测数据，对该方法进行了测试和验证。

12.2 GNSS-R 陆地应用

在陆地上，GNSS-R 技术主要被用于反演土壤湿度、积雪厚度、植被生长指数及植被含水量等地表物理参量。

12.2.1 积雪探测

作为冰冻圈的重要组成部分及地球表面最活跃的生态要素之一，积雪可敏锐地感知气候变化，并对地球水循环、地表辐射平衡、大气环流等过程具有重要的影响和反馈作用。Lowe 等（2002b）指出可用体积散射的方法来模拟 GPS 反射信号波形，从而利用其振幅来反演积雪密度。Jacobson（2008）利用传统大地测量的信号接收设备，通过外业实测验证了 GPS 反射信号和直接信号干涉之后产生的相对接收功率可被用于探测雪深，并指出该功率在积雪密度探测领域也极具潜力。Larson 等（2009）利用 GNSS-IR 技术估计出天线相位中心与信号有效反射面的距离及其变化，成功反演出天线周围的雪深信息，将之与超声波传感器的实测值对比发现二者具有很好的一致性。随后越来越多的学者利用 GNSS-IR 技术探测雪深，实验结果均证实它是一个非常好的雪深探测方法（Tu et al.，2021；Qian and Jin，2016；Gutmann et al.，2012）。基于 GNSS-IR 技术和 GNSS 测站网络，科罗拉多大学 Larson 团队（Larson，2016）发布了 PBO 积雪产品，国内北京大学万玮团队（Wan et al.，2022）进一步考虑地基 GNSS 站网地形和植被等地表环境的复杂性发布了 GSnow-China 产品（图 12.4），推进了 GNSS-IR 积雪探测的业务化应用。

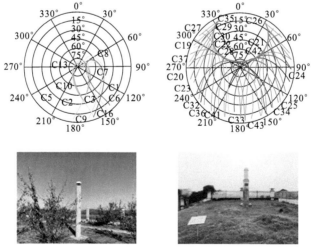

（a）北斗轨道多变性和地形、植被环境复杂性

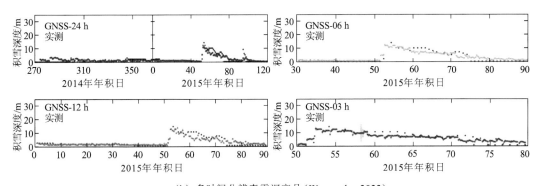

（b）多时间分辨率雪深产品（Wan et al., 2022）

图 12.4　GNSS-R 在积雪探测方面的应用

Ozeki 和 Heki（2012）分析了基于双频载波相位的无几何观测组合观测值（L4），指出 L4 中的多路径误差可被用于雪深探测，其探测精度与基于 SNR 数据的雪深探测结果精度相当。Yu 等（2018）研究发现相位或伪距中的多路径误差也可被用于雪深探测，这使得在 SNR 数据缺失的情况下，也能利用 GNSS-IR 技术反演雪深。此外，干涉模式技术（IPT）也被学者用于探测雪深，并取得了很好的结果（Munoz-Martin et al., 2020；Rodriguez-Alvarez et al., 2012a, 2011c），但是该技术需要特制的信号接收设备才能实现，这在一定程度上限制了其推广应用。

12.2.2　地表土壤湿度探测

Zavorotny 和 Voronovich（2000a，2000b）将 Z-V 模型拓展到土壤湿度监测领域，仿真实验显示不同极化状态的 GPS 反射信号功率比值可作为土壤湿度的探测指标。然而，反射信号的波峰功率会受到地面粗糙度的影响，直接利用反射信号功率波形反演土壤湿度比较困难，于是提出可利用特制双天线分别接收直射与反射信号，以达到反演土壤湿度的目的。Masters 等（2000）利用机载特制的 GPS 信号接收设备在不同土壤湿度环境下测得的反射信号功率，并将之与实测土壤湿度相关联，验证了利用 GPS 反射信号反演土壤湿度的可行性。在此之后欧洲航天局的学者也陆续开展了一些地基实验（Pierdicca et al., 2013）和机载实验（Egido et al., 2014；Masters et al., 2004），对土壤湿度进行了反演，并取得了不错的结果。

随着英国 TDS-1 卫星发射、美国 CYGNSS 卫星成功组网及中国捕风 1 号 A/B 卫星的正式运行，越来越多的学者致力于利用低轨卫星的观测数据反演土壤湿度。2016 年，科罗拉多大学的学者利用 TDS-1 卫星数据进行土壤水分反演，并与 SMAP 卫星的土壤湿度产品进行对比，验证了星载 GNSS-R 技术探测土壤湿度的可行性（Chew et al., 2016a）。Yan 等（2020）利用 CYGNSS 卫星的观测数据实现了土壤湿度的反演，结果表明反演值与地面真值之间具有良好的一致性，相关系数为 0.80，均方根误差为 0.07 cm^3/cm^3。Wan 等（2021）通过处理捕风 1 号 A/B 卫星近 3 个月的观测数据，也得到了与 SMAP 卫星产品质量相当的土壤湿度数据。

以上的实验基本上都是在双天线观测模式下进行的，如何使用低成本的单天线及相关设备实现土壤湿度的反演，也是学者的研究重点。Larson 等（2008a）提出了 GNSS-IR 技术，并被成功应用于土壤湿度反演。该技术仅以信噪比（SNR）数据为输入，可遥测天线附近约 1 000 m² 范围内的土壤湿度（Nievinski and Larson，2014b），精度可达 0.04 cm³/cm³（Small et al.，2016）。经过不断的改进，它也可在植被覆盖较多的区域或者地形较为复杂的区域取得良好的反演结果（Ran et al.，2022；Chew et al.，2016b）。Rodriguez-Alvarez 等（2011b）提出的干涉模式技术（IPT）也被用于反演土壤湿度，并取得了令人满意的结果。

在星载 GNSS-R 土壤湿度反演研究方面，Chew 和 Small（2018）发现 CYGNSS 反射信号计算得到地表反射率与 SMAP 卫星提供的土壤湿度（SMAP SM）存在很强的正线性关系。基于这种强线性关系，他们将反射率与 SMAP SM 经线性建模得到 CYGNSS 土壤湿度，并基于此发布了 CYGNSS 的 36 km 土壤湿度日产品（Chew and Small，2020），与实测土壤湿度符合较好（图 12.5），精度为 0.049 cm³/cm³。Kim 和 Lakshmi（2018）引入了 CYGNSS 的相对信噪比，并将相对信噪比数据与 SMAP SM 结合，实现了土壤湿度的日估计，经实测土壤湿度数据检验，在中等植被区相关系数为 0.77，在干旱（0.68）和植被密

CYGNSS ubRMSE=0.057 cm³/cm³ SMAP ubRMSE=0.064 cm³/cm³

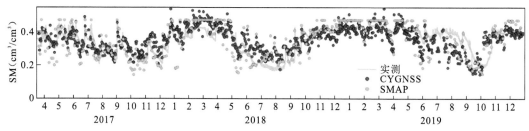

（a）UAPBMarianna站CYGNSS和SMAP土壤湿度与实测土壤湿度对比

CYGNSS ubRMSE=0.056 cm³/cm³ SMAP ubRMSE=0.051 cm³/cm³

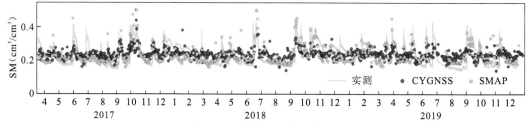

（b）Weslaco站CYGNSS和SMAP土壤湿度与实测土壤湿度对比

CYGNSS ubRMSE=0.082 cm³/cm³ SMAP ubRMSE=0.051 cm³/cm³

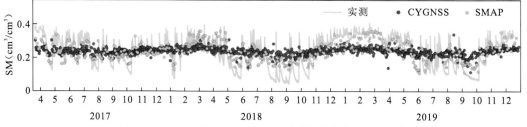

（c）SudduthFarms站CYGNSS和SMAP土壤湿度与实测土壤湿度对比

图 12.5　CYGNSS 土壤湿度与实测结果和 SMAP 土壤湿度对比

引自 Chew 和 Small（2020）

集区（0.67）相关系数有所降低。Al-Khaldi 等（2019）认为陆地表面的相干散射主要来自水体的贡献，故使用 CYGNSS 归一化双基雷达截面和均方斜率代替信噪比从而得到土壤湿度，结果与 SMAP SM 的均方根误差为 0.04 cm^3/cm^3。顾及土壤湿度时空变化机制的复杂性，一些学者开始尝试将机器学习方法应用于 GNSS-R 的土壤湿度反演（Senyurek et al.，2020；Eroglu et al.，2019），取得了良好的效果。由于高海拔地区 CYGNSS 接收到的反射信号较弱，数据处理难度大，目前所有的 CYGNSS 土壤湿度反演均集中于低海拔（<3 000 m）的平原或三角洲等反射信号较强的地区。

12.2.3 内陆水体探测

目前，星载 GNSS-R 用于内陆水体探测尚在起步阶段，大部分研究主要集中在洪水及湿地范围的变化上，对于内陆河流、湖泊等永久性水体测绘相对较少。其中，采用较多的是基于表面反射率（surface reflectivity，SR）的 SR 方法。从 CYGNSS 数据中提取水体位置信息的最简单方法是利用时延-多普勒图（DDM）的峰值功率，星载 GNSS-R 测量数据显示，内陆水域的强反射功率来自第一菲涅耳区的相干散射（Loria et al.，2020）。但在实际情况中，传输功率、观测几何形状和其他参数（植被和粗糙度等）的变化，都会对峰值功率产生影响。由于地表环境十分复杂，粗糙度和植被覆盖并不固定，很难建立有效的模型去反演水体。SR 方法对其进行了简化，只对时延-多普勒图的峰值功率或者信噪比进行距离、天线增益比方面的校正，校正得到的 SR 对地表水体表现出较强的敏感性。Chew 和 Small（2018）利用 CYGNSS 数据成功绘制了 2017 年大西洋飓风季节的洪水淹没图，这是星载 GNSS-R 用于洪水探测的首次尝试，如图 12.6 所示。Gerlein-Safdi 和 Ruf（2019）利用基于随机游走的图像处理算法对 SR 进行处理，生成了 0.01°×0.01° 的水体掩膜，生成的水体掩膜与 MODIS 水体产品基本一致。Wan 等（2019）利用 2017 年 CYGNSS 数据监测我国东南部台风期间的洪水泛滥，结果表明，CYGNSS 计算得到的 SR 和洪水淹没面积、降雨量在定性上一致。Rajabi 等（2020）关注数据预处理和异常值剔除，利用 SR 方法来探测洪水，进一步展示了星载 GNSS-R 探测洪水的能力。Ghasemigoudarzi 等（2020）将地表分为洪水和陆地两类，将洪水检测问题处理成二元分类问题，并从时延-多普勒图中提取包括 SR 的 11 个观测值进行特征选择，利用选定的特征向量，找到了最适合山洪检测的组合。Yang 等（2021）使用星载 GNSS-R 来监测 "7·20 河南暴雨" 发生时水体的每日变化，发现由 CYGNSS 得到的 SR，其值较高的部分与 SMAP、MODIS 得到的受灾区分布基本一致。之后，Zhang 等（2021）同样对这一区域进行了分析，采用 SR 方法并设置相应的阈值成功探测出 2021 年河南强降雨发生前后水体范围的变化，得到的结果与 SMAP 提供的土壤湿度变化一致。Wei 等（2023）利用 SR 方法对 2020 年广东省极端降雨事件引发的洪水淹没进行分析，发现其与 SMAP 反演得到的土壤湿度吻合较好，他们还提出利用日干湿突变指数来判断洪水事件发生的方法。

还有一些学者将注意力转向定量描述时延-多普勒图中相干功率的含量。Al-Khaldi 等（2019）认为陆地的相干散射主要来自内陆水体，而非相干散射来自不是水体的陆表。基于这种思想，他们提出了一种相干性算法时延-多普勒图功率扩散检测器（DDM power-spread

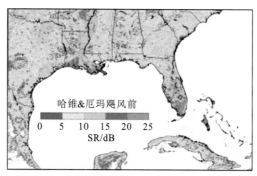
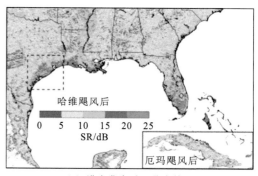

（a）洪水发生前SR分布情况 （b）洪水发生后SR分布情况

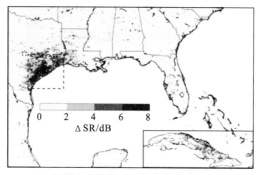

（c）洪水发生前后SR变化量分布情况

图 12.6 洪水发生前后 SR 的变化

引自 Chew 和 Small（2018）

detector，DPSD）来检测内陆水域（Al-Khaldi et al.，2020）。之后，他们使用 CYGNSS 数据成功绘制了不同空间分辨率的水体掩膜，与已有光学水体掩膜相比水体探测概率超过 80%（Al-Khaldi et al.，2021）。刘奇等（2021）将 DPSD 算法用于研究南亚洪水的时空变化，并与 SR 方法比较，结果表明虽然二者都能探测出洪水的变化，但使用 GNSS-R 相干信号探测洪水的方法比 SR 方法更加准确。

除了上述两种方法，一些学者还尝试使用机器学习、添加辅助数据等方法来反演水体。Unnithan 等（2020）将静态地形信息与 CYGNSS 记录的信噪比相结合，生成了大尺度、高分辨率的洪水淹没图，其与 SAR 数据记录的水体吻合得较好，在阈值较低时，模型的精度为 60%～80%。Chapman 等（2022）使用 CYGNSS 归一化信噪比来测量地表水，并将其与 L 波段和 C 波段的 SAR 数据进行协同分析，证实 GNSS 反射信号与 L 波段的 SAR 数据记录的淹没区域存在对应关系。Song 等（2022）将卷积神经网络和反向传播神经网络组成的双分支神经网络用于洪水监测，与 SR 方法和 DPSD 算法相比，该方法准确率有所提高。

12.2.4 植被监测

在植被监测领域，GNSS-R 技术常被用于探测植被高度、植被含水量、植被生物量和植被指数等。2008 年，西班牙加泰罗尼亚大学、萨拉曼卡大学的学者在西班牙帕劳安格尔索拉一个农场的麦田内部署了一台 SMIGOL 反射测量仪，并在当年 2 月～10 月连续采集

GPS 反射信号，此间覆盖了小麦的整个生长过程，然后利用干涉模式技术成功反演了小麦高度（Rodriguez-Alvarez et al.，2009）。随后，学者将干涉模式技术应用于植被含水量的监测（Rodriguez-Alvarez et al.，2011b），结果显示反演值与实际测量值之间的差异很小。同时，有研究发现即使森林里面的植被比较高大密集，也不会完全遮挡直射 GNSS 信号或经地面反射的 GNSS 信号，但是反射信号的强度会衰弱很多。Ferrazzoli 等（2011）指出这种衰弱效应可用于监测森林生物量，于是对森林的镜面散射系数进行理论建模，并通过模拟实验证实了 GNSS-R 技术在植被生物量监测方面极具潜力。此外，Larson 和 Small（2014）提出的 GNSS-IR 技术也可用于植被监测。Small 等（2010）将植被在不同生长状态下对应的 GPS 信号噪声统计量 MP1rms 与实测植被高度、植被含水量及降雨数据进行对比，总结出信噪比会随着植被的生长而减小，并且发现 MP1rms 序列与 MODIS 归一化植被指数之间的相关系数大于 0.8，可用于监测植被生长情况。在此基础上，Small 等（2014）用 MP1rms 定义了一个名为归一化微波反射指数（normalized microwave reflection index，NMRI）的变量，实验显示 NMRI 与植被高度或生物量之间没有明确的关系，但是与实测植被含水量之间存在显著的线性关系。随后，Wan 等（2015）利用 GNSS-IR 技术从信噪比数据的反射分量中提取振幅，并发现其与牧草和小麦作物的含水量同样呈近似线性关系，虽然这种简单的线性关系在含水量较高的植被（如苜蓿）中被打破，但是该实验还是证实了 GNSS-IR 技术在植被含水量探测领域的应用潜力。Pan 等（2020）利用遗传算法（genetic algorithm，GA）-反向传播（back propagation，BP）神经网络将利用 GNSS-IR 技术提取的 NMRI 和 MODIS 归一化植被指数进行点-面融合，结果显示融合获得的指数可以更直观地反映实验区域内植被含水量的变化。

12.2.5 其他陆地应用

在陆地上，GNSS-R 技术除了可以监测土壤湿度、雪深、积雪密度、植被高度、植被生物量、植被含水量等参量，还常被应用于探测土壤盐分、洪水灾害、火山羽流、形变、冻土冻融、信号防御、动态目标等。下面对一些具有代表性的应用案例进行简要介绍。Wu 等（2019）通过模拟实验发现当 GPS 信号入射角增大时，反射信号的圆极化分量在不同土壤盐分下对双基雷达截面的影响差异较大，由此指出 GPS 反射信号具有反演土壤盐分的潜力。Larson 等（2017）利用 GPS 信噪比的衰减特性，成功探测到美国阿拉斯加棱堡火山和意大利埃特纳火山喷发后在天空中形成的火山羽流。Chen 等（2021）提出了一种基于北斗静止地球轨道卫星反射信号的变形监测技术，该技术在双基雷达系统的基础上，研究了反射信号的路径模型，并建立了变形量与反射信号相位变化之间的联系，在通过移动信号反射板模拟形变的实验中，实现了 3 cm 的变形监测精度。Hu 等（2018）利用 GNSS-IR 技术估计天线相位中心到信号有效反射面的距离，成功地探测到了阿拉斯加多年冻土的季节性沉降和抬升。Lewis 等（2020）提出了一种基于 GNSS-IR 技术的信号防御方法，并成功地对潜在的欺骗和干扰源进行了探测。Liu 等（2021）建立了基于到达时间差定位模型的双曲面观测方程，利用差分技术消除了 GNSS 卫星轨道误差、卫星钟差和接收机钟差，并通过假设检验理论区分了不同的动态目标，仿真结果也表明目标定位精度可达数十米。

此外，GNSS-R 技术还被用于监测城市环境变化。德国波恩大学 Karegar 和 Kusche（2020）利用 GNSS-IR 技术分析了新型冠状病毒病流行期间，部署于美国波士顿某房顶上的一个 GNSS 观测站周围环境的变化。研究表明自 3 月 23 日封城以来，由于测站周围停车场内车辆的减少，反射面的粗糙度减小，导致反射信号功率增加，其振幅也随之变大；在 5 月 18 日重新开放之后，反射信号的振幅有回落的趋势。该实验证实了城市环境中车辆对 GNSS 反射信号的影响。Verbeurgt 等（2021）利用 GNSS-IR 技术反演得到测站周围的有效反射面高度，将其用于评估观测环境，并为测站选址提供参考信息。

参 考 文 献

陈俊勇, 1998. 地基 GPS 遥感大气水汽含量的误差分析. 测绘学报, 27(2): 113-118.

丁宗华, 吴健, 许正文, 等, 2016. 电离层非相干散射雷达探测技术应用展望. 电波科学学报, 31(1): 193-198.

黄磊, 2008. 航海气象学与海洋学, 大连: 大连海事大学出版社.

霍星亮, 袁运斌, 欧吉坤, 等, 2016. 顾及电离层变化的层析反演新算法. 地球物理学报, 59(7): 2393-2401.

金双根, 王新志, 2021. GNSS 气象学原理与应用. 北京: 气象出版社.

李建国, 毛节泰, 李成才, 等, 1999. 使用全球定位系统遥感水汽分布原理和中国东部地区加权"平均温度"的回归分析. 气象学报, 57(3): 283-292.

李薇, 袁运斌, 欧吉坤, 等, 2012. 全球对流层天顶延迟模型 IGGtrop 的建立与分析. 科学通报, 57(15): 1317-1325.

李云伟, 2019. 基于 GNSS-R 的积雪厚度测量理论与方法研究. 武汉: 武汉大学.

刘奇, 张双成, 南阳, 等, 2021. 利用星载 GNSS-R 相干信号探测南亚洪水. 武汉大学学报(信息科学版), 46(11): 1641-1648.

吕达仁, 陈泽宇, 卞建春, 等, 2008. 平流层-对流层相互作用的多尺度过程特征及其与天气气候关系: 研究进展. 大气科学, 32(4): 782-793.

宋淑丽, 朱文耀, 丁金才, 等, 2004. 上海 GPS 综合应用网对可降水汽量的实时监测及其改进数值预报初始场的试验. 地球物理学报, 47(4): 631-638.

盛裴轩, 毛节泰, 李建国, 等, 2003. 大气物理学. 北京: 北京大学出版社.

万贝, 2017. GNSS-R 海面风场探测关键技术研究. 西安: 中国航天科技集团公司第五研究院西安分院.

王维, 王解先, 2011. 基于代数重构技术的对流层水汽层析. 计算机应用, 31(11): 3149-3151.

王维, 宋淑丽, 王解先, 等, 2016. 长三角地区多模 GNSS 斜路径观测分布及水汽仿真层析. 测绘学报, 45(2): 164-169, 177.

王文越, 余接情, 王颖, 等, 2020. 电离层局部格网降分辨率层析方法. 测绘学报, 49(7): 843-853.

王勇, 柳林涛, 郝晓光, 等. 2007. 武汉地区 GPS 气象网应用研究. 测绘学报, 36(2): 141-145.

闻德保, 吕慧珠, 张啸, 2014. 电离层层析重构的一种新算法. 地球物理学报, 57(11): 3611-3616.

严颂华, 龚健雅, 张训械, 等, 2011. GNSS-R 测量地表土壤湿度的地基实验. 地球物理学报, 54(11): 2735-2744.

姚宜斌, 何畅勇, 张豹, 等, 2013. 一种新的全球对流层天顶延迟模型 GZTD. 地球物理学报, 56(7): 2218-2227.

姚宜斌, 汤俊, 张良, 等, 2014. 电离层三维层析成像的自适应联合迭代重构算法. 地球物理学报, 57(2): 345-353.

于胜杰, 柳林涛, 梁星辉, 2010. 约束条件对 GPS 水汽层析解算的影响分析. 测绘学报, 39(5): 491-496.

于胜杰, 柳林涛, 2012. 利用选权拟合法进行 GPS 水汽层析解算. 武汉大学学报(信息科学版), 37(2): 183-186, 204.

张满莲, 刘立波, 万卫星, 等, 2016. 利用 COSMIC 低轨卫星对 GPS 信号的顶部 TEC 观测资料研究等离子体层电子含量的变化特征. 地球物理学报, 59(1): 1-7.

张训械, 邵连军, 王鑫, 等, 2006. GNSS-R 地基实验. 全球定位系统(5): 4-8, 12.

张训械, 严颂华, 2009. 利用 GNSS-R 反射信号估计土壤湿度. 全球定位系统, 34(3): 1-6.

张云, 马德皓, 孟婉婷, 等, 2021. 基于 TechDemoSat-1 卫星的 GPS 反射信号海面高度反演. 北京航空航天大学学报, 47(10): 1941-1948.

赵海山, 杨力, 周阳林, 等, 2018. 一种适用于电离层电子密度重构的 AMART 算法. 测绘学报, 47(1): 57-63.

赵庆志, 张书毕, 2013. 基于反投影方法的对流层延迟三维层析研究. 大地测量与地球动力学, 33(4): 120-123.

赵润华, 李跃春, 沈宏彬, 2013. GPS 可降水量与掩星折射率资料同化对暴雨模拟的影响, 33(2): 24-29.

周俊, 1999. 关于地球表层与地球表层学. 自然杂志, 21(4): 187-190.

周俊, 2004. "地球表层"再讨论. 自然灾害学报, 13(6): 1-7.

邹玉华, 2004. GPS 地面台网和掩星观测结合的时变三维电离层层析. 武汉: 武汉大学.

Aa E, Liu S, Huang W, et al., 2016. Regional 3-D ionospheric electron density specification on the basis of data assimilation of ground-based GNSS and radio occultation data. Space Weather, 14(6): 433-448.

Aa E, Zhang S R, Erickson P J, et al., 2022. Significant ionospheric hole and equatorial plasma bubbles after the 2022 Tonga volcano eruption. Space Weather, 20(7): e2022SW003101.

Adavi Z, Mashhadi-Hossainali M, 2015. 4D-tomographic reconstruction of water vapor using the hybrid regularization technique with application to the North West of Iran. Advances in Space Research, 55(7): 1845-1854.

Adeyemi B, Joerg S, 2012. Analysis of water vapor over Nigeria using radiosonde and satellite data. Journal of Applied Meteorology and Climatology, 51(10): 1855-1866.

Alber C, Ware R, Rocken C, et al., 2000. Obtaining single path phase delays from GPS double differences. Geophysical Research Letters, 27(17): 2661- 2664.

Al-Khaldi M M, Johnson J T, Gleason S, et al., 2020. An algorithm for detecting coherence in cyclone global navigation satellite system mission level-1 delay-Doppler maps. IEEE Transactions on Geoscience and Remote Sensing, 59(5): 4454-4463.

Al-Khaldi M M, Johnson J T, Gleason S, et al., 2021. Inland water body mapping using CYGNSS coherence detection. IEEE Transactions on Geoscience and Remote Sensing, 59(9): 7385-7394.

Al-Khaldi M M, Johnson J T, O'Brien A J, et al., 2019. Time-series retrieval of soil moisture using CYGNSS. IEEE Transactions on Geoscience and Remote Sensing, 57(7): 4322-4331.

Alonso-Arroyo A, Zavorotny V U, Camps A, 2017. Sea ice detection using UK TDS-1 GNSS-R data. IEEE Transactions on Geoscience and Remote Sensing, 55(9): 4989-5001.

Alshawaf F, Fersch B, Hinz S, et al., 2015. Water vapor mapping by fusing InSAR and GNSS remote sensing data and atmospheric simulations. Hydrology and Earth System Sciences, 19(12): 4747-4764.

Artru J, Ducic V, Kanamori H, et al., 2005. Ionospheric detection of gravity waves induced by tsunamis. Geophysical Journal International, 160(3): 840-848.

Askne J, Nordius H, 1987. Estimation of tropospheric delay for microwaves from surface weather data. Radio Science, 22(3): 379-386.

Astafyeva E, Maletckii B, Mikesell T D, et al., 2022. The 15 January 2022 Hunga Tonga eruption history as inferred from ionospheric observations. Geophysical Research Letters, 49(10): e2022GL098827.

Austen J R, Franke S J, Liu C H, et al., 1986. Application of computerized tomography techniques to ionospheric research//International Beacon Satellite Symposium on Radio Beacon Contributions to the Study of Ionization and Dynamics of the Ionosphere and to Corrections to Geodesy and Technical Workshop. Oulu: University of Oulu, Part 1: 25-35.

Balan N, Otsuka Y, Tsugawa T, et al., 2002. Plasmaspheric electron content in the GPS ray paths over Japan under magnetically quiet conditions at high solar activity. Earth, Planets and Space, 54(1): 71-79.

Baltink H K, Van Der Marel H, Van Der Hoeven A G A, 2002. Integrated atmospheric water vapor estimates from a regional GPS network. Journal of Geophysical Research, 107(D3), doi: 10.1029/2000JD000094.

Baker D M, Davies K, 1969. F2-region acoustic waves from severe weather. Journal of Atmospheric and Terrestrial Physics, 31(11): 1345-1352.

Belehaki A, Jakowski N, Reinisch B W, 2004. Plasmaspheric electron content derived from GPS TEC and digisonde ionograms. Advances in Space Research, 33(6): 833-837.

Bender M, Dick G, Ge M, et al., 2011. Development of a GNSS water vapour tomography system using algebraic reconstruction techniques. Advances in Space Research, 47(10): 1704-1720.

Benjamin S G, Jamison B D, Moninger W R, et al., 2010. Relative short-range forecast impact from aircraft, profiler, radiosonde, VAD, GPS-PW, METAR, and Mesonet observations via the RUC hourly assimilation cycle. Monthly Weather Review, 138(4): 1319-1343.

Bennitt G V, Jupp A, 2012. Operational assimilation of GPS zenith total delay observations into the Met Office numerical weather prediction models. Monthly Weather Review, 140(8): 2706-2719.

Beutler G, Bock H, Dach R, et al., 2007. Bernese GPS Software Version 5.0. Bern: Astronomical Institute, University of Bern.

Bevis M, Businger S, Chiswell S, et al., 1994. GPS meteorology: Mapping zenith wet delays onto precipitable water. Journal of Applied Meteorology and Climatology, 33(3): 379-386.

Bevis M, Businger S, Herring T A, et al., 1992. GPS meteorology: Remote sensing of atmospheric water vapor using the Global Positioning System. Journal of Geophysical Research: Atmospheres, 97(D14): 15787-15801.

Beyerle G, Hocke K, 2001. Observation and simulation of direct and reflected GPS signals in radio occultation experiments. Geophysical Research Letters, 28(9): 1895-1898.

Bhuyan K, Bhuyan P K, 2007. International reference ionosphere as a potential regularization profile for computerized ionospheric tomography. Advances in Space Research, 39(5): 851-858.

Bhuyan K, Singh S B, Bhuyan P K, 2004. Application of generalized singular value decomposition to ionospheric tomography//Annales Geophysicae. Göttingen: Copernicus Publications, 22(11): 3437-3444.

Bilich A, Axelrad P, Larson K M, 2007. Scientific utility of the signal-to-noise ratio (SNR) reported by geodetic GPS receivers//ION GNSS 20th International Technical Meeting of the Satellite Division of the Institute of Navigation, 2: 1999-2010.

Bilich A, Larson K M, Axelrad P, 2008. Modeling GPS phase multipath with SNR: Case study from the Salar de Uyuni, Boliva. Journal of Geophysical Research, 113(B4): 1-12.

Bilich A, Larson K M, 2007. Mapping the GPS multipath environment using the signal-to-noise(SNR). Radio Science, 42: 3-13.

Bilich A, Larson K M, Axelrad P, 2004. Observations of signal-to-noise ratios (SNR) at geodetic GPS site CASA: Implications for phase multipath. Proceedings of the Centre for European Geodynamics and Seismology, 23: 77-83.

Birch M J, Hargreaves J K, Bailey G J, 2002. On the use of an effective ionospheric height in electron content measurement by GPS reception. Radio Science, 37(1): 1-19.

Black H D, 1978. An easy implemented algorithm for the tropospheric range correction. Journal of Geophysical Research, 83(B4): 1825-1828.

Boehm J, Heinkelmann R, Schuh H, 2007. Short Note: A global model of pressure and temperature for geodetic applications. Journal of Geodesy, 81(10): 679-683.

Boehm J, Niell A, Tregoning P, et al., 2006a. Global mapping function (GMF): A new empirical mapping function based on numerical weather model data. Geophysical Research Letters, 33(7): L07304.

Boehm J, Werl B, Schuh H, 2006b. Troposphere mapping functions for GPS and very long baseline interferometry from European Centre for Medium-Range Weather Forecasts operational analysis data. Journal of Geophysical Research, 111(B2): 1-9.

Bohm J, Moeller G, Schindelegger M, et al., 2015. Development of an improved empirical model for slant delays in the troposphere (GPT2w). GPS Solutions, 19(3): 433-441.

Bokoye A I, Royer A, O'Neill N T, et al., 2003. Multisensor analysis of integrated atmospheric water vapor over Canada and Alaska. Journal of Geophysical Research, 108(D15): 4480.

Bust G S, Garner T W, Gaussiran T L, 2004. Ionospheric data assimilation three-dimensional (IDA3D): A global, multisensor, electron density specification algorithm. Journal of Geophysical Research, 109(A11): 1-14.

Camps A, Park H, Pablos M, et al., 2016. Sensitivity of GNSS-R spaceborne observations to soil moisture and vegetation. IEEE Journal of Selected Topics in Applied Earth Observations and Remote Sensing, 9(10): 4730-4742.

Cao L, Zhang B, Li J, et al., 2021. A Regional model for predicting tropospheric delay and weighted mean temperature in China based on GRAPES_MESO forecasting products. Remote Sensing, 13(13): 2644.

Cardellach E, Rius A, Martín-Neira M, et al., 2013. Consolidating the precision of interferometric GNSS-R ocean altimetry using airborne experimental data. IEEE Transactions on Geoscience and Remote Sensing, 52(8): 4992-5004.

Cardellach E, Ruffini G, Pino D, et al., 2003. Mediterranean balloon experiment: Ocean wind speed sensing from the stratosphere, using GPS reflections. Remote Sensing of Environment, 88(3): 351-362.

Carreno-Luengo H, Camps A, Ramos-Perez I, et al., 2014. Experimental evaluation of GNSS-reflectometry altimetric precision using the P(Y) and C/A signals. IEEE Journal of Selected Topics in Applied Earth Observations and Remote Sensing, 7(5): 1493-1500.

Carreno-Luengo H, Luzi G, Crosetto M, 2020. Above-ground biomass retrieval over tropical forests: A novel

GNSS-R approach with CyGNSS. Remote Sensing, 12(9): 1368.

Cartwright J, Banks C J, Srokosz M, 2019. Sea ice detection using GNSS-R data from TechDemoSat-1. Journal of Geophysical Research: Oceans, 124(8): 5801-5810.

Carvalho D, Rocha A, Gómez-Gesteira M, et al., 2012. A sensitivity study of the WRF model in wind simulation for an area of high wind energy. Environmental Modelling & Software, 33: 23-34.

Censor Y, 1983. Finite series-expansion reconstruction methods. Proceedings of the IEEE, 71(3): 409-419.

Chang L, Gao G, Jin S, et al., 2015. Calibration and evaluation of precipitable water vapor from MODIS infrared observations at night. IEEE Transactions on Geoscience and Remote Sensing, 53(5): 2612-2620.

Chapman B D, Russo I M, Galdi C, et al., 2022. Comparison of SAR and CYGNSS surface water extent metrics. IEEE Journal of Selected Topics in Applied Earth Observations and Remote Sensing, 15: 3235-3245.

Chen B, Liu Z, 2014. Voxel-optimized regional water vapor tomography and comparison with radiosonde and numerical weather model. Journal of Geodesy, 88(7): 691-703.

Chen B, Wu L, Dai W, et al., 2019. A new parameterized approach for ionospheric tomography. GPS Solutions, 23: 1-15.

Chen P, Yao Y, 2015. Research on global plasmaspheric electron content by using LEO occultation and GPS data. Advances in Space Research, 55(9): 2248-2255.

Chen S H, Zhao Z, Haase J S, et al., 2008. A study of the characteristics and assimilation of retrieved MODIS total precipitable water data in severe weather simulations. Monthly Weather Review, 136(9): 3608-3628.

Chen Y, Yan S, Gong J, 2021. Deformation estimation using beidou GEO-satellite-based reflectometry. Remote Sensing, 13(16): 3285.

Chew C, Shah R, Zuffada C, et al., 2016a. Demonstrating soil moisture remote sensing with observations from the UK TechDemoSat-1 satellite mission. Geophysical Research Letters, 43(7): 3317-3324.

Chew C, Small E, 2018. Soil moisture sensing using spaceborne GNSS reflections: Comparison of CYGNSS reflectivity to SMAP soil moisture. Geophysical Research Letters, 45(9): 4049-4057.

Chew C, Small E, 2020. Description of the UCAR/CU soil moisture product. Remote Sensing, 12(10): 1558.

Chew C, Small E, Larson K M, 2016b. An algorithm for soil moisture estimation using GPS-interferometric reflectometry for bare and vegetated soil. GPS Solutions, 20(3): 525-537.

Chew C, Small E, Larson K M, et al., 2014. Vegetation sensing using GPS-interferometric reflectometry: Theoretical effects of canopy parameters on signal-to-noise ratio data. IEEE Transactions on Geoscience and Remote Sensing, 53(5): 2755-2764.

Clarizia M P, Ruf C S, 2016. Wind speed retrieval algorithm for the cyclone global navigation satellite system (CYGNSS) mission. IEEE Transactions on Geoscience and Remote Sensing, 54(8): 4419-4432.

Clarizia M P, Ruf C S, 2020. Statistical derivation of wind speeds from CYGNSS data. IEEE Transactions on Geoscience and Remote Sensing, 58(6): 3955-3964.

Clarizia M P, Gommenginger C P, Gleason S T, et al., 2009. Analysis of GNSS-R delay-Doppler maps from the UK-DMC satellite over the ocean. Geophysical Research Letters, 36(L2): 1-5.

Clarizia M P, Ruf C S, Jales P, et al., 2014. Spaceborne GNSS-R minimum variance wind speed estimator. IEEE Transactions on Geoscience and Remote Sensing, 52(11): 6829-6843.

Clarizia M P, Ruf C, Cipollini P, et al., 2016. First spaceborne observation of sea surface height using GPS-Reflectometry. Geophysical Research Letters, 43(2): 767-774.

Cleary J G, Wyvill G, 1988. Analysis of an algorithm for fast ray tracing using uniform space subdivision. The Visual Computer, 4(2): 65-83.

Clifford S F, Tatarskii V I, Voronovich A G, et al., 1998. GPS sounding of ocean surface waves: Theoretical assessment//1998 IEEE International Geoscience and Remote Sensing. Seattle, WA, USA, 4: 2005-2007.

Clynch J R, Coco D S, Coker C, et al., 1989. A versatile GPS ionospheric monitor: High latitude measurements of TEC and scintillation//2nd International Technical Meeting of the Satellite Division of the Institute of Navigation (ION GPS 1989): 445-450.

Collins J P, Langley R B, 1997. A tropospheric delay model for the user of the wide area augmentation system. Fredericton: Department of Geodesy and Geomatics Engineering, University of New Brunswick.

Collins J P, Langley R B, 1998. The residual tropospheric propagation delay: How bad can it get?//11th International Technical Meeting of the Satellite Division of the Institute of Navigation (ION GPS 1998): 729-738.

Collins J P, Langley R B, LaMance J, 1996. Limiting factors in tropospheric propagation delay error modeling for GPS airborne navigation//The Institute of Navigation 52nd Annual Meeting. Cambridge, Massachusetts, USA: The Institute of Navigation: 519-528.

Comp C J, Axelrad P, 1998. Adaptive SNR-based carrier phase multipath mitigation technique. IEEE Transactions on Aerospace and Electronic Systems, 34(1): 264-276.

Cucurull L, Vandenberghe F, Barker D, et al., 2004. Three-dimensional variational data assimilation of ground-based GPS ZTD and meteorological observations during the 14 December 2001 storm event over the western Mediterranean Sea. Monthly Weather Review, 132(3): 749-763.

Dach R, Brockmann E, Schaer S, et al., 2009. GNSS processing at CODE: Status report. Journal of Geodesy, 83(3-4): 353-365.

Davis J L, 1986. Atmospheric propagation effects on radio interferometry. Cambridge: Massachusetts Institute of Technology.

Davis J L, Herring T A, Shapiro I I, et al., 1985. Geodesy by radio interferometry: Effects of atmospheric modeling errors on estimates of baseline length. Radio Science, 20(6): 1593-1607.

Debye P, 1929. Polare molekeln. Leipzig: Hirzel.

De Franceschi G, De Santis A, Pau S, 1994. Ionospheric mapping by regional spherical harmonic analysis: New developments. Advances in Space Research, 14(12): 61-64.

De Santis A, 1991. Translated origin spherical cap harmonic analysis. Geophysical Journal International, 106(1): 253-263.

De Santis A, Torta J M, 1997. Spherical cap harmonic analysis: A comment on its proper use for local gravity field representation. Journal of Geodesy, 71(9): 526-532.

Dee D P, Uppala S M, Simmons A J, et al., 2011. The ERA-interim reanalysis: Configuration and performance of the data assimilation system. Quarterly Journal of the Royal Meteorological Society, 137(656): 553-597.

Del Rosario Martinez-Blanco M, Castañeda-Miranda V H, Ornelas-Vargas G, et al., 2016. Generalized regression neural networks with application in neutron spectrometry. Croatia: InTech.

Di Simone A, Park H, Riccio D, et al., 2017. Sea target detection using spaceborne GNSS-R delay-Doppler maps: Theory and experimental proof of concept using TDS-1 data. IEEE Journal of Selected Topics in Applied Earth Observations and Remote Sensing, 10(9): 4237-4255.

Dines K A, Lytle R J, 1979. Computerized geophysical tomography. Proceedings of the IEEE, 67(7): 1065-1073.

Ding M, 2018. A neural network model for predicting weighted mean temperature. Journal of Geodesy, 92(10): 1-12.

Ding M, 2020. A second generation of the neural network model for predicting weighted mean temperature. GPS Solutions, 24(2): 61.

Dobson M C, Ulaby F T, Hallikainen M T, et al., 1985. Microwave dielectric behavior of wet soil-Part II: Dielectric mixing models. IEEE Transactions on Geoscience and Remote Sensing, GE-23 (1): 35-46.

Dong D N, Bock Y, 1989. Global positioning system network analysis with phase ambiguity resolution applied to crustal deformation studies in california. Journal of Geophysical Research Solid Earth, 94(B4): 3949-3966.

Dos Santos Prol F, De Oloveira Camargo P, Hernández-Pajares M, et al., 2019. A new method for ionospheric tomography and its assessment by ionosonde electron density, GPS TEC, and single-frequency PPP. IEEE Transactions on Geoscience and Remote Sensing, 57(5): 2571-2582.

Duan J, Bevis M, Fang P, et al., 1996. GPS meteorology: Direct estimation of the absolute value of precipitable water. Journal of Applied Meteorology and Climatology, 35(6): 830-838.

Duncombe J, 2022. The surprising reach of Tonga's giant atmospheric waves. Eos, 103, doi: 10.1029/2022 EO220050.

Egido A, Paloscia S, Motte E, et al., 2014. Airborne GNSS-R polarimetric measurements for soil moisture and above-ground biomass estimation. IEEE Journal of Selected Topics in Applied Earth Observations and Remote Sensing, 7(5): 1522-1532.

Eroglu O, Kurum M, Boyd D, et al., 2019. High spatio-temporal resolution CYGNSS soil moisture estimates using artificial neural networks. Remote Sensing, 11(19): 2272.

Essen L, Froome K D, 1951. The refractive indices and dielectric constants of air and its principal constituents at 24 000 Mc/s. Proceedings of the Physical Society, 64(10): 862-875.

Faccani C, Ferretti R, Pacione R, et al., 2005. Impact of a high density GPS network on the operational forecast. Advances in Geosciences, 2: 73-79.

Ferrazzoli P, Guerriero L, Pierdicca N, et al., 2011. Forest biomass monitoring with GNSS-R: Theoretical simulations. Advances in Space Research, 47(10): 1823-1832.

Flores A, De Arellano O J V G, Gradinarsky L P, et al., 2001. Tomography of the lower troposphere using a small dense network of GPS receivers. IEEE Transactions on Geoscience and Remote Sensing, 39(2): 439-447.

Flores A, Gradinarsky L P, Elósegui P, et al., 2000a. Sensing atmospheric structure: Tropospheric tomographic results of the small-scale GPS campaign at the Onsala Space Observatory. Earth, Planets and Space, 52(11): 941-945.

Flores A, Ruffini G, Rius A, 2000b. 4D tropospheric tomography using GPS slant wet delays. Annales

Geophysicae, 18(2): 223-234.

Foelsche U, Kirchengast G, 2002. A simple "geometric" mapping function for the hydrostatic delay at radio frequencies and assessment of its performance. Geophysical Research Letters, 29(10): 111-1-111-4.

Foti G, Gommenginger C, Jales P, et al., 2015. Spaceborne GNSS reflectometry for ocean winds: First results from the UK TechDemoSat-1 mission. Geophysical Research Letters, 42(13): 5435-5441.

Foti G, Gommenginger C, Unwin M, et al., 2017. An assessment of non-geophysical effects in spaceborne GNSS reflectometry data from UK TechDemoSat-1 mission. IEEE Journal of Selected Topics in Applied Earth Observations and Remote Sensing, 10(7): 3418-3429.

Gao B, 2015. MODIS atmosphere L2 water vapor product. NASA MODIS Adaptive Processing System.

Gao B, Kaufman Y J, 1998. The MODIS near-IR water vapor algorithm. Algorithm Theoretical Basis Document. Goddard Space Flight Center, USA.

Garriott O K, Da Rosa A V, Ross W J, 1970. Electron content obtained from Faraday rotation and phase path length variations. Journal of Atmospheric and Terrestrial Physics, 32(4): 705-727.

Garrison J L, Katzberg S J, 1997. Detection of ocean reflected GPS signals: Theory and experiment//Proceedings IEEE SOUTHEASTCON'97. Blacksburg VA, USA: IEEE: 290-294.

Garrison J L, Katzberg S J, Hill M I, 1998. Effect of sea roughness on bistatically scattered range coded signals from the global positioning system. Geophysical Research Letters, 25(13): 2257-2260.

Garrison J L, Katzberg S J, Zavorotny V U, et al., 2000. Comparison of sea surface wind speed estimates from reflected GPS signals with buoy measurements//IEEE 2000 International Geoscience and Remote Sensing Symposium(IGARSS), 7: 3087-3089.

Garrison J L, Komjathy A, Zavorotny V U, et al., 2002. Wind speed measurement using forward scattered GPS signals. IEEE Transactions on Geoscience and Remote Sensing, 40(1): 50-65.

Georgiadou P Y, 1994. Modelling the ionosphere for an active control network of GPS stations. Delft: Delft University of Technology.

Gerlein-Safdi C, Ruf C S, 2019. A CYGNSS-based algorithm for the detection of inland waterbodies. Geophysical Research Letters, 46(21): 12065-12072.

Ghasemigoudarzi P, Huang W, De Silva O, et al., 2020. Flash flood detection from CYGNSS data using the RUSBoost algorithm. IEEE Access, 8: 171864-171881.

Gleason S, 2010. Towards sea ice remote sensing with space detected GPS signals: Demonstration of technical feasibility and initial consistency check using low resolution sea ice information. Remote Sensing, 2(8): 2017-2039.

Gleason S, Hodgart S, Sun Y, et al., 2005. Detection and processing of bistatically reflected GPS signals from low earth orbit for the purpose of ocean remote sensing. IEEE Transactions on Geoscience and Remote Sensing, 43(6): 1229-1241.

Gordon R, Bender R, Herman G T, 1970. Algebraic reconstruction techniques (ART) for three-dimensional electron microscopy and X-ray photography. Journal of Theoretical Biology, 29(3): 471-481.

Grafarend E W, 1984. Variance-Covariance components estimation, theoretical results and geodetic applications//16th European Meeting of Statisticians.

Guan D, Park H, Camps A, et al., 2018. Wind direction signatures in GNSS-R observables from space. Remote Sensing, 10(2): 198.

Gutmann E D, Larson K M, Williams M W, et al., 2012. Snow measurement by GPS interferometric reflectometry: An evaluation at Niwot Ridge, Colorado. Hydrological Processes, 26(19): 2951-2961.

Gulyaeva T L, Bilitza D, 2012. Towards ISO standard earth ionosphere and plasmasphere model. New Developments in the Standard Model: 1-39.

Haines G V, 1985. Spherical cap harmonic analysis. Journal of Geophysical Research: Solid Earth, 90(B3): 2583-2591.

Haines G V, 1988. Computer programs for spherical cap harmonic analysis of potential and general fields. Computers & Geosciences, 14(4): 413-447.

Haines G V, Torta J M, 1994. Determination of equivalent current sources from spherical cap harmonic models of geomagnetic field variations. Geophysical Journal International, 118(3): 499-514.

Hajj G A, Ibañez-Meier R, Kursinski E R, et al., 1994. Imaging the ionosphere with the global positioning system. International Journal of Imaging Systems and Technology, 5(2): 174-184.

Hallikainen M T, Ulaby F T, Dobson M C, et al., 1985. Microwave dielectric behavior of wet soil-part I: Empirical models and experimental observations. IEEE Transactions on Geoscience and Remote Sensing, 23(1): 25-34.

Hasegawa S, Stokesberry D P, 1975. Automatic digital microwave hygrometer. Review of Scientific Instruments, 46(7): 867-873.

He C, Wu S, Wang X, et al., 2017. A new voxel-based model for the determination of atmospheric weighted mean temperature in GPS atmospheric sounding. Atmospheric Measurement Techniques, 10(6): 2045-2060.

Heki K, 2022. Ionospheric signatures of repeated passages of atmospheric waves by the 2022 Jan. 15 Hunga Tonga-Hunga Ha'apai eruption detected by QZSS-TEC observations in Japan. Earth, Planets and Space, 74(1): 1-12.

Helm A, 2008. Ground-based GPS altimetry with the L1 OpenGPS receiver using carrier phase-delay observations of reflected GPS signals. Potsdam: Deutsches GeoForschungsZentrum GFZ.

Hernández-Pajares M, Juan J M, Sanz J, et al., 2005. Towards a more realistic ionospheric mapping function. XXVIII URSI General Assembly, Delhi.

Hernández-Pajares M, Juan J M, Sanz J, et al., 2009. The IGS VTEC maps: A reliable source of ionospheric information since 1998. Journal of Geodesy, 83(3): 263-275.

Herring T A, King R W, McClusky S C, 2010. Introduction to GAMIT/GLOBK. Cambridge: Massachusetts Institute of Technology.

Hirahara K, 2000. Local GPS tropospheric tomography. Earth, Planets and Space, 52(11): 935-939.

Hong S Y, Dudhia J, Chen S H, 2004. A revised approach to ice microphysical processes for the bulk parameterization of clouds and precipitation. Monthly Weather Review, 132(1): 103-120.

Hong S Y, Noh Y, Dudhia J, 2006. A new vertical diffusion package with an explicit treatment of entrainment processes. Monthly Weather Review, 134(9): 2318-2341.

Hopfield H S, 1969. Two-quartic tropospheric refractivity profile for correcting satellite data. Journal of

Geophysical Research, 74(18): 4487-4499.

Hopfield H S, 1971. Tropospheric effect on electromagnetically measured range: Prediction from surface weather data. Radio Science, 6(3): 357-367.

Hu Y, Liu L, Larson K M, et al., 2018. GPS interferometric reflectometry reveals cyclic elevation changes in thaw and freezing seasons in a permafrost area (Barrow, Alaska). Geophysical Research Letters, 45(11): 5581-5589.

Huang L, Jiang W, Liu L, et al., 2019. A new global grid model for the determination of atmospheric weighted mean temperature in GPS precipitable water vapor. Journal of Geodesy, 93: 159-176.

Hubanks P, 2017. MODIS Atmosphere QA Plan for Collection 061, version 9. Goddard Space Flight Center, USA.

Hwang C, 1991. Orthogonal functions over the oceans and applications to the determination of orbit error, geoid and sea surface topography from satellite altimetry. Columbus: The Ohio State University.

Hwang C, Chen S K, 1997. Fully normalized spherical cap harmonics: Application to the analysis of sea-level data from TOPEX/POSEIDON and ERS-1. Geophysical Journal International, 129(2): 450-460.

Jacobson M D, 2008. Dielectric-covered ground reflectors in GPS multipath reception: Theory and measurement. IEEE Geoscience and Remote Sensing Letters, 5(3): 396-399.

Jade S, Vijayan M S M, 2008. GPS-based atmospheric precipitable water vapor estimation using meteorological parameters interpolated from NCEP global reanalysis data. Journal of Geophysical Research: Atmospheres, 113(D3): 1-12.

Jales P, 2012. Spaceborne receiver design for scatterometric GNSS reflectometry. Guildford: University of Surrey.

Jankov I, Gallus W A, Segal M, et al., 2005. The impact of different WRF model physical parameterizations and their interactions on warm season MCS rainfall. Weather and Forecasting, 20(6): 1048-1060.

Jarvis A, Reuter H I, Nelson A, et al., 2008. Hole-filled seamless SRTM data V4, International Centre for Tropical Agriculture (CIAT). http: //srtm. csi. cgiar. org.

Ji W, Xiu C, Li W, et al., 2014. Ocean surface target detection and positioning using the spaceborne GNSS-R delay-Doppler maps//2014 IEEE Geoscience and Remote Sensing Symposium. IEEE: 3806-3809.

Jin S, Li D, 2018. 3-D ionospheric tomography from dense GNSS observations based on an improved two-step iterative algorithm. Advances in Space Research, 62(4): 809-820.

Jin S, Cardellach E, Xie F, 2014. GNSS remote sensing. Dordrecht: Springer.

Jin S, Qian X, Wu X, 2017. Sea level change from BeiDou navigation satellite system-reflectometry (BDS-R): First results and evaluation. Global and Planetary Change, 149: 20-25.

Jing C, Niu X, Duan C, et al., 2019. Sea surface wind speed retrieval from the first chinese GNSS-r mission: Technique and preliminary results. Remote Sensing, 11(24): 3013.

Kain J S, Fritsch J M, 1990. A one-dimensional entraining/detraining plume model and its application in convective parameterization. Journal of Atmospheric Sciences, 47(23): 2784-2802.

Kalman R E, 1960. A new approach to linear filtering and prediction problems, Journal of Basic Engineering, 82(1): 35-45.

Karegar M A, Kusche J, 2020. Imprints of COVID-19 lockdown on GNSS observations: An initial demonstration using GNSS interferometric reflectometry. Geophysical Research Letters, 47(19): e2020GL089647.

Katzberg S J, Torres O, Grant M S, et al., 2006. Utilizing calibrated GPS reflected signals to estimate soil reflectivity and dielectric constant: Results from SMEX02. Remote Sensing of Environment, 100(1): 17-28.

Kim H, Lakshmi V, 2018. Use of cyclone global navigation satellite system (CyGNSS) observations for estimation of soil moisture. Geophysical Research Letters, 45(16): 8272-8282.

Klimenko M V, Klimenko V V, Zakharenkova I E, et al., 2015. The global morphology of the plasmaspheric electron content during Northern winter 2009 based on GPS/COSMIC observation and GSM TIP model results. Advances in Space Research, 55(8): 2077-2085.

Klobuchar J A, 1975. A first-order, worldwide, ionospheric, time-delay algorithm. Air Force Cambridge Research Laboratories, Air Force Systems Command, United States Air Force.

Klobuchar J A, 1987. Ionospheric time-delay algorithm for single-frequency GPS users. IEEE Transactions on Aerospace and Electronic Systems(3): 325-331.

Koch K R, Kusche J, 2002. Regularization of geopotential determination from satellite data by variance components. Journal of Geodesy, 76(5): 259-268.

Komjathy A, 1997. Global ionospheric total electron content mapping using the global positioning system. Fredericton: University of New Brunswick.

Komjathy A, Armatys M, Masters D, et al., 2004. Retrieval of ocean surface wind speed and wind direction using reflected GPS signals. Journal of Atmospheric and Oceanic Technology, 21(3): 515-526.

Komjathy A, Maslanik J, Zavorotny V U, et al., 2000. Sea ice remote sensing using surface reflected GPS signals//IEEE 2000 International Geoscience and Remote Sensing Symposium. Taking the Pulse of the Planet: The Role of Remote Sensing in Managing the Environment. Honolulu, HI, USA: IEEE, 7: 2855-2857.

Kouba J, 2008. Implementation and testing of the gridded vienna mapping function 1 (VMF1). Journal of Geodesy, 82(4-5): 193-205.

Krueger E, Schueler T, Arbesser-Rastburg B, 2005. The standard tropospheric correction model for the European satellite navigation system Galileo//Proceedings of the General Assembly URSI, New Delhi, India.

Krueger E, Schueler T, Hein G W, et al., 2004. Galileo tropospheric correction approaches developed within GSTB-V1//Proceedings of ENC-GNSS: 16-19.

Kunitsyn V E, Andreeva E S, Razinkov O G, et al., 1997. Possibilities of the near-space environment radio tomography. Radio Science, 32(5): 1953-1963.

Lagler K, Schindelegger M, Boehm J, et al., 2013. GPT2: Empirical slant delay model for radio space geodetic techniques. Geophysical Research Letters, 40(6): 1069-1073.

Larson K M, 2016. GPS interferometric reflectometry: Applications to surface soil moisture, snow depth, and vegetation water content in the western United States. Wiley Interdisciplinary Reviews: Water, 3(6): 775-787.

Larson K M, Small E E, 2014. Normalized microwave reflection index: A vegetation measurement derived from GPS networks. IEEE Journal of Selected Topics in Applied Earth Observations and Remote Sensing, 7(5): 1501-1511.

Larson K M, Gutmann E D, Zavorotny V U, et al., 2009. Can we measure snow depth with GPS receivers?. Geophysical Research Letters, 36(L17): 1-5.

Larson K M, Löfgren J S, Haas R, 2013. Coastal sea level measurements using a single geodetic GPS receiver. Advances in Space Research, 51(8): 1301-1310.

Larson K M, Palo S, Roesler C, et al., 2017. Detection of plumes at Redoubt and Etna volcanoes using the GPS SNR method. Journal of Volcanology and Geothermal Research, 344: 26-39.

Larson K M, Small E E, Gutmann E D, et al., 2008a. Using GPS multipath to measure soil moisture fluctuations: Initial results. GPS Solutions, 12(3): 173-177.

Larson K M, Small E E, Gutmann E D, et al., 2008b. Use of GPS receivers as a soil moisture network for water cycle studies. Geophysical Research Letters, 35(L24): 1-5.

Leandro R F, Santos M C, Langley R B, 2006. UNB neutral atmosphere models: Development and performance//2006 National Technical Meeting of the Institute Of Navigation: 564-573.

Lear W M, 1987. GPS navigation for low-earth orbiting vehicles. NASA 87-FM-2, JSC-32, 031, NASA'S Lyndon B. Johnson Space Center.

Lee J K, Kamalabadi F, 2009. GPS-based radio tomography with edge-preserving regularization. IEEE Transactions on Geoscience and Remote Sensing, 47(1): 312-324.

Leick A, Rapoport L, Tatarnikov D, 2015. GPS satellite surveying. Hoboken: John Wiley & Sons.

Lewis S W, Chow C E, Geremia-Nievinski F, et al., 2020. GNSS interferometric reflectometry signature-based defense. NAVIGATION: Journal of the Institute of Navigation, 67(4): 727-743.

Li C, Huang W, 2013. Simulating GNSS-R delay-Doppler map of oil slicked sea surfaces under general scenarios. Progress in Electromagnetics Research B, 48: 61-76.

Li C, Huang W, Gleason S, 2014a. Dual antenna space-based GNSS-R ocean surface mapping: Oil slick and tropical cyclone sensing. IEEE Journal of Selected Topics in Applied Earth Observations and Remote Sensing, 8(1): 425-435.

Li H, Yuan Y, Li Z, et al., 2012. Ionospheric electron concentration imaging using combination of LEO satellite data with ground-based GPS observations over China. IEEE Transactions on Geoscience and Remote Sensing, 50(5): 1728-1735.

Li J, Chao D, Ning J, 1995. Spherical cap harmonic expansion for local gravity field representation. Manuscripta Geodaetica, 20(4): 265-277.

Li J, Zhang B, Yao Y, et al., 2020. A refined regional model for estimating pressure, temperature, and water vapor pressure for geodetic Applications in China. Remote Sensing, 12(11): 1713.

Li X, Dick G, Ge M, et al., 2014b. Real-time GPS sensing of atmospheric water vapor: Precise point positioning with orbit, clock, and phase delay corrections. Geophysical Research Letters, 41(10): 3615-3621.

Li W, Cardellach E, Fabra F, et al., 2019, Assessment of spaceborne GNSS-R ocean altimetry performance using CYGNSS mission raw data. IEEE Transactions on Geoscience and Remote Sensing, 58(1): 238-250.

Li W, Yuan Y, Ou J, et al., 2018. IGGtrop_SH and IGGtrop_rH: Two improved empirical tropospheric delay models based on vertical reduction functions. IEEE Transactions on Geoscience and Remote Sensing, 56(9): 5276-5288.

Li Z, 2004. Production of regional 1 km × 1 km water vapor fields through the integration of GPS and MODIS data//17th International Technical Meeting of the Satellite Division of The Institute of Navigation: 2396-2403.

Li Z, Muller J P, Cross P, 2003. Comparison of precipitable water vapor derived from radiosonde, GPS, and moderate-resolution imaging spectroradiometer measurements. Journal of Geophysical Research: Atmospheres, 108(D20): 4651.

Lin B, Katzberg S J, Garrison J L, et al., 1999. Relationship between GPS signals reflected from sea surfaces and surface winds: Modeling results and comparisons with aircraft measurements. Journal of Geophysical Research: Oceans, 104(C9): 20713-20727.

Lin J T, Rajesh P K, Lin C C H, et al., 2022. Rapid conjugate appearance of the giant ionospheric Lamb wave signatures in the Northern Hemisphere after Hunga-Tonga Volcano eruptions. Geophysical Research Letters, 49(8): e2022GL098222.

Lindskog M, Ridal M, Thorsteinsson S, et al., 2017. Data assimilation of GNSS zenith total delays from a Nordic processing centre. Atmospheric Chemistry and Physics, 17(22): 13983-13998.

Liou Y A, Teng Y T, Van Hove T, et al., 2001. Comparison of precipitable water observations in the near tropics by GPS, microwave radiometer, and radiosondes. Journal of Applied Meteorology and Climatology, 40(1): 5-15.

Liu C, Xiang H, Li F, et al., 2021. Study on GNSS-R multi-target detection and location method based on consistency checking. IET Radar, Sonar & Navigation, 15(6): 605-617.

Liu J, Chen R, Wang Z, et al., 2011. Spherical cap harmonic model for mapping and predicting regional TEC. GPS Solutions, 15(2): 109-119.

Liu J Y, Tsai Y B, Ma K F, et al., 2006. Ionospheric GPS total electron content (TEC) disturbances triggered by the 26 December 2004 Indian Ocean tsunami. Journal of Geophysical Research: Space Physics, 111(A5): 1-4.

Lorenc A C, 1986. Analysis methods for numerical weather prediction. Quarterly Journal of the Royal Meteorological Society, 112(474): 1177-1194.

Loria E, O'Brien A, Zavorotny V, et al., 2020. Analysis of scattering characteristics from inland bodies of water observed by CYGNSS. Remote Sensing of Environment, 245: 111825.

Lowe S T, Kroger P, Franklin G, et al., 2002a. A delay/Doppler-mapping receiver system for GPS-reflection remote sensing. IEEE Transactions on Geoscience and Remote Sensing, 40(5): 1150-1163.

Lowe S T, LaBrecque J L, Zuffada C, et al., 2002b, First spaceborne observation of an Earth-reflected GPS signal. Radio Science, 37(1): 1-28.

Lutz S, 2008. High-resolution GPS tomography in view of hydrological hazard assessment. Zürich: Eidgenössische Technische Hochschule Zürich.

Lv J, Zhang R, Tu J, et al., 2021. A GNSS-IR method for retrieving soil moisture content from integrated multi-satellite data that accounts for the impact of vegetation moisture content. Remote Sensing, 13(13): 2442.

Lyons L R, Nishimura Y, Zhang S R, et al., 2019. Identification of auroral zone activity driving large-scale traveling ionospheric disturbances. Journal of Geophysical Research: Space Physics, 124(1): 700-714.

Ma S Y, Schlegel K, Xu J S, 1998. Case studies of the propagation characteristics of auroral TIDs with EISCAT CP2 data using maximum entropy cross-spectral analysis//Annales Geophysicae. Springer-Verlag, 16:

161-167.

Ma X F, Maruyama T, Ma G, et al., 2005. Three-dimensional ionospheric tomography using observation data of GPS ground receivers and ionosonde by neural network. Journal of Geophysical Research, 110(A5): A05308.

Mannucci A J, Wilson B D, Edwards C D, et al., 1993. A new method for monitoring the Earth's ionospheric total electron content using the GPS global network//6th International Technical Meeting of the Satellite Division of the Institute of Navigation: 1323-1332.

Martin-Neira M, Colmenarejo P, Ruffini G, et al., 2002. Altimetry precision of 1cm over a pond using the wide-lane carrier phase of GPS reflected signals. Canadian Journal of Remote Sensing, 28(3): 394-403.

Masters D, Axelrad P, Katzberg S, 2004. Initial results of land-reflected GPS bistatic radar measurements in SMEX02. Remote Sensing of Environment, 92(4): 507-520.

Masters D, Zavorotny V, Katzberg S, et al., 2000. GPS signal scattering from land for moisture content determination//IEEE 2000 International Geoscience and Remote Sensing Symposium. Taking the Pulse of the Planet: The Role of Remote Sensing in Managing the Environment.Honolulu, HI, USA: IEEE, 7: 3090-3092.

Mateus P, Tomé R, Nico G, et al., 2016. Three-dimensional variational assimilation of InSAR PWV using the WRFDA model. IEEE Transactions on Geoscience and Remote Sensing, 54(12): 7323-7330.

McKinnell L A, Opperman B, Cilliers P J, et al., 2007. GPS TEC and ionosonde TEC over Grahamstown, South Africa: First comparisons. Advances in Space Research, 39(5): 816-820.

Melbourne W G, 1985. The case for ranging in GPS-based geodetic systems//Proceedings 1st International Symposium on Precise Positioning with the Global Positioning System. Rockville, Maryland: US Department of Commerce: 403-412.

Mengist C K, Ssessanga N, Jeong S H, et al., 2019. Assimilation of multiple data types to a regional ionosphere model with a 3D-Var algorithm (IDA4D). Space Weather, 17(7): 1018-1039.

Minkwitz D, Van Den Boogaart K G, Gerze T, et al., 2016. Ionospheric tomography by gradient-enhanced kriging with STEC measurements and ionosonde characteristics//Annales Geophysicae. Göttingen: Copernicus Publications, 34(11): 999-1010.

Mitchell C N, Spencerand P S J, 2003. A three-dimensional time-dependent algorithm for ionospheric imaging using GPS. Annals of Geophysics, 46(4): 687-696.

Montenbruck O, 2003. Kinematic GPS positioning of LEO satellites using ionosphere-free single frequency measurements. Aerospace Science and Technology, 7(5): 396-405.

Munoz-Martin J F, Perez A, Camps A, et al., 2020. Snow and ice thickness retrievals using GNSS-R: Preliminary results of the MOSAiC experiment. Remote Sensing, 12(24): 4038.

Nesterov I A, Kunitsyn V E, 2011. GNSS radio tomography of the ionosphere: The problem with essentially incomplete data. Advances in Space Research, 47(10): 1789-1803.

Nghiem S V, Zuffada C, Shah R, et al., 2017. Wetland monitoring with global navigation satellite system reflectometry. Earth and Space Science, 4(1): 16-39.

Niell A E, 1996. Global mapping functions for the atmosphere delay at radio wavelengths. Journal of Geophysical Research: Solid Earth, 101(B2): 3227-3246.

Niell A E, Coster A J, Solheim F S, et al., 2001. Comparison of measurements of atmospheric wet delay by radiosonde, water vapor radiometer, GPS, and VLBI. Journal of Atmospheric and Oceanic Technology, 18(6): 830-850.

Nievinski F G, Larson K M, 2014a. Inverse modeling of GPS multipath for snow depth estimation, Part I: Formulation and simulations. IEEE Transactions on Geoscience and Remote Sensing, 52(10): 6555-6563.

Nievinski F G, Larson K M, 2014b. Forward modeling of GPS multipath for near-surface reflectometry and positioning applications. GPS Solutions, 18(2): 309-322.

Nilsson T, Gradinarsky L. 2006. Water vapor tomography using GPS phase observations: Simulation results. IEEE Transactions on Geoscience and Remote Sensing, 44(10): 2927-2941.

Nishida K, Kobayashi N, Fukao Y, 2014. Background Lamb waves in the Earth's atmosphere. Geophysical Journal International, 196(1): 312-316.

Nishioka M, Tsugawa T, Kubota M, et al., 2013. Concentric waves and short-period oscillations observed in the ionosphere after the 2013 Moore EF5 tornado. Geophysical Research Letters, 40(21): 5581-5586.

Norberg J, Roininen L, Vierinen J, et al., 2015. Ionospheric tomography in Bayesian framework with Gaussian Markov random field priors. Radio Science, 50(2): 138-152.

Norberg J, Vierinen J, Roininen L, et al., 2018. Gaussian markov random field priors in ionospheric 3-D multi-instrument tomography. IEEE Transactions on Geoscience and Remote Sensing, 56(12): 7009-7021.

Ozeki M, Heki K, 2012. GPS snow depth meter with geometry-free linear combinations of carrier phases. Journal of Geodesy, 86(3): 209-219.

Owens J C, 1967. Optical refractive index of air: Dependence on pressure, temperature and composition. Applied Optics, 6(1): 51-59.

Pacione R, Sciarretta C, Faccani C, et al., 2001. GPS PW assimilation into MM5 with the nudging technique. Physics and Chemistry of the Earth, Part A: Solid Earth and Geodesy, 26(6-8): 481-485.

Pan Y, Ren C, Liang Y, et al., 2020. Inversion of surface vegetation water content based on GNSS-IR and MODIS data fusion. Satellite Navigation, 1(1): 1-15.

Panicciari T, Smith N D, Mitchell C N, et al., 2015. Using sparse regularization for multi-resolution tomography of the ionosphere. Nonlinear Processes Geophysics, 22(5): 613-624.

Penna N T, Dodson A H, Chen W, 2001. Assessment of EGNOS troposphere correction model. Journal of Navigation, 54: 37-55.

Perler D, Geiger A, Hurter F, 2011. 4D GPS water vapor tomography: New parameterized approaches. Journal of Geodesy, 85(8): 539-550.

Philipona R, Dürr B, Ohmura A, et al., 2005. Anthropogenic greenhouse forcing and strong water vapor feedback increase temperature in Europe. Geophysical Research Letters, 32(L19): 1-4.

Pierdicca N, Guerriero L, Caparrini M, et al., 2013. GNSS reflectometry as a tool to retrieve soil moisture and vegetation biomass: Experimental and theoretical activities//2013 International Conference on Localization and GNSS (ICL-GNSS). Turin, Italy: IEEE: 1-5.

Prasad A K, Singh R P, 2009. Validation of MODIS Terra, AIRS, NCEP/DOE AMIP-II Reanalysis-2, and AERONET Sun photometer derived integrated precipitable water vapor using ground-based GPS receivers over India. Journal of Geophysical Research: Atmospheres, 114(D5): 1-20.

Pryse S E, Kersley L, Mitchell C N, et al., 1998. A comparison of reconstruction techniques used in ionospheric tomography. Radio Science, 33(6): 1767-1779.

Qian X, Jin S, 2016. Estimation of snow depth from GLONASS SNR and phase-based multipath reflectometry. IEEE Journal of Selected Topics in Applied Earth Observations and Remote Sensing, 9(10): 4817-4823.

Ran Q, Zhang B, Yao Y, et al., 2022. Editing arcs to improve the capacity of GNSS-IR for soil moisture retrieval in undulating terrains. GPS Solutions, 26(1): 1-11.

Rajabi M, Nahavandchi H, Hoseini M, 2020. Evaluation of CYGNSS observations for flood detection and mapping during Sistan and Baluchestan torrential rain in 2020. Water, 12(7): 2047.

Raymund T D, Austen J R, Franke S J, et al., 1990. Application of computerized tomography to the investigation of ionospheric structures. Radio Science, 25(5): 771-789.

Razin M R G, Voosoghi B, 2017. Ionosphere tomography using wavelet neural network and particle swarm optimization training algorithm in Iranian case study. GPS Solutions, 21(3): 1301-1314.

Reichert A K, 1999. Correction algorithms for GPS carrier-phase multipath utilizing the signal-to-noise ratio and spatial correlation. Boulder: University of Colorado at Boulder.

Reuter H I, Nelson A, Jarvis A, 2007. An evaluation of void-filling interpolation methods for SRTM data. International Journal of Geographical Information Science, 21(9): 983-1008.

Richards P G, Chang T, Comfort R H, 2000. On the causes of the annual variation in the plasmaspheric electron density. Journal of Atmospheric, 62(10): 935-946.

Rius A, Ruffini G, Cucurull L, 1997. Improving the vertical resolution of ionospheric tomography with GPS occultations. Geophysical Research Letters, 24(18): 2291-2294.

Rocken C, Van Hove T, Ware R, 1997. Near real-time GPS sensing of atmospheric water vapor. Geophysical Research Letters, 24(24): 3221-3224.

Rodriguez J D, Perez A, Lozano J A, 2009. Sensitivity analysis of k-fold cross validation in prediction error estimation. IEEE Transactions on Pattern Analysis and Machine Intelligence, 32(3): 569-575.

Rodriguez-Alvarez N, Aguasca A, Valencia E, et al., 2011a, Snow monitoring using GNSS-R techniques//2011 IEEE International Geoscience and Remote Sensing Symposium. Vancouver, BC, Canada: IEEE: 4375-4378.

Rodriguez-Alvarez N, Aguasca A, Valencia E, et al., 2012a, Snow thickness monitoring using GNSS measurements. IEEE Geoscience and Remote Sensing Letters, 9(6): 1109-1113.

Rodriguez-Alvarez N, Akos D M, Zavorotny V U, et al., 2012b, Airborne GNSS-R wind retrievals using delay-Doppler maps. IEEE Transactions on Geoscience and Remote Sensing, 51(1): 626-641.

Rodriguez-Alvarez N, Bosch-Lluis X, Camps A, et al., 2011b. Vegetation water content estimation using GNSS measurements. IEEE Geoscience and Remote Sensing Letters, 9(2): 282-286.

Rodriguez-Alvarez N, Bosch-Lluis X, Camps A, et al., 2011c. Water level monitoring using the interference pattern GNSS-R technique//2011 IEEE International Geoscience and Remote Sensing Symposium. Vancouver, BC, Canada: IEEE: 2334-2337.

Rodriguez-Alvarez N, Camps A, Vall-Llossera M, et al., 2010. Land geophysical parameters retrieval using the interference pattern GNSS-R technique. IEEE Transactions on Geoscience and Remote Sensing, 49(1): 71-84.

Rodriguez-Alvarez N, Marchán J F, Camps A, et al., 2008. Soil moisture retrieval using GNSS-R techniques:

Measurement campaign in a wheat field//IGARSS 2008-2008 IEEE International Geoscience and Remote Sensing Symposium. Boston MA, USA: IEEE: II-245-II-248.

Rodriguez-Alvarez N, Monerris A, Bosch-Lluis X, et al., 2009. Soil moisture and vegetation height retrieval using GNSS-R techniques//2009 IEEE International Geoscience and Remote Sensing Symposium. Cape Town, South Africa: IEEE: III-869-III-872.

Rohm W, 2013. The ground GNSS tomography-unconstrained approach. Advances in Space Research, 51(3): 501-513.

Rohm W, Bosy J, 2009. Local tomography troposphere model over mountains area. Atmospheric Research, 93(4): 777-783.

Rohm W, Zhang K, Bosy J, 2014. Limited constraint, robust Kalman filtering for GNSS troposphere tomography. Atmospheric Measurement Techniques, 7(5): 1475-1486.

Rohm W, Guzikowski J, Wilgan K, et al., 2019. 4DVAR assimilation of GNSS zenith path delays and precipitable water into a numerical weather prediction model WRF. Atmospheric Measurement Techniques, 12(1): 345-361.

Roman J, Knuteson R, August T, et al., 2016. A global assessment of NASA AIRS v6 and EUMETSAT IASI v6 precipitable water vapor using ground-based GPS SuomiNet stations. Journal of Geophysical Research: Atmospheres, 121(15): 8925-8948.

Ross R J, Rosenfeld S, 1997. Estimating mean weighted temperature of the atmosphere for global positioning system applications. Journal of Geophysical Research: Atmospheres, 102(D18): 21719-21730.

Ruf C S, Gleason S, McKague D S, 2018. Assessment of CYGNSS wind speed retrieval uncertainty. IEEE Journal of Selected Topics in Applied Earth Observations and Remote Sensing, 12(1): 87-97.

Ruf C S, Gleason S, Jelenak Z, et al., 2012. The CYGNSS nanosatellite constellation hurricane mission//2012 IEEE International Geoscience and Remote Sensing Symposium. IEEE: 214-216.

Ruffini G, Kruse L P, Rius A, et al., 1999. Estimation of tropospheric zenith delay and gradients over the madrid area using GPS and WVR Data. Geophysical Research Letters, 26(4): 447-450.

Saastamoinen J, 1972. Atmospheric correction for the troposphere and stratosphere in radio ranging satellites. The Use of Artificial Satellites for Geodesy, 15: 247-251.

Saito K, Shoji Y, Origuchi S, et al., 2017. GPS PWV assimilation with the JMA nonhydrostatic 4DVAR and cloud resolving ensemble forecast for the 2008 August Tokyo metropolitan area local heavy rainfalls//Park S, Xu L. Data Assimilation for Atmospheric, Oceanic and Hydrologic Applications (Vol. III). Cham: Springer: 383-404.

Sasaki Y, 1970. Some basic formalisms in numerical variational analysis. Monthly Weather Review, 98(12): 875-883.

Savitzky A, Golay M J E, 1964. Smoothing and differentiation of data by simplified least squares procedures. Analytical Chemistry, 36(8): 1627-1639.

Schae S, 1999. Mapping and predicting the Earth's ionosphere using the global positioning system. Berne: Dissertation Astronomical Institute, University of Berne.

Schüler T, 2014. The TropGrid2 standard tropospheric correction model. GPS Solutions, 18(1): 123-131.

Seemala G K, Yamamoto M, Saito A, et al., 2014. Three-dimensional GPS ionospheric tomography over Japan using constrained least squares. Journal of Geophysical Research: Space Physics, 119(4): 3044-3052.

Seko H, Shimada S, Nakamura H, et al., 2000. Three-dimensional distribution of water vapor estimated from tropospheric delay of GPS data in a mesoscale precipitation system of the Baiu front. Earth, Planets and Space, 52(11): 927-933.

Semmling A M, Beckheinrich J, Wickert J, et al., 2014. Sea surface topography retrieved from GNSS reflectometry phase data of the GEOHALO flight mission. Geophysical Research Letters, 41(3): 954-960.

Senyurek V, Lei F, Boyd D, et al., 2020. Machine learning-based CYGNSS soil moisture estimates over ISMN sites in CONUS. Remote Sensing, 12(7): 1168.

Sharifi M A, Azadi M, Khaniani A S, 2016. Numerical simulation of rainfall with assimilation of conventional and GPS observations over north of Iran. Annals of Geophysics, 59(3): P0322.

Shi F, Xin J, Yang L, et al., 2018. The first validation of the precipitable water vapor of multisensor satellites over the typical regions in China. Remote Sensing of Environment, 206:107-122.

Shinbori A, Otsuka Y, Sori T, et al., 2022. Electromagnetic conjugacy of ionospheric disturbances after the 2022 Hunga Tonga-Hunga Ha'apai volcanic eruption as seen in GNSS-TEC and SuperDARN Hokkaido pair of radars observations. Earth, Planets and Space, 74(1): 1-17.

Skone S, Cannon M E, 1997. Ionospheric limitations and specifications in the auroral zone//10th International Technical Meeting of the Satellite Division of the Institute of Navigation(ION GPS 1997), Kansas City, MO: 187-197.

Small E E, Larson K M, Braun J J, 2010. Sensing vegetation growth with reflected GPS signals. Geophysical Research Letters, 37(L12): 1-5.

Small E E, Larson K M, Chew C C, et al., 2016. Validation of GPS-IR soil moisture retrievals: Comparison of different algorithms to remove vegetation effects. IEEE Journal of Selected Topics in Applied Earth Observations and Remote Sensing, 9(10): 4759-4770.

Small E E, Larson K M, Smith W K, 2014. Normalized microwave reflection index: Validation of vegetation water content estimates from Montana grasslands. IEEE Journal of Selected Topics in Applied Earth Observations and Remote Sensing, 7(5): 1512-1521.

Smith E K, Weintraub S, 1953. The constants in the equation for atmospheric refractive index at radio frequencies. Proceedings of the IRE, 41(8): 1035-1037.

Smith T L, Benjamin S G, Gutman S I, et al., 2007. Short-range forecast impact from assimilation of GPS-IPW observations into the Rapid Update Cycle. Monthly Weather Review, 135(8): 2914-2930.

Smith D A, Araujo-Pradere E A, Minter C, et al., 2008. A comprehensive evaluation of the errors inherent in the use of a two-dimensional shell for modeling the ionosphere. Radio Science, 43(6): 1-23.

Song D, Zhang Q, Wang B, et al., 2022. A novel dual-branch neural network model for flood monitoring in South Asia based on CYGNSS data. Remote Sensing, 14(20): 5129.

Strandberg J, Hobiger T, Haas R, 2016. Improving GNSS-R sea level determination through inverse modeling of SNR data. Radio Science, 51(8): 1286-1296.

Sun Z, Zhang B, Yao Y, 2021. Improving the estimation of weighted mean temperature in China using machine learning methods. Remote Sensing, 13(5): 1016.

Sun Z, Zhang B, Yao Y, et al., 2019. An ERA5-based model for estimating tropospheric delay and weighted mean temperature over China with improved spatiotemporal resolutions. Earth and Space Science, 6(10): 1926-1941.

Sun L, Chen P, Wei E, et al., 2017. Global model of zenith tropospheric delay proposed based on EOF analysis. Advances in Space Research, 60(1): 187-198.

Takasu T, 2017. Rtklib. http:\\www.rtklib.com.

Tang J, Gao X, 2021. Adaptive regularization method for 3-D GNSS ionosphere tomography based on the U-curve. IEEE Transactions on Geoscience and Remote Sensing, 59(6): 4547-4560.

Tang J, Yao Y, Zhang L, et al., 2015. Tomographic reconstruction of ionospheric electron density during the storm of 5-6 August 2011 using multi-source data. Scientific Reports, 5(1): 13042.

Teunissen P J G, 1995. The least-squares ambiguity decorrelation adjustment: A method for fast GPS integer ambiguity estimation. Journal of Geodesy, 70(1): 65-82.

Thayer G D, 1974. An improved equation for the radio refractive index of air. Radio Science, 9(10): 803-807.

Themens D R, Watson C, Žagar N, et al., 2022. Global propagation of ionospheric disturbances associated with the 2022 Tonga volcanic eruption. Geophysical Research Letters, 49(7): e2022GL098158.

Thébault E, Mandea M, Schott J J, 2006. Modeling the lithospheric magnetic field over France by means of revised spherical cap harmonic analysis (R-SCHA). Journal of Geophysical Research: Solid Earth, 111(B5): 1-13.

Thompson D R, Elfouhaily T M, Garrison J L, 2005. An improved geometrical optics model for bistatic GPS scattering from the ocean surface. IEEE Transactions on Geoscience and Remote Sensing, 43(12): 2810-2821.

Tikhonov A N, 1963. On the solution of incorrectly put problems and the regularization method//Outlines Joint Soviet-American Symposium on Partial Differential Equations (Novosibirsk, 1963): 261-265.

Topp G C, Davis J L, Annan A P, 1980. Electromagnetic determination of soil water content: Measurements in coaxial transmission lines. Water Resources Research, 16(3): 574-582.

Tralli D M, Lichten S M, 1990. Stochastic estimation of tropospheric path delays in global positioning system geodetic measurements. Bulletin Géodésique, 64(2): 127-159.

Tregoning P, Herring T A, 2006. Impact of a priori zenith hydrostatic delay errors on GPS estimates of station heights and zenith total delays. Geophysical Research Letters, 33(L23): 1-5.

Treuhaft R N, Lowe S T, Zuffada C, et al., 2001. 2-cm GPS altimetry over Crater Lake. Geophysical Research Letters, 28(23): 4343-4346.

Troller M, Bürki B, Cocard M, et al., 2002. 3-D refractivity field from GPS double difference tomography. Geophysical Research Letters, 29(24): 2-1-2-4.

Troller M, Geiger A, Brockmann E, et al., 2006. Determination of the spatial and temporal variation of tropospheric water vapour using CGPS networks. Geophysical Journal International, 167(2): 509-520.

Tsugawa T, Saito A, Otsuka Y, et al., 2011. Ionospheric disturbances detected by GPS total electron content observation after the 2011 off the Pacific coast of Tohoku Earthquake. Earth, Planets and Space, 63: 875-879.

Tu J, Wei H, Zhang R, et al., 2021. GNSS-IR snow depth retrieval from multi-GNSS and multi-frequency data.

Remote Sensing, 13(21): 4311.

Unnithan S L K, Biswal B, Rüdiger C, 2020. Flood inundation mapping by combining GNSS-R signals with topographical information. Remote Sensing, 12(18): 3026.

Valencia E, Camps A, Park H, et al., 2011. Oil slicks detection using GNSS-R//2011 IEEE International Geoscience and Remote Sensing Symposium. Vancouver, BC, Canada: IEEE: 4383-4386.

Valencia E, Zavorotny V U, Akos D M, et al., 2013. Using DDM asymmetry metrics for wind direction retrieval from GPS ocean-scattered signals in airborne experiments. IEEE Transactions on Geoscience and Remote Sensing, 52(7): 3924-3936.

Verbeurgt J, Van De Vijver E, Stal C, et al., 2021. GNSS interferometric reflectometry for station location suitability analysis//EGU General Assembly 2021(EGU21). European Geosciences Union.

Vryonides P, Tomouzos C, Pelopida G, et al., 2012. Investigation of ionospheric slab thickness and plasmaspheric TEC using satellite measurements//Progress in Electromagnetics Research Symposium (PIERS'12): 1172-1175.

Wan W, Larson K M, Small E E, et al., 2015. Using geodetic GPS receivers to measure vegetation water content. GPS Solutions, 19(2): 237-248.

Wan W, Liu B, Guo Z, et al., 2021. Initial evaluation of the first Chinese GNSS-R mission BuFeng-1 A/B for soil moisture estimation. IEEE Geoscience and Remote Sensing Letters, 19: 1-5.

Wan W, Liu B, Zeng Z, et al., 2019. Using CYGNSS data to monitor China's flood inundation during typhoon and extreme precipitation events in 2017. Remote Sensing, 11(7): 854.

Wan W, Zhang J, Dai L, et al., 2022. A new snow depth data set over northern China derived using GNSS interferometric reflectometry from a continuously operating network (GSnow-CHINA v1. 0, 2013-2022). Earth System Science Data, 14(8): 3549-3571.

Wang F, Yang D, Zhang G, et al., 2021. Measurement of the sea surface height with airborne GNSS reflectometry and delay bias calibration. Remote Sensing, 13(15): 3014.

Wang J, Zhang L, Dai A, 2005. Global estimates of water-vapor-weighted mean temperature of the atmosphere for GPS applications. Journal of Geophysical Research : Atmospheres, 110(D21): 1-17.

Wang J R, Schumugge T J, 1980. An empirical model for the complex dielectric permittivity of soils as a function of water content. IEEE Transactions on Geoscience and Remote Sensing, GE-18(4): 288-295.

Wang S, Huang S, Xiang J, et al., 2016. Three-dimensional ionospheric tomography reconstruction using the model function approach in Tikhonov regularization. Journal of Geophysical Research: Space Physics, 121(12): 104-115.

Wang W, Ye B, Wang J, 2013. Application of a simultaneous iterations reconstruction technique for a 3-D water vapor tomography system. Geodesy and Geodynamics, 4(1): 41-45.

Ware R H, Fulker D W, Stein S A, et al., 2000. SuomiNet: A real-time national GPS network for atmospheric research and education. Bulletin of the American Meteorological Society, 81(4): 677-694.

Wei H, Yu T, Tu J, et al., 2023. Detection and evaluation of flood inundation using CYGNSS data during extreme precipitation in 2022 in Guangdong province, China. Remote Sensing, 15(2): 297.

Wen D, Wang Y, Norman R, 2012. A new two-step algorithm for ionospheric tomography solution. GPS

Solutions, 16(1): 89-94.

Wexler A, 1976. Vapor pressure formulation for water in range 0 to 100 ℃. A revision. Journal of Research of the National Bureau Standards-A, Physics and Chemistry, 80(5-6): 775-785.

Wexler A, 1977. Vapor pressure formulation for ice. Journal of Research of the National Bureau Standards-A, Physics and Chemistry, 81(1): 5-20.

Wiehl M, Legrésy B, Dietrich R, 2003. Potential of reflected GNSS signals for ice sheet remote sensing. Progress in Electromagnetics Research, 40: 177-205.

Wright C J, Hindley N P, Alexander M J, et al., 2022. Surface-to-space atmospheric waves from Hunga Tonga-Hunga Ha'apai eruption. Nature, 609(7928): 741-746.

Wu X, Dong Z, Jin S, et al., 2020. First measurement of soil freeze/thaw cycles in the tibetan plateau using CYGNSS GNSS-R data. Remote Sensing, 12(15): 2361.

Wu X, Xia J, Jin S, et al., 2019. IS soil salinity detectable by GNSS-R/IR? // IGARSS 2019-2019 IEEE International Geoscience and Remote Sensing Symposium. Yokohama, Japan: IEEE, 6227-6230.

Wübbena G, 1985. Software developments for geodetic positioning with GPS using TI-4100 code and carrier measurements//First International Symposium on Precise Positioning with the Global Positioning System. US Department of Commerce Rockville, Maryland: 403-412.

Xiao Z, Xiao S, Hao Y, et al., 2007. Morphological features of ionospheric response to typhoon. Journal of Geophysical Research: Space Physics, 112(A4): 1-5.

Xu C, Ding K, Cai J, et al., 2009. Methods of determining weight scaling factors for geodetic-geophysical joint inversion. Journal of Geodynamics, 47(1): 39-46.

Xu H, Yuan Q, Li T, et al., 2018. Quality improvement of satellite soil moisture products by fusing with in-situ measurements and GNSS-R estimates in the western continental US. Remote Sensing, 10(9): 1351.

Xu P, Shen Y, Fukuda Y, et al., 2006. Variance component estimation in linear inverse Ill-posed models. Journal of Geodesy, 80: 69-81.

Yan Q, Huang W, 2018. Sea ice sensing from GNSS-R data using convolutional neural networks. IEEE Geoscience and Remote Sensing Letters, 15(10): 1510-1514.

Yan Q, Huang W, Foti G, 2017. Quantification of the relationship between sea surface roughness and the size of the glistening zone for GNSS-R. IEEE Geoscience and Remote Sensing Letters, 15(2): 237-241.

Yan Q, Huang W, Jin S, et al., 2020. Pan-tropical soil moisture mapping based on a three-layer model from CYGNSS GNSS-R data. Remote Sensing of Environment, 247: 111944.

Yang F, Guo J, Meng X, et al., 2023. GGTm-Ts: A global grid model of weighted mean temperature (Tm) based on surface temperature (Ts) with two modes. Advances in Space Research, 71(3): 1510-1524.

Yang W, Gao F, Xu T, et al., 2021. Daily flood monitoring based on spaceborne GNSS-R data: A case study on Henan, China. Remote Sensing, 13(22): 4561.

Yao Y, Zhao Q, 2017. A novel, optimized approach of voxel division for water vapor tomography. Meteorology and Atmospheric Physics, 129(1): 57-70.

Yao Y , Liu C , Xu C, 2020. A new GNSS-Derived water vapor tomography method based on optimized voxel for large GNSS network. Remote Sensing, 12(14): 2306.

Yao Y, Tang J, Chen P, et al., 2014a. An improved iterative algorithm for three-dimensional ionospheric tomography reconstruction. IEEE Transactions on Geoscience and Remote Sensing, 52(8): 4696-4706.

Yao Y, Tang J, Kong J, et al., 2013a. Application of hybrid regularization method for tomographic reconstruction of midlatitude ionospheric electron density. Advances in Space Research, 52(12): 2215-2225.

Yao Y, Xu C, Shi J, et al., 2015. ITG: A new global GNSS tropospheric correction model. Scientific Reports, 5(1): 10273.

Yao Y, Xu C, Zhang B, et al., 2014b. GTm-III: A new global empirical model for mapping zenith wet delays onto precipitable water vapour. Geophysical Journal International, 197(1): 202-212.

Yao Y, Zhang B, Xu C, et al., 2014c. Improved one/multi-parameter models that consider seasonal and geographic variations for estimating weighted mean temperature in ground-based GPS meteorology. Journal of Geodesy, 88(3): 273-282.

Yao Y, Zhang B, Xu C, et al., 2016. A global empirical model for estimating zenith tropospheric delay. Science China Earth Sciences, 59(1): 118-128.

Yao Y, Zhang B, Yue S, et al., 2013b. Global empirical model for mapping zenith wet delays onto precipitable water. Journal of Geodesy, 87(5): 439-448.

Yao Y, Zhai C, Kong J, et al., 2018. A modified three-dimensional ionospheric tomography algorithm with side rays. GPS Solutions, 22: 107.

Yao Y, Zhai C, Kong J, et al., 2020. An improved constrained simultaneous iterative reconstruction technique for ionospheric tomography. GPS Solutions, 24(3): 1-19.

Yao Y, Zhu S, Yue S, 2012. A globally applicable, season-specific model for estimating the weighted mean temperature of the atmosphere. Journal of Geodesy, 86(12): 1125-1135.

Yavuz E, Arıkan F, Arikan O, 2005. A hybrid reconstruction algorithm for computerized ionospheric tomography//2nd International Conference on Recent Advances in Space Research. IEEE: 782-787.

Yizengaw E, Moldwin M B, Galvan D, et al., 2008. Global plasmaspheric TEC and its relative contribution to GPS TEC. Journal of Atmospheric and Solar-Terrestrial Physics, 70(11-12): 1541-1548.

Yu K, Li Y, Chang X, 2018. Snow depth estimation based on combination of pseudorange and carrier phase of GNSS dual-frequency signals. IEEE Transactions on Geoscience and Remote Sensing, 57(3): 1817-1828.

Yu J, Yang Z, Breitsch B, et al., 2022. Fast determination of geometric matrix in ionosphere tomographic inversion with unevenly spaced curvilinear voxels. GPS Solutions, 26(1): 27.

Yuan Y, Ou J, 2004. A generalized trigonometric series function model for determining ionospheric delay. Progress in Natural Science, 14(11): 1010-1014.

Yuan Y, Holden L, Kealy A, et al., 2019. Assessment of forecast Vienna mapping function 1 for real-time tropospheric delay modeling in GNSS. Journal of Geodesy, 93(9): 1501-1514.

Yue X, Schreiner W S, Hunt D C, et al., 2011. Quantitative evaluation of the low Earth orbit satellite based slant total electron content determination. Space Weather, 9(S9): 1-19.

Zavorotny V U, Voronovich A G, 2000a. Bistatic GPS signal reflections at various polarizations from rough land surface with moisture content//IEEE 2000 International Geoscience and Remote Sensing Symposium. Taking the Pulse of the Planet: The Role of Remote Sensing in Managing the Environment. Honolulu, HI,

USA: IEEE, 7: 2852-2854.

Zavorotny V U, Voronovich A G, 2000b. Scattering of GPS signals from the ocean with wind remote sensing application. IEEE Transactions on Geoscience and Remote Sensing, 38(2): 951-964.

Zeilhofer C, Schmidt M, Bilitza D, et al., 2009. Regional 4-D modeling of the ionospheric electron density from satellite data and IRI. Advances in Space Research, 43(11): 1669-1675.

Zhang B, Fan Q, Yao Y, et al., 2017a. An improved tomography approach based on adaptive smoothing and ground meteorological observations. Remote Sensing, 9(9): 886.

Zhang B, Yao Y, Xin L, et al., 2019. Precipitable water vapor fusion: An approach based on spherical cap harmonic analysis and Helmert variance component estimation. Journal of Geodesy, 93: 2605-2620.

Zhang H, Gao Z, Ge M, et al., 2013. On the convergence of ionospheric constrained precise point positioning (IC-PPP) based on undifferential uncombined raw GNSS observations. Sensors, 13(11): 15708-15725.

Zhang H, Yuan Y, Li W, et al., 2017b. GPS PPP-derived precipitable water vapor retrieval based on Tm/Ps from multiple sources of meteorological data sets in China. Journal of Geophysical Research: Atmospheres, 122(8): 4165-4183.

Zhang S, Ma Z, Li Z, et al., 2021. Using CYGNSS data to map flood inundation during the 2021 extreme precipitation in Henan province, China. Remote Sensing, 13(24): 5181.

Zhang S R, Vierinen J, Aa E, et al., 2022. 2022 Tonga volcanic eruption induced global propagation of ionospheric disturbances via Lamb waves. Frontiers in Astronomy and Space Sciences, 9: 871275.

Zhang Y, Li B, Ti L, et al., 2016. Phase altimetry using reflected signals from BeiDou GEO satellites. IEEE Geoscience and Remote Sensing Letters, 13(10): 1410-1414.

Zhu Y, Shen F, Sui M, et al., 2020. Effects of parameter selections on soil moisture retrieval using GNSS-IR. IEEE Access, 8: 211784-211793.

Zhu M, Yu X, Sun W, 2022. A coalescent grid model of weighted mean temperature for China region based on feedforward neural network algorithm. GPS Solutions, 26(3): 70.

Zuffada C, Elfouhaily T, Lowe S, 2003. Sensitivity analysis of wind vector measurements from ocean reflected GPS signals. Remote Sensing of Environment, 88(3): 341-350.

Zumberge J F, Heflin M B, Jefferson D C, et al., 1997. Precise point positioning for the efficient and robust analysis of GPS data from large networks. Journal of Geophysical Research: Solid Earth, 102(B3): 5005-5017.

Zus F, Deng Z, Heise S, et al., 2017. Ionospheric mapping functions based on electron density fields. GPS Solutions, 21(3): 873-885.